Monika Strickstrock

Oberflächenmodifizierung von dentalen Y-TZP Keramikimplantaten

Werkstofftechnik Aktuell

Schriftenreihe aus dem Fakultätsübergreifenden Institut für Werkstofftechnik (IWT) an der TU Ilmenau

Herausgegeben von Univ.-Prof. Dr. rer. nat. Peter Schaaf und Univ.-Prof. Dr.-Ing. Edda Rädlein

Band 23

Die vorliegende Schriftenreihe "Werkstofftechnik Aktuell" berichtet über aktuelle Forschungsergebnisse aus dem Institut für Werkstofftechnik (IWT) der TU Ilmenau. Die ausgewählten Texte spiegeln die breit gefächerten materialwissenschaftlichen und werkstofftechnischen Themen, die am IWT bearbeitet werden, wieder. Für weitere Informationen und Rückfragen können Sie sich gerne an das Institut (www.tu-ilmenau.de/wt) wenden oder das Institut persönlich besuchen. Über Ihre Anregungen, konstruktive Kritik und Ihre Kontaktaufnahme würden wir uns sehr freuen. Das IWT steht wissenschaftlichen Zusammenarbeiten stets aufgeschlossen gegenüber.

Oberflächenmodifizierung von dentalen Y-TZP Keramikimplantaten

Monika Strickstrock

Universitätsverlag Ilmenau
2022

Impressum

Bibliografische Information der Deutschen Nationalbibliothek
Die Deutsche Nationalbibliothek verzeichnet diese Publikation in der Deutschen Nationalbibliografie; detaillierte bibliografische Angaben sind im Internet über http://dnb.d-nb.de abrufbar.

Diese Arbeit hat der Fakultät für Maschinenbau der Technischen Universität Ilmenau als Dissertation vorgelegen.

Tag der Einreichung:	26. April 2021
1. Gutachterin:	Univ.-Prof. Dr.-Ing. habil. Edda Rädlein (Technische Universität Ilmenau)
2. Gutachterin:	Prof. Dr.-Ing. Isabella-Maria Zylla (Hochschule Osnabrück)
3. Gutachter:	Prof. Dr. rer. nat. Jürgen Geis-Gerstorfer (Universität Tübingen)
Tag der Verteidigung:	15. Oktober 2021

Technische Universität Ilmenau/Universitätsbibliothek
Universitätsverlag Ilmenau
Postfach 10 05 65
98684 Ilmenau
https://www.tu-ilmenau.de/universitaetsverlag

ISSN 1868-6532
ISBN 978-3-86360-256-7 (Druckausgabe)
DOI 10.22032/dbt.51524
URN urn:nbn:de:gbv:ilm1-2021000460

Danksagung

Die vorliegende Arbeit entstand überwiegend an der Hochschule Osnabrück im Labor Metallkunde & Werkstoffanalytik und dem Labor für Dentaltechnologie. So danke ich in erster Linie Professorin Zylla für die jahrelange Unterstützung, die Möglichkeit der uneingeschränkten Labornutzung, das Vertrauen und den Glauben an mich und meine Leistung. Jede anvertraute Aufgabe hat mich wachsen lassen.
Professorin Rädlein sei besonders gedankt für die sehr gute Betreuung dieser Arbeit seitens der TU Ilmenau, die konstruktiven Hinweise während der Schreibphase und die hilfreichen Tipps aus neuer Perspektive.
Sehr dankbar bin ich für das Labor-Team des Laborbereichs Materialkunde und Simulation der Hochschule Osnabrück, vor allem Susen Wilkens und Hans-Georg Kleinheider. Danke für jederzeit offene Ohren und das angenehme Arbeitsklima.

Firma Moje GmbH & Co. KG: Herrn Moje sei gedankt für die intensiven Einblicke in die praktische Fertigung der Implantate und seinem Team für die Bereitstellung von X000 Prüfkörpern.
Herrn Scharl der Fa. ACF danke ich für die Vergleichsproben.
Auf eine tolle und lehrreiche Zeit kann ich am Institut für Bioprozess- und Analysemesstechnik e.V. zurückblicken. Ich danke dem Team des FB Biomaterialien insbesondere Professor Liefeith für die unkomplizierten Kooperationsmöglichkeiten. Auch danke ich im Speziellen Herrn Dr. Hildebrand und Herrn Rothe, die meine wissenschaftliche Neugier von Anfang des Studiums förderten und jederzeit für allerlei Fragen und Experimente ansprechbar waren. Herr Rost sei gedankt für die Überlassung der *in silico* Ergebnisse für diese Arbeit! Sehr dankbar bin ich natürlich Herr Dr. Schirmer und Frau Lackner für die Begleitung und labortechnische Durchführung der zellbiologischen Untersuchungen in dieser Arbeit.
Herrn Dr. Hüger sei gedankt für die anschauliche Beantwortung meiner Fragen basierend auf seinem großen Wissensschatz.

Herrn Dr. Wessel danke ich für die Möglichkeit am FZ Jülich die Diffraktogramme aufnehmen zu können. Herrn Ziegner danke ich für die Betreuung an den Geräten, die wissenschaftlichen Gespräche zum Thema XRD und Zerstreuung basierend auf moniklinen Mirkorissen.

Eigenverantwortliche Lehre im Professorinnen Programm der HS OS war zukunftsweisend. Die Coachings im Rahmen dessen waren wertvoll. Ich danke dem tollen Team und Frau Ebeling. Die Lehre bereitet mir große Freude. So danke ich den wissbegierigen Dentaltechnologen*innen, die ich als Dozentin, Koordinatorin oder fachliche Betreuerin unterstützen und begleiten durfte und darf.

Vielen Dank auch an meine guten Freunde aus Osnabrück und meine Verwandtschaft in Ilmenau.

Größter Dank an all die starken und einzigartigen Frauen in meinem Leben (auch bereits Genannte). Dass ihr Vorbild seid und an mich geglaubt habt, während ich mit viel mehr als dem Inhalt dieser Arbeit kämpfen musste. Meine liebe, unfassbar starke Mutti, meinen Schwestern Daniela und Maria, natürlich Dorothée und ganz besonders Katrin.

KURZZUSAMMENFASSUNG

Mehr als eine Million Dentalimplantate werden pro Jahr in Deutschland inseriert. Ästhetik und Verträglichkeit sprechen für keramisches Material statt für den Standardwerkstoff Titan. Für diesen Einsatz, der in Hinblick auf Festigkeit, Biokompatibilität, Be- und Verarbeitbarkeit komplexe Ansprüche stellt, ist Zirkoniumdioxid (ZrO_2), genauer Yttriumoxid stabilisiertes ZrO_2 (Y-TZP), geeignet. Schwachpunkt ist jedoch die geringere Toleranz gegenüber Oberflächendefekten, die sich festigkeitsmindernd auswirken können. Die Oberflächenaufrauung ist für eine bessere Einheilung in den Knochen allerdings unabdingbar. Durch Oberflächenmodifizierung im dichtgesinterten Zustand kann die Festigkeit sowohl erhöht als auch erniedrigt werden, da Strukturumwandlungen im polymorphen Y-TZP in Abhängigkeit der Herstellungsparameter stattfinden. Aufgrund der komplexen Interaktionen ist das Ziel dieser Arbeit durch holistische Untersuchung des Herstellungsprozesses eines Y-TZP Implantates diesen zu optimieren. Es werden Modifizierungstechniken der Oberfläche angestrebt, die kosteneffizient in den Herstellungsprozess eingebunden werden können. Die Bewertung erfolgt in den drei wesentlichen Eigenschaftskategorien: Physikochemie, Mechanik, Topographie und schließt mit einer zellbiologischen Prüfung ab.
Die *Physikochemie* wird mit drei Hydrophilierungsmethoden verändert (UV, UV-Ozon, Plasma) und optimale Behandlungsparameter werden mittels Kontaktwinkelmessungen gefunden. Die Plasmabehandlung stellt die effektivste Methode dar. Zur Konservierung der Hydrophilie wird die Lagerung unter Luftabschluss in Isopropanol untersucht. Die *mechanischen Eigenschaften* werden durch Aufrauung im Weißzustand negativ beeinflusst. Durch Material- und Prozessanpassung wird eine Erhöhung der Festigkeit (~30 %) und der Alterungsbeständigkeit erreicht. Um der nach Aufrauung bestehenden Festigkeitsreduzierung entgegen zu wirken, wird ein Prozess zur Oberflächenverstärkung mittels Festigkeitsstrahlen (SP) für raue Ober-

flächen erarbeitet. Neben der Umwandlung von tetragonal zu monoklin werden weitere Strukturen in der Literatur kontrovers diskutiert. Aus diesem Grund werden umfassende diffraktometrische Analysen durchgeführt, um zukünftig Festigkeitsbeeinflussungen klarer vorhersagen zu können. Nach SP lassen sich sowohl statisch und dynamisch eine um ~30% erhöhte Festigkeit am rauen Produkt belegen, während die Makrotopographie der osseointegrativen Oberfläche erhalten bleibt. Nach Optimierung werden die *topographischen Eigenschaften* durch Profilmessung bestimmt und durch 3D-Oberflächenaufnahmen zur Charakterisierung von Hybridparametern in verschiedenen lateralen Messfeldern für die zellbiologische Untersuchung betrachtet. *In vitro* schneiden alle ZrO_2 Serien vergleichbar zur topographisch und physikochemisch stark abweichenden sandgestrahlt und geätzten Titan-Referenzoberfläche ab.

Abstract

In Germany, every year, over a million dental implants are inserted. Rather than employing the standard material of titanium, a strong case can be made for using ceramics, especially from the aesthetic point of view. For this usage, which poses complex challenges in terms of biocompatibility, workability and processing capabilities, the material zirconium dioxide (ZrO_2) or, more precisely, "yttria stabilised zirconia" (Y-TZP), is suitable. A shortcoming of ceramic materials, however, is their low tolerance against surface defects, which can cause a reduction in strength. The strength can be affected positively and negatively through modification in densely sintered state. This is controlled by structural changes depending on the manufacturing process. The challenge is posed by surface roughening being imperative to achieve better bone healing. The aim of this thesis is to investigate these complex interactions with the implant material Y-TZP and to develop surface modification methods which can be integrated into an existing production process in a cost-efficient manner. The evaluation will be conducted in three property categories of an implant: physio chemistry, mechanics and topography.

To improve the *physico-chemical properties* of Y-TZP, three methods of hydrophilization are tested (UV, UV-Ozone, plasma) and optimum treatment parameters are identified with contact angle measurement. Plasma treatment proves to be the most effective method. Conservation of this effect through airtight storage in isopropyl (in order to maintain sterility) has been proven. The *mechanical properties* are negatively influenced by the surface roughening in presintered state (Ra value ~1.5 µm). Material selection and process optimization produces an increase in strength of 30% and results in an improved resistance to low-temperature degradation. To counteract the sustained strength reduction by surface roughening a special surface reinforcement procedure is developed using shot peening. Effects of controversial discussed phase transformation processes are examined alongside the tetragonal-monoclinic transformation to predict the influence of strength by mechanical surface roughening technologies using diffractometric analysis. The implementation of shot peening demonstrates an increase in strength of the implant (both statically and dynamically) of ~ 30%, while the macrotopography of the osseointegrative surface is conserved. After optimisation, the *topographical properties* are determined using profile measurement and 3D surface imaging, so that the hybrid parameters in various lateral measuring fields can be characterized, leading to additional results for the concluding *in vitro* study. In *in vitro* study, all ZrO_2 surfaces perform similarly to the topographically and physio-chemically differing sandblasted and acid etched titanium implant surface.

– den Wald vor lauter Bäumen sehen –

nach M. Wieland

Meinem lieben Vater†

Mit Passion für dein Erbe: „Die Liebe zu Wissenschaft, Mensch und Zähnen“

INHALTSVERZEICHNIS

1. EINLEITUNG UND ZIELSETZUNG

Zirkoniumdioxid ist eine der vielseitigsten Hochleistungskeramiken. Das polymorphe Material kann aktive Funktionen übernehmen und auch über passive Eigenschaften verfügen. Optisch tritt die Keramik opak, transluzent, transparent oder beliebig eingefärbt in Erscheinung. Sie kann Ionen leiten und als elektronischer Isolator fungieren. Zirkoniumdioxid (ZrO_2) wird von der Automobilbranche, Fertigungstechnik, Schmuckindustrie und Medizintechnik für verschiedenste Zwecke verwendet. Neben der Bezeichnung „weißer Stahl" [1] finden sich fast nur Superlative in den Werbebroschüren zur Beschreibung der physikalischen Leistungsmerkmale [2]. In den 1990er Jahren zog ZrO_2 in die dentalen Labore und so in die Patientenmünder ein [3]. Zunächst als opake Zahnkäppchen, dann als universeller Kronen- und Brückenwerkstoff, ist ZrO_2 heute in weiterentwickelter und an die Patientensituation angepasster Form optisch kaum mehr vom natürlichen Zahn zu unterscheiden. Ein Werkstoff ohne Grenzen?

Titan gilt nach wie vor als Material der Wahl, wenn es um den künstlichen Ersatz einer verlorenen Zahnwurzel geht [4]. Seit knapp 60 Jahren, der Einführung von Brånemarks Implantaten, wird die Oberfläche des Titanimplantates untersucht, weiterentwickelt und mit dem Ziel optimaler Osseointegrationseigenschaften maßgeschneidert [5, 6]. Die Vielfalt der angebotenen Produkte wächst von Jahr zu Jahr. Jedoch wurde wegen ästhetischer Nachteile und nach dem Auftreten von Unverträglichkeiten bzw. dem Fund von Titanpartikeln im periimplantären Gewebe und Organen der Ruf nach alternativen Materialien für die Implantologie lauter [4, 6]. Die Biokompatibilität von ZrO_2 wird vergleichbar gut wie des Titans eingestuft [4]. Somit sprechen nicht nur die zahnähnliche, weiße Farbe und die guten mechanischen Eigenschaften für die Verwendung ZrO_2 in der Implantologie. Die Oberfläche von Implantaten spielt jedoch eine ebenso wichtige Rolle für erfolgreiche Osseointegration eines Implantates [7, 8]. Diesbezüglich stellt

ZrO_2, mit seiner hohen Härte und Festigkeit seine Verarbeiter vor besondere Herausforderungen. Die anwendungsbezogene Stärke erlangt ZrO_2 durch gezielt ansteuerbare Polymorphie. Von den drei Hauptmodifikationen (monoklin, tetragonal und kubisch), in denen ZrO_2 verwendet werden kann, ist die metastabile tetragonale Struktur die geeignete für den Einsatz als dynamisch belastetes Implant. Bearbeitet man nun gesintertes, tetragonal metastabilisiertes ZrO_2 zur Oberflächenaufrauung mechanisch, wandelt es partiell in die monokline Struktur um. Dabei ergeben sich im günstigen Fall Druckspannungen an der Oberfläche. Jedoch können bei intensiver Bearbeitung auch Rissstarter dominieren, die zum katastrophalen Versagen des Implantates führen können. Dies gilt es unbedingt zu vermeiden. „Explodierende" Implantate aus ZrO_2 erlangten 2008 durch die Bild-Zeitung eine populärwissenschaftliche Bekanntheit [9], zum Leidwesen der Patienten.
Ein weiterer Nachteil ergibt sich bei Verwendung von ZrO_2-Implantaten: Klinische Anwender bemängeln die Geschwindigkeit der Osseointegration [10–12].

So wäre es von entscheidendem Vorteil ein keramisches Implantatsystem so zu optimieren, dass durch Modifizierung der Oberflächenstruktur oder/und Physikochemie eine beschleunigte Osseointegration gewährleistet werden kann. Hierbei sollen effiziente Techniken genutzt werden, die in einen bereits bestehenden Herstellungsprozess eingebunden werden können.

In Hinblick auf eine sichere Anwendung am Patienten kann ein keramisches Implantatsystem nur dann erfolgreich sein, wenn die Festigkeit des Materials bzw. der Implantate durch diese Behandlung nicht in kritischem Maße gesenkt wird.

Ziel dieser Arbeit ist somit die Optimierung und ganzheitliche Beurteilung der Implantatqualität in drei voneinander abhängigen Kategorien: Dies sind die mechanischen, physikochemischen und topographischen Eigenschaften des gewählten Materials [13]. Es werden in Anlehnung an diese Kategorien drei Hypothesen verfolgt:

1) Die Intensität sowie Art und Weise der notwendigen Oberflächenbearbeitung des Zirkoniumdioxids, die laut Theorie zur Verbesserung der Osseointegration führen kann, wirkt sich auf die Festigkeit des Produktes aus. Durch gezielte Materialauswahl und Oberflächenbearbeitung kann die Festigkeit positiv beeinflusst werden.
2) Die positive Beeinflussung der Festigkeit durch die mechanische Oberflächenbearbeitung ist durch die Umwandlung des Zirkoniumdioxids von der tetragonalen in die monokline Struktur (t$\rightarrow$m) verursacht.
3) Durch die gezielte mechanische und physikochemische Oberflächenbehandlung lässt sich die Zellakzeptanz der Zirkoniumdioxid-Implantatoberflächen positiv beeinflussen. Die veränderte Zellakzeptanz lässt sich durch *in vitro* Versuche bestätigen.

2. Stand des Wissens

Interdisziplinäre Aufgabenstellungen erfordern eine breit gefächerte Darstellung der theoretischen Grundlagen. Diese einleitende Zusammenfassung soll der Orientierung im folgenden Kapitel dienen.

Optimierungen von tetragonalem ZrO_2 als prothetisches Material werden stetig weiter vorangetrieben (Kapitel 2.1.1 und 2.1.2). Man erwartet, dass die keramischen Implantate zukünftig einen deutlich größeren Marktanteil (> 30 - 50 %) erreichen können. Hierbei werden Oberflächenmodifizierungen vorgenommen, die eine höhere Oberflächenrauheit hervorrufen und/ oder in Kombination mit physikochemischen Modifizierungen verbesserte Osseointegration der Implantate versprechen (Kapitel 2.1.3 - 2.1.6). Als Osseointegration wird die direkte und stabile Verankerung eines Implantats im Knochen, ohne die Bildung von Bindegewebe, bezeichnet [14]. Der optimale Mittenrauwert wird mit R_a~ 1,5 - 2 µm angegeben (Kapitel 2.1.2). Dies ist jedoch nur einer der beschreibenden Rauheitsparameter. Die Oberflächentopographie fordert zum studienübergreifenden Vergleich und der Korrelation mit den zellbiologischen oder klinischen Ergebnissen detailliertere Beschreibung (Kapitel 2.1.4).

Die Aufrauung beeinflusst auch die mechanischen Eigenschaften des Materials und führt unter bestimmten Bedingungen zur Materialumwandlung (Kapitel 2.2.3.2). Einerseits ist die bekannte t→m Umwandlung zur Reduzierung des Rissfortschrittes und zur Zähigkeitssteigerung notwendig und erwünscht. Andererseits reduziert sich durch frühzeitige oder fortschreitende Umwandlung die Haltbarkeit des Implantates (Kapitel 2.2.3.1).

Die grundsätzlich ablaufenden Vorgänge im Material (Kapitel 2.2) werden von Werkstoffwissenschaftlern und Physikern intensiv untersucht, von Medizinern während der Produktentwicklung meist jedoch nur am Rande betrachtet. Zudem existieren Phasenumwandlungen neben der populären t→m Umwandlung des ZrO_2, denen aufgrund kontroverser Diskussion in

der Praxis bisher weniger Aufmerksamkeit geschenkt wird (Kapitel 2.2.3.3 – 2.2.3.5).
Ein möglichst umfassendes Verständnis dieser Materialreaktionen könnte jedoch die Produkt- und Verfahrensentwicklung langfristig stärken, um Implantate aus „bruchstabiler" Keramik zu fertigen und mit osseointegrationsfördernder (hydrophiler), rauer Oberfläche auszustatten. Dies kann beschleunigte, langzeitstabile Einheilung und so einen höheren Komfort für Anwender und Patienten gewährleisten.

2.1. Implantatwerkstoffe, Interfacereaktionen und deren Rolle in der dentalen Implantologie

Der Einsatz keramischer Werkstoffe in der Medizintechnik ist weit verbreitet möglich. Als biokompatible keramische Werkstoffe werden Aluminiumoxid (Al_2O_3), Zirkoniumdioxid (ZrO_2), Hydroxylapatit ($Ca_5(PO_4)_3OH$), bioaktive Gläser und Glaskeramiken angeführt [15]. So findet sich der Werkstoff Aluminiumoxid bspw. in Hüftgelenkskugeln, in Materialien für die Gesichtschirurgie oder auch in Mittelohrimplantaten. ZrO_2 wird überwiegend für dentale Implantate und auch für Hüftgelenke (Kugelkopf) eingesetzt. Orthopädische Implantate, Knochenersatz oder Beschichtungen von Dental- oder Ohrimplantaten werden häufig aus Hydroxylapatit bzw. Calciumphosphat oder bioaktiven Gläsern gefertigt oder in Materialmischungen mit diesen versetzt. [15]
Das Standardmaterial für ein erfolgreich osseointegrierendes, dentales Implantat ist seit den 1960er Jahren, der Entwicklung und Einführung Brånemarks, das Material Titan mit seinen Legierungen [5, 16]. Auf der Suche nach neuen universellen Materialien für die dentale Implantologie bewegte sich die Forschung ausgehend von diesem Werkstoff auch in Richtung der Biogläser und Keramiken [17–21]. Die ersten keramischen Dentalimplantate wurden aus Al_2O_3 gesintert und sind als „Tübinger Sofortimplantat" bekannt geworden [22]. Frakturen unter der Dauerbelastung des Kauakts und reduzierte Osseointegration führten zu stark schwankenden und reduzierten

Überlebensraten der implantologischen Versorgung von 23 % bis 98 % [22, 23]. Nach diesem gescheiterten Versuch Al_2O_3 im Implantologiesektor zu etablieren, ist Yttriumoxid tetragonal stabilisiertes Zirkoniumdioxid (Y-TZP) aufgrund guter Osseointegration und vor allem geeigneteren mechanischen Eigenschaften zu einem attraktiven Alternativmaterial für den Ersatz einer Zahnwurzel geworden [24]. Im Vergleich zum reinen Al_2O_3 erreicht dieses Y-TZP doppelte Bruchzähigkeit und dreifach höhere Biegefestigkeit [25, 26]. Y-TZP weist zahnähnliche Farbe auf, verfügt über hohe Festigkeit (>1.100 MPa) und Härte (1.300 HV10) [26, 27] sowie ausreichende Risszähigkeit K_{IC}: 6 – 10 MPa $m^{(1/2)}$ [23, 26, 28]. Nachteilig ist die hohe Steifigkeit des Titans aber auch des Y-TZP (E-Modul ~110 bzw. 210 GPa) für die Übertragung der Kaubelastung auf den Knochen [29]. Es kann zum sogenannten „Stress Shielding“-Effekt und schädigender Entlastung des Knochens kommen [29]. Der Knochen reagiert auf zu niedrige oder zu hohe Belastungsimpulse mit Bindegewebseinheilung oder auch Knochenresorption (weitere Informationen siehe Kapitel 2.1.4) [30]. In diesem Hinblick gelten die Polymethylmethacrylate, Polytetrafluoroethylene, Polyethylene und insbesondere Polyetherketone als beachtungswürdig. Diese Materialien weisen einen mit dem natürlichen Kieferknochen vergleichbaren E-Modul (3 – 5 GPa gegenüber 3 – 24 GPa) auf. So kann während der Nahrungszerkleinerung eine physiologische Belastung des Knochens am Implantat entstehen. Jedoch ist die geringe Transluzenz und fehlende Langzeiterfahrung der polymeren Materialien als Nachteil anzusehen. [19, 29, 31]

Grundsätzlich gibt es werkstoffübergreifende Kriterien, die eine erfolgreiche Implantation unterstützen oder auch beeinträchtigen können. Nach der umfangreichen Literaturrecherche von B. Chrcanovic [32] zum Thema „Versagen dentaler Implantate“ kann resümiert werden, dass im Folgenden genannte Merkmale zu einem höheren Verlustrisiko beitragen können: geringes Implantationseindrehmoment im Zusammenhang mit sofortbelasteten Implantaten, unerfahrene Implantologen, Insertion in den Oberkiefer (OK) oder das postere Knochenlager, schlechte Knochenqualitäten allgemein (D3 und D4), intensives Rauchen, Implantation in geringes Knochenvolumen,

verkürzte Implantate, zu geringer Implantatraum (zu viele Implantate in einer Kieferregion), Fehlen von Primärstabilität oder Anwendung von gewindefreien zylindrischen Implantaten [32]. Ebenfalls negativ, jedoch nicht so gravierend wie zuvor genannte Punkte sind folgende Faktoren [32]: Ungedeckte Einheilung, Sofortbelastung, Implantation in die frische Extraktionsalveole, die Verwendung von durchmesserreduzierten Implantaten. Vorteilhaft stellen sich Ergebnisse neuer Studien an Implantaten mit moderat rauen Oberflächen dar [32].
Der Terminus „moderat raue Oberfläche“ wird im Kapitel 2.1.4 nochmal aufgegriffen.

2.1.1. Zirkoniumdioxid vs. Titan

Über viele Jahre hinweg haben sich Reintitan und Titanlegierungen wegen exzellenten Biokompatibilität, guten mechanische Eigenschaften sowie hohen und gut dokumentierten Erfolgsquoten in der dentalen Implantologie etabliert [24, 33].
Ein gravierender Nachteil, die graue Farbe des Titanimplantates, die zum Durchscheinen des Implantats durch die Mucosa führen kann, schränkt die Indikation insbesondere im Oberkieferfrontzahnbereich ein [34]. Ebenso wurde nach Implantation von Titanimplantaten über nichtspezifische Immunreaktionen und Autoimmunerkrankungen der Patienten berichtet [35]. Und obwohl allergische Reaktionen auf Titan sehr selten sind und das Material aufgrund seiner sich an Luft sofort bildenden Oxidschicht als inert betrachtet werden kann, ist über Sensibilisierungsprozesse sowie galvanische Prozesse in Wechselwirkung mit Speichel und Fremdmetallen berichtet worden. So kam es zur Entwicklung von keramischen Implantaten, die „frei von Metall“ und somit elektrisch nichtleitend sind, was zur Vermeidung von allergischen Potentialen führt [36]. Es entsteht eine bessere Ästhetik durch Transluzenz und Farbvorteile: weiß gegenüber grau. Die Weichgewebsfreundlichkeit wird insgesamt auch positiv gesehen. Einzelne Studien weisen geringere Plaqueakkumulation und seltener entzündliches Infiltrat im periimplantären Gewebe nach [4, 6, 33]. Eine Reviewarbeit von Röhling et al.

[37] fasst 37 ausgewählte (aus 1.231), vorklinische Studien zusammen, welche Titanimplantate gegenüber ZrO_2-Implantaten im Tierversuch bewerten. Die Beobachtungszeiträume bewegten sich zwischen 0,4 und 56 Wochen. Der Bone-Implant-Contact (BIC) erreichte für Titan im Mittel 59,1 % und Ausdrehmomente von 103 Ncm. Für ZrO_2-Implantate lagen die BICs bei 55,9 % und 72 Ncm. Im belasteten und unbelasteten Zustand weisen mikroraue ZrO_2-Implantate und Titanimplantate ähnliches Osseointegrationsverhalten auf. Titan zeigt jedoch eine beschleunigte initiale Osseointegration, während die Weichgewebsintegration beider Materialien vergleichbar ist. Die Ergebnisse wurden vor allem durch das Studiendesign, bspw. gewählte Tierart und Belastungsprotokoll, beeinflusst. Die Osseointegration von ZrO_2-Implantaten scheint insgesamt vergleichbar mit Titanimplantaten. [37]

Weitere Studien [24] belegen die im Vergleich zu Titan ähnlich niedrige und gleichmäßige Spannungsverteilung um das ZrO_2-Implantat. Oberflächenmodifizierungen von Titanimplantaten mit ZrO_2-Partikeln können sogar das Potential einer beschleunigten Initial-Einheilung und höhere Ausdrehmomente begünstigen. Eine Erhöhung der Oberflächenrauheit scheint insofern vorteilhaft, da beschichtete oder oberflächenmodifizierte ZrO_2-Implantate höhere Ausdrehmomente erreichen können [38]. Trotz der erschwerten Oberflächenbearbeitung kann bspw. Laserbearbeitung die Oberflächenrauheit verbessern. Jedoch sind umfangreichere fünf-Jahres-Verlaufsstudien empfohlen [24].

2.1.2. Anforderungen an dentale Implantate

Der Ersatz eines natürlichen Zahnes unterliegt aufgrund des komplexen Aufbaus des Zahnes selbst und der ihn umgebenden Strukturen einigen Kompromissen. Die äußerste Schicht des Zahnes im apikalen Bereich (der Zahnwurzel) ist der sogenannte Zahnzement [39] (Abb. 1). Mit diesem sind die Sharpey'schen Fasern verwachsen, die den Zahn federnd in der Alveole des Knochens aufhängen. Beim Kauakt werden die auf den Zahn wirkenden

Druck- in Zugkräfte auf den Knochen umgewandelt. Während sich der Knochen unter Druckimpulsen schneller aufgrund Überlastung zurückbildet, hält er größeren Zugkräften stand oder reagiert mit Knochenaufbau [14, 40]. Würde nun ein Implantat in realem Wurzeldesign ohne Sharpey'sche Fasern in den Knochen implantiert, käme es vermutlich recht schnell zum Implantatverlust wegen geringer Retentionskraft und Fehlbelastung des Knochens. Für die Osseointegration ist die gesamte Implantatform von entscheidender Bedeutung. Dieses führt bei Belastung zu einer geometrieabhängigen Weiterleitung der Kaukraft auf den umgebenden Knochen. Der Knochen wird durch den Kauakt mit stimulierenden Dehnungsreizen, häufig in der Literatur gemessen in µstrain (1.000 µstrain = 0,1 % Längenänderung), beaufschlagt [14]. Wird die Oberfläche mit geeigneter Oberflächentopographie versehen und die Kaukraft über eine geeignete Implantatform förderlich in den Knochen eingeleitet (1.000 - 4.000 µstrain) [30], kann das Implantat erfolgreich osseointegrieren.

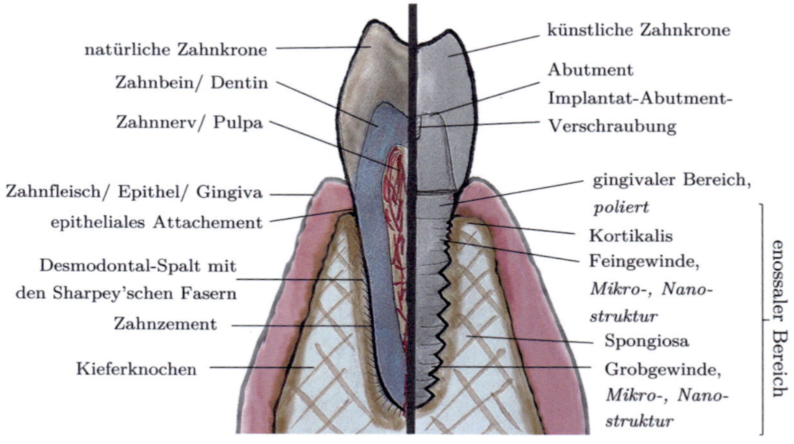

Abb. 1: Querschnitt durch Zahn und Implantat im Kieferknochen. Links – Darstellung der Strukturen am natürlichen Zahn im Knochen; rechts – Darstellung eines Implantates mit Abutment und künstlicher Zahnkrone.

Ist der enossale Anteil des Implantates (der Anteil, der fest im Knochen verankert ist) aus einem Stück mit dem künstlichen Zahnstumpfaufbau (dem Abutment) gefertigt, spricht man von einteiligen Implantaten. Sind enossaler Anteil und Abutment über eine Schraub- oder Klebeverbindung miteinander aus zwei Teilen gefügt, spricht man von zweiteiligen Implantaten, die zweizeitig einheilen können. Bei der zweizeitigen Implantation kann zunächst der enossale Anteil implantiert werden und vom Zahnfleisch gedeckt einheilen. Die Versorgung erfolgt nach abgeschlossener Osseointegration 3 – 6 Monate nach Implantation. Bei einteiligen Implantaten ist für eine unbelastete Einheilung entsprechende Schienentherapie zur Abschirmung der Zunge oder der Nahrung notwendig. Als Sofortimplantation bezeichnet man die Direktversorgung der Alveole nach Extraktion des Zahnes. Dies bringt den Vorteil einer verkürzten Behandlungszeit für den Patienten. Hierfür sind jedoch Implantate notwendig, die eine beschleunigte Einheilung begünstigen. [41]

2.1.3. Zellspreitung und Osseointegration

Zellanhaftung (Zellattachment) und Zellabflachung (Zellspreitung) sind durch verschiedene Oberflächeneigenschaften wie Rauheit, chemische Zusammensetzung, Benetzbarkeit und Ladungsverteilung beeinflussbar [42]. Der Vorgang der Zelladhäsion wird nach Grinell in biochemische Schritte unterteilt und enthält verschiedene Phasen: Adsorption, Contact, Attachment und Spreading [43]. Die Zellhaftung an eiweißfreien Substraten ist ein unspezifischer Prozess. Über die Bildung von zytoplasmatischen Mikroausstülpungen der Zellen (sogenannte Filopodien) können ggf. vorliegende elektrostatische Barrieren zwischen Prüfkörperoberfläche und der negativ geladenen Zellwand überwunden werden [43]. Die Attachmentphase umschreibt die Ausbildung fokaler Adhäsionen. In der letzten Phase der „Spreading“-Phase kommt es stetig zur weiteren Anpassung durch Abflachung der Zelle an die Oberfläche. Während die aktive Spreitung die Ausbildung der Filopodien benennt, beschreibt die passive Spreitung den Prozess der Zellausbreitung [43]. Hierbei haben die einzelnen Bestandteile der Zelle verschiedene Aufgaben für einen fehlerfrei ablaufenden Prozess. Die Aufgabe der sogenannten extrazellulären Matrix (ECM) ist die Steuerung der Adhäsion, Proliferation, Migration und Differenzierung durch Stimuli

[44]. Sie füllt Raum zwischen den Zellen und stellt die strukturgebende Umgebung dar. [45, 46]
Wesentliche Komponenten der ECM sind: Unlösliche Kollagenfasern, Proteoglykane und Multiadhäsionsproteine [46]. Die ECM reagiert auf Topographie, Festigkeit, Elastizität, Rauheit, Benetzbarkeit, Wasserspeicherkapazität und chemische Zusammensetzung des zu benetzenden Prüfkörpers. Fokalkontakte sind Zell-Matrix Kontakte. Sie wachsen und differenzieren sich auf Basis der Adhäsion [44]. Die Integrine sind Transmembranrezeptoren mit heterodimeren Aufbau und stellen eine Art Brücke zwischen Zytoskelett der Zelle und ECM dar [44, 47]. Die Detailstruktur der Fokalkontakte ist laut Pfeiffer [47] noch nicht endgültig geklärt. Jedoch ermöglichen sie der Zelle, sich an die extrazelluläre Matrix zu binden und äußere Signale in das Innere weiterzuleiten. Dabei können die Fokalkontakte auch topographische Gegebenheiten der Umgebung wahrnehmen [47]. Ein für die Zelldifferenzierung günstiger Gleichgewichtszustand aus äußeren und inneren Kräften wird angestrebt. So orientieren (polarisieren) sich die Zellen auf mikrogerillten Prüfkörpern [43]. Durch Reifung von Fokalkomplexen zu Fokalkontakten mit verknüpften Stressfasern ist die Zelle weniger beweglich, aber adhäsiver [47, 48].
Der Aufbau und die Funktion wichtiger Proteine, die in dieser Arbeit im Fokus stehen wird im Folgenden kurz angerissen: Aktin ist ein Bestandteil der Strukturproteine aller eukaryotischen Zellen und Hauptbestandteil des intrazellulären Zytoskeletts [49]. Es bildet kontrahierbare Aktin-Stress-Fasern aus, die wiederum in Fokalkontakten enden. Die Aufgaben des Aktin sind die Steuerung der Migration, morphologische Veränderungen der Zelle, Differenzierung und Proliferation über Adhäsion der Zelle an der extrazellulären Matrix [47]. Vinculin interagiert mit anderen zytoskelettalen Proteinen und ist eines der wichtigsten Strukturproteine [50]. Wichtige Komponente in der integrinregulierten Signalkette ist ebenso das Protein Paxillin [51, 52]. Es interagiert zwischen Zellmatrix und Zell zu Zell Verknüpfungen. Grundsätzlich wird Paxillin die Rolle des positiven Regulators für die Steuerung der Adhäsion und Migration der Zellen zugeschrieben. Ferner deuten

Erkenntnisse darauf hin, dass unter bestimmten Bedingungen die Zellmigration gehemmt wird [52]. Iwasa et al. [42] weisen in ihrer Studie an Titanimplantatoberflächen mit vergleichbarer Topographie aber variierter Physikochemie eine erhöhte Expression von Paxillin durch UV-Behandlung der Oberflächen nach. Sie schließen daraus, dass Paxillin ein wichtiger Indikator für die Zellakzeptanz von Oberflächen sein kann [42].

2.1.4. Anforderungen an eine Implantatoberfläche

Der Anspruch eine besondere Implantatform und eine angepasste Oberfläche auf Implantate aufzubringen, ist mit der Herausforderung verknüpft, die von der Natur gesetzten Vorgaben nachzuahmen.
Oberflächencharakteristika können bestimmte Zelleigenschaften während des Prozesses der Osseointegration stimulieren [53]. Die Oberflächencharakteristika sollten dimensionsabhängig betrachtet werden. Das Makrodesign (>100 µm) bestimmt die Primärstabilität des Implantates. Das Mikrodesign (1 – 100 µm) beeinflusst die Zellrekrutierung, Zelladhäsion, die Zellorientierung, Zellmorphologie sowie Genexpression. Die Nanotopographie wiederum lenkt Proteinabsorption, Integrinanlagerung, die Ausbildung der Fokalkontakte und Ausrichtung bzw. die Gestalt des neugebildeten Zytoskeletts [53, 54]. Durch gezielte Oberflächenstrukturierung in der Makro-, Mikro- und Nanoebene kann Knochenregeneration durch gezielte Differenzierung und Proliferation stimuliert werden [53].
Häufig kommen *in vivo* und *in vitro* Studien zu abweichenden Ergebnissen bezüglich der optimalen Gestaltung der Oberflächentopographie [55]. Man scheint sich jedoch über grundsätzliche, vorteilhafte Rauheitsbereiche im Sinne des R_a-Wertes von 1 – 2 µm besser 1,5 – 2 µm, im Großen und Ganzen einig zu sein [7, 38, 55–58]. Variierende Rückschlüsse können zum einen an verschiedenem Studiendesign als auch an der messtechnischen Beschreibung der Oberflächentopographie liegen. Die Beschreibung der Oberflächenrauheit beruht häufig auf einfachen Linienprofilen, jedoch sollten Höhen-, Abstands- und Hybridparameter für die exakte Quantifizierung der Oberflächen, in verschiedenen lateralen Messfeldern, verwendet werden [59].

Implantatoberflächen, die auf zellulärer Ebene glatt erscheinen, gleichzeitig mit einer Gesamtvergrößerung der Oberfläche die Primärstabilität erhöhen, sind als vorteilhaft beschrieben. Dies ist beispielsweise bei mikrostrukturierten Oberflächen der Fall [60]. Gefrästes ZrO_2, SLA (sandblasted, large grit, acid etched) ZrO_2 und gestrahltes ZrO_2 werden von Bächle et al. [61] mit SLA Titan verglichen und dabei ein Anstieg der Rauheit durch Strahlen und Ätzen festgestellt. Nach drei Tagen zeigt sich an diesen Oberflächen eine erhöhte Zellproliferation gegenüber den gefrästen ZrO_2 Oberflächen. Nach sechs und 12 Tagen ist kein Unterschied zwischen den verschiedenen Oberflächen nachweisbar. Viele *in vivo* Studien kommen aber auch zu dem Ergebnis, dass Implantatoberflächen grundsätzlich besser osseointegrieren, wenn sie rauer sind [55]. Becker et al. [62] implantieren 52 deutlich rauere Implantate aus ZrO_2 (mit R_a-Werten von 7 µm) und ermitteln eine Zweijahresüberlebensrate von 95,8 %. In anderen Studien [7, 63] (meist an Titanimplantaten) wird die bessere Osseointegration moderat rauer Oberflächen (R_a-Werte von 1 – 2 µm), gegenüber rauen Implantatoberflächen >2 µm hervorgehoben. Jedoch scheint es keine eindeutigen Erklärungen für das Beobachtete zu geben, so dass es nicht direkt möglich ist, die Ergebnisse aus den *in vitro* Studien auf *in vivo* Ergebnisse oder auf die zukünftigen klinischen Erfolge zu übertragen [63]. Vermutlich gibt es einen Zusammenhang zwischen den sehr rauen Implantatoberflächen und möglichem Entzündungspotential (Periimplantitis) aufgrund erhöhter Plaqueakkumulation. Des Weiteren wurde in einer *in vivo* Studie an ZrO_2-Implantaten die Oberfläche mit einem Mittenrauwert von etwa 1,7 µm als besonders gut osseointegrativ eingestuft [64]. Nanostrukturierte Implantate rücken ebenso in den Fokus der Wissenschaft, da der natürliche Knochen laut Ito et al. eine Rauheit von etwa 32 nm bis in den einstelligen nanoskaligen Bereich hin aufweist [65]. Es könnte sein, dass durch eine derart gestaltete nanoskalige Topographie, aufgebracht auf einer Mikrostruktur, eine biometrische Oberfläche entsteht die die Mineralisation fördert.

2.1.5. Physikochemie von Oberflächen

Die Mikrotextur, von der die Integration eines Implantates in das Gewebe abhängt, beinhaltet neben der Topographie auch die physikochemischen Einflüsse [43].

Vordergründig werden zur Steuerung der Physikochemie Methoden gewählt, die die Oberflächenrauheit nicht beeinflussen, sondern eine verbesserte Benetzbarkeit der modifizierten Oberflächen erzielen. Genannt werden vor allem die Bestrahlung mit ultraviolettem (UV) Licht und Ozon- Gas oder die Kalt-Plasma-Behandlung [66–68]. Die UV/ Ozon Behandlung [69] beruht auf Bestrahlung der Oberfläche mit UV-Licht verschiedener Wellenlängen, wodurch eine Bioaktivierung durch Entfernung von Kohlenwasserstoffen oder anderen kohlenstoffartigen Verbindungen und der Anbindung von OH^- -Gruppen an der Oberfläche erreicht wird [69]. Dies wiederum führt zu einer höheren Reaktivität der Oberfläche. Nachweislich resultiert eine höhere Oberflächenenergie, welche die osteogene Differenzierung und Hartgewebsintegration verbessern sollte [69]. Gut beschrieben ist die UV- Behandlung an Titanimplantatoberflächen [70]. Weitere Studien befassen sich erfolgreich mit der Bioaktivierung von ZrO_2 durch die UV/ Ozon-Behandlung [66]. Mittels *in vitro* Tests konnte durch die UV-Behandlung an ZrO_2 eine Erhöhung der alkalischen Phosphatase (ALP) Aktivität, des Zellattachments und der Zellspreitung, bei gleichzeitiger Reduzierung des Kontaktwinkels gezeigt werden [67].
Kaltplasma sind partiell ionisierte Gase, welche hoch reaktive Partikel enthalten und ebenso eine „bioaktivierende Wirkung“ durch o.g. Mechanismen entfalten. In einer *in vivo* Studie am Kaninchen konnte durch die He-Plasma-Behandlung von ZrO_2-Implantaten die Möglichkeit einer Erhöhung der Kontaktfläche zwischen Knochen und Implantat (BIC) und ein erhöhtes Ausdrehmoment aufgezeigt werden [68]. Die Verwendung von Gasgemischen ermöglicht die Kombination von Effekten, bspw. durch, an der Behandlungsstelle freiwerdendes, Ozon [71].

Kommt ein Flüssigkeitstropfen mit einer Oberfläche in Kontakt, tritt eines der beiden folgenden Phänomene auf [72]: a) die Flüssigkeit benetzt die Oberfläche und eine im Radius zunehmende kreisförmige Dreiphasen-Kontakt-Linie wird gebildet, die die gesamte Oberfläche benetzt oder b) der Tropfen kommt in Kontakt mit der Oberfläche und stellt einen bestimmten Radius ein, wodurch ein „liegender Tropfen“ mit einem bestimmten Kontaktwinkel entsteht. Dieser ist abhängig von der chemischen Zusammensetzung der Flüssigkeit, der Gasphase und der Oberfläche bzw. auch der Topographie der Oberfläche [72].
Die Young Gleichung $\sigma_{SG} = \sigma_{SL} + \sigma_{LG} \cdot \cos \Theta_C$ beschreibt Vorgang und Ausbildung des entsprechenden Kontaktwinkel Θ_C beruhend auf den drei beteiligten Grenzflächenenergien (Abb. 2):
Festkörper-Gas σ_{SG}, Flüssigkeit-Gas σ_{LG}, Festkörper-Flüssigkeit σ_{SL}.

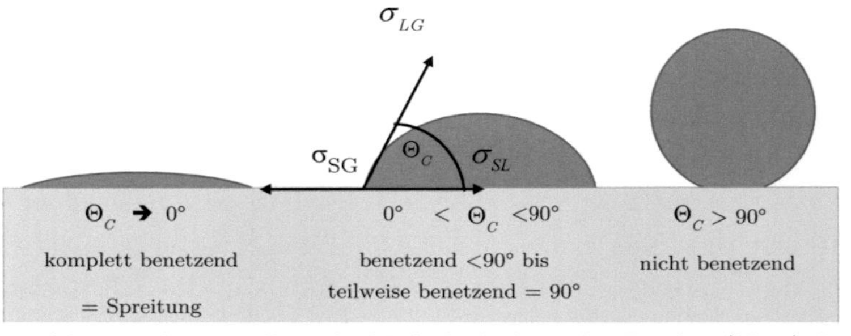

Abb. 2: Schematische Darstellung der Methode des liegenden Tropfens (Mitte). Links zeigt die Darstellung der kompletten Benetzung und rechts den nicht benetzenden Zustand, in Anlehnung an [73, 74].

Wenzel stellte fest, dass wenn ein Tropfen eine feinstrukturierte, raue Oberfläche benetzt, ein Rauheitsfaktor einzuführen wäre, wobei r das Verhältnis der tatsächlichen zur projizierten Fläche darstellt [75].

$$\cos \Theta_{rau} = r \cdot \cos \Theta_{glatt}$$

Es verstärkt sich dabei die Eigenschaft der zuvor herrschenden Kontaktbedingung, eine hydrophobe Oberfläche wird bspw. noch wasserabweisender [76].

Durch weitere Beobachtung rauer, insbesondere fein strukturierter Oberflächen stellten Cassie und Baxter [77] fest, dass der Kontaktwinkel (Θ_{CB}) nur noch auf den Erhebungen der Oberfläche aufliegt (φ_{ff} die Kontaktfläche zwischen fest und flüssig (Abb. 3)):

$$\cos\Theta_{CB} = \varphi_{ff} \cdot [\cos(\Theta_C) + 1] - 1 \quad [77]$$

mit folgender Bedingung:

$$\cos\Theta_C < \frac{\varphi_{ff} - 1}{r - \varphi_{ff}} \quad [77]$$

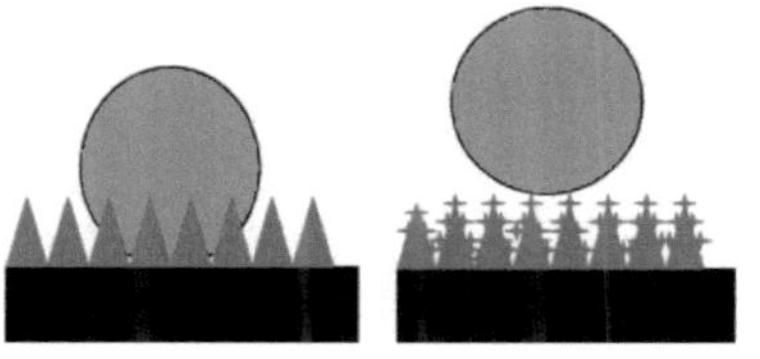

Abb. 3: Schematische Darstellung der Benetzungsmodelle nach Wenzel (links) und Cassie-Baxter (rechts), übernommen aus [78].

<u>Zusammenfassend kann festgehalten werden:</u>

Ist die Oberflächenenergie einer festen Oberfläche höher als die von Wasser, reduziert sich der Kontaktwinkel und das Material wird als hydrophil bezeichnet, wobei die Rauheit des Prüfkörpers und Viskosität der Testflüssigkeit die Benetzbarkeit beeinflussen.

Ganz sicher besteht laut Richard [43] eine Korrelation zwischen kritischer Oberflächenspannung (obere Grenze der Oberflächenspannung einer Flüssigkeit, die einen Festkörper benetzt und sich darauf ausbreitet) [79] und der Fähigkeit einer Zelloberfläche, die Zelladhäsion zu unterstützen. Man strebt zu diesem Zweck an Implantatoberflächen einen Kontaktwinkel <90° an (Abb. 2).

So werden seit einigen Jahren Untersuchungen zur effektiven Veränderung der physikochemischen Eigenschaften einer Oberfläche durchgeführt. Im Kern steht das Ziel die Benetzbarkeit der Oberfläche durch höhere Oberflächenenergie der Implantate zu verbessern, um so die Zellakzeptanz positiv zu stimulieren.

2.1.6. Aktuelle Implantatsysteme aus ZrO_2

Keramikimplantate sind nach wie vor als Exoten der Implantate einzuordnen, obwohl ihre Popularität wächst. Auf dem deutschen Markt machen sie aktuell etwa 5 % des Gesamtmarktes aus [80], wobei zukünftig bis zu 30 – 50 % Marktanteil erhofft werden [81]. Insbesondere im zweiteiligen Implantatbereich sind die Hersteller jedoch mit der geringen Duktilität und der Notwendigkeit der spaltfreien Fügung von enossalem Anteil und Abutment konfrontiert. Daher waren Keramikimplantate zunächst überwiegend einteilig. In den letzten Jahren wurden die Produktpaletten in Richtung Zweiteiligkeit erweitert. Oberflächen von Implantaten aus Yttriumoxid dotiertem Zirkoniumdioxid (Y-TZP) werden üblicherweise durch abrasive Druckluftstrahlung, Porenformverfahren, Abdruck- bzw. Frästechnik oder Ätzmethoden, allein oder in Kombination miteinander, aufgeraut bzw. osseointegrativ gestaltet [82, 83]. Hierbei wird der im Knochen verankerte Teil rauer als der Gingivakontaktbereich gestaltet.
Eine Übersicht von aktuellen Keramikimplantatsystemen ist in Tabelle 1 gegeben. Der Einzelstückpreis beträgt je nach Hersteller und Ausführung (einteilig, zweiteilig, Form, usw.) 195 – 585 €. [83–85] Eigennamen wie „Osteoactive“, „CIM“-Oberfläche, „Zircapore“ verbergen auf den ersten Blick die Oberflächeneigenschaften. Selten werden die relevanten Techniken für die Bearbeitung der Oberflächen offengelegt. Eine Studie von Beger [84] prüft ausgewählte Implantatoberflächen und weist am gestrahlt bzw. gestrahlt-geätzten enossalen Implantatbereich S_a- Werte von 0,9 µm – 1,3 µm nach. Im abgedrehten und nicht speziell osseokonduktiv gestalteten Bereich wurden S_a-Werten von 0,2 – ~0,6 µm ermittelt. Für die in der Tabelle gezeigten Implantatsysteme wurden insgesamt S_a-Werte von 0,73 – 1,22 µm für den enossalen Bereich ausgegeben. Die „CIM“-Oberfläche kommt durch ein Ceramic Injection Molding-Verfahren zu Stande [86]. Dies erzeugt für den enossalen Anteil optimierte R_a-Werte auf der Oberfläche des Implantatkörpers von 1,6 µm und im gingivalen Bereich von 0,5 µm. Nur Ausschnittsweise sind die erreichten Sa- oder Ra-Werte firmenseitig angegeben.

Zwei der Implantatsysteme werden mit Lasertechniken im enossalen Bereich oberflächenbearbeitet. Die abrasive Oberflächenmodifizierung mittels abrasivem Strahlen geschieht entweder im Weißzustand (SDS und Champions Implants) bzw. im gesinterten Zustand [84]. Die Modifizierung im Weißzustand bringt den Vorteil, dass höhere Rautiefen gegenüber der Strahlung im gesinterten Zustand erreicht werden können. Eine der rausten Oberflächen, mit einem R_a-Wert von 7 µm bietet Firma Champions Implants an [62]. Die Bezeichnung „ZLA“ der Fa. Straumann steht, in Anlehnung an die „SLA“ Oberfläche, für eine gestrahlte und säuregeätzte ZrO_2-Oberfläche [83]. Die Fa. Witar Consulting beschichtet die gestrahlte Oberfläche mittels „Bioverit I“. Die Beschichtung soll bioaktive Wirkung entfalten und enthält Calciumoxid und Phosphorpentoxid [87]. Nachteilig kann das zweite Interface gesehen werden, was die Gefahr von Frakturen aufgrund mangelnder ossärer Verbindung zum Implantat mit sich bringen kann [88]. Für weitere Erklärungen zum Material wird auf Kapitel 2.2.2 verwiesen.

Tabelle 1: Übersicht über keramische Dentalimplantate, Hersteller, Eigenname, Art und Oberfläche. Die Übersicht erhebt keinen Anspruch auf Vollständigkeit. [83–85] *Erklärung zu den Materialabkürzungen siehe Kapitel 2.2.2.

Hersteller / Einführungsjahr/ Stückpreis	Eigenname/ Material*	Art/ Form	Oberfläche des enossalen Bereichs
Argon/ 2017 195 €	Konus K3Pro® Zirkon	Schraube konisch ein-/ zweiteilig	geätzt „Osteoactive“
Bredent medical 2006/ 348 €	Brezirkon White Sky	Schraube konisch zylindrisch, einteilig	gestrahlt S_a-0,91µm [84]
Champions Implants 2005/ 450€	Bio Revo Zircon Vision	zylindrisch konisch ein-/zweiteilig	gestrahlt im Weißzustand
Camlog 2011/ 295 €	CERALOG® Monobloc	zylindrisch zweiteilig	Sa- 1,22 µm [84] „CIM Technologie“
Dental Point 2013/ 395 €	Zeramex Plus/ Tapered/ ATZ/TZP	Zylinder, parallel Schraube, wurzelförmig	gestrahlt-geätzt S_a- 0,73 µm [84]
Fairimplant 2014/ 429 €	FairWhite	Wurzelform einteilig	„Zircapore“
Medical Instinct (N/A)/ 275 €	BoneTrust® balance/ Y-TZP	zylindrisch konisch einteilig	laserstrukturiert
Nobel Biocare/2018/(N/A)	Nobel PearlTM	zylindrisch konisch zweiteilig	gestrahlt/ geätzt
Gerneral Implants 2005/ 398 €	Keramik	Wurzelform	gestrahlt
INDI Implants 2011/ 445-545 €	HIP-Zirkon	konisch/ parallel	gestrahlt/ geätzt poliert
SDS 2007 bzw. 2012 310/495/295 €	TZP-A/ATZ TZP-A ATZ	Zylinder/Wurzelform parabol/konisch ein-/zweiteilig	gestrahlt / “Schlickeroberfläche”
Vitaclinical 2014/ 465€	Y-TZP	zylindrisch einteilig	S_a- 1,05µm [84]
Straumann ZLA /2014/ 390-489 €	Y-TZP	einteilig zylindrisch	gestrahlt&geätzt hydrophiliert /S_a-1,27µm
TAV Dental 2015/ (N/A)	Y-TZP	zylindrisch ein-/zweiteilig	“andere” (Spritzguß)
Witar Consulting/ 2016/ 388 €	Y-TZP (HIP)	Gewinde ein-/zweiteilig	gestrahlt & Bioverit I
Z-Systems/ 2011-2015/ 490-585 €	Zirkonoxid Zirkolith/ HIP	breites Angebot an allen Formen/ ein-/zweiteilig	gestrahlt “Laserbearbeitung”

2.2. Der Werkstoff Zirkoniumdioxid

ZrO_2 ist ein polymorphes Material [89–91], dessen allotrope Strukturen durch thermische, mechanische oder chemische Triebkräfte (Kapitel 2.2.2) hervorgerufen werden können. Drei dieser Strukturen bzw. Modifikationen sind im dentalen Sektor gut bekannt, werden seit Jahrzehnten gezielt erforscht und angewandt bzw. vermieden. Die Rede ist von den „Normaldruckphasen“ - der tetragonalen, kubischen und monoklinen Struktur des ZrO_2 (Abb. 4). Während die ersten beiden genannten Phasen die Hochtemperaturmodifikationen des ZrO_2 darstellen, nimmt ZrO_2 bei Raumtemperatur (RT) üblicherweise die monokline Struktur ein. Die in der Natur vorkommende monokline Form des ZrO_2 wird Baddeleyite genannt. [92]

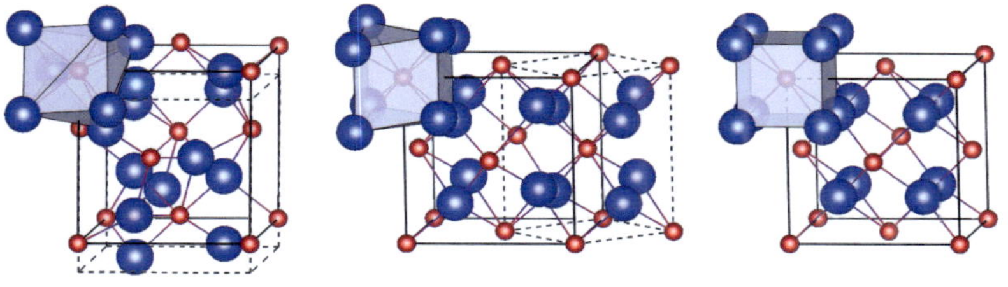

Abb. 4: Graphische Darstellung des Elementarzellenaufbaus; O^{2-} blau, Zr^{4+} rot. Die schwarze Linie entspricht der kubischen Elementarzelle (rechts nur kubisch). Die gestrichelte Linie im linken Bild stellt die monokline und die gestrichelte Linie in der Mitte die tetragonale Elementarzelle dar. Die Grafiken wurden modelliert mit Vesta [93].

Darüber hinaus treten Varianten des ZrO_2 auf, die in der praktischen Anwendung häufig nur am Rande Beachtung finden und daher wenig in vergleichende Diskussionen einbezogen werden. Im theoretischen Teil dieser Arbeit sollen ergänzend die orthorhombische (Abb. 5), bzw. rhomboedrische Struktur, neben weiteren besonderen tetragonalen und kubischen Strukturen Erwähnung finden. Näheres zur Polymorphie des Werkstoffs ZrO_2 wird in Kapitel 2.2.2 erläutert.

Konventionelles ZrO_2 – Pulver, welches überwiegend durch Ko-Präzipitation im Rahmen von Hydrolyse von $ZrCl_3$ mit YCl_3 erzeugt wird, findet je nach Aufbereitung und Stabilisierung für Hochleistungswerkstoffe breite

Anwendung [89]. Des Weiteren kann es durch Reinigen des Minerals Baddeleyite oder die Zersetzung von $ZrSiO_4$ gewonnen werden [89]. Die anwendungsbezogene Stärke erreicht ZrO_2 durch die materialeigene, metastabile Strukturänderung in Folge von Kationenaustausch und Leerstellenbildung [90]. Die resultierende „Transformationsverstärkung“ ist der zentrale Schlüssel zur Festigkeits- und Zähigkeitssteigerung [94]. Genaueres zu den ablaufenden Prozessen, den Ursachen, beeinflussenden Parametern und dem wichtigen Effekt der „ferroelastischen Domänenbildung“ wird in Kapitel 2.2.3 Gegenstand der Betrachtungen sein.

Die temperaturbedingte Rückumwandlung im reinen ZrO_2 unterliegt einer Hysterese und ist leicht verzögert im Falle der Umwandlung von tetragonal zu monoklin (t→m). Die t→m Umwandlung geht einher mit einer Volumenzunahme, die bei 950 °C 3 % und bis RT 4,9 % beträgt.

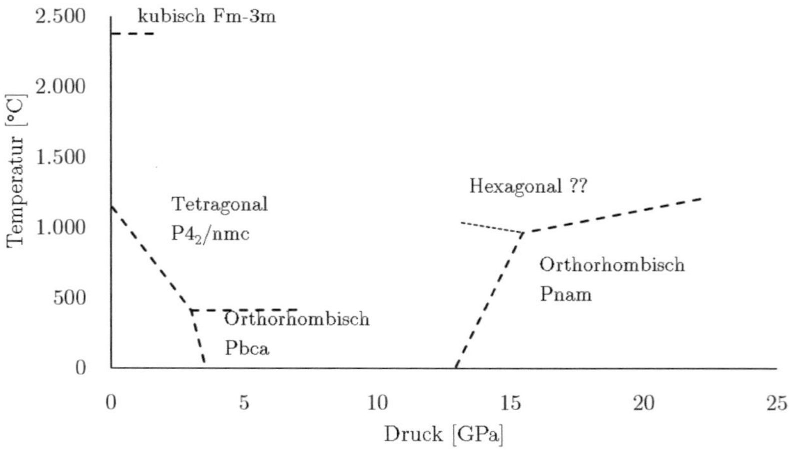

Abb. 5: Temperatur-Druck Diagramm reinen Zirkoniumdioxids nach Ohtaka et al. übernommen aus [95]. (Hexagonales Phasenfeld unklar).

Dies wiederum erschwert die Fertigung kompakter Bauteile aufgrund der aus der spontanen Dichteänderung resultierenden Mikrorisse. [89, 90, 96] Trotz Ionenradienverhältnis von 0,609 im AX_2-Gitter kristallisiert ZrO_2 bei über 2.400°C im Fluorittyp (CaF_2) mit der Kationenkoordination von 8, mit der höchsten Symmetrie in der kubischen Hochtemperaturmodifikation (Fm-3m (Abb. 5)). Die Kristallisation im Fluorittyp (bei Ionenradienverhältnissen <0,732 wird üblicherweise der Rutiltyp mit Kationenkoordination 6 bevorzugt) und eine weitere Abweichung von der kristallchemischen Gesetzmäßigkeit, der Elektronegativitätsdifferenz von 2,1 (weniger ionischer, stärkerer kovalenter Charakter) führen dann, während der fortschreitenden Abkühlung, zur Umwandlung der kubischen ZrO_2 -Struktur in die Niedertemperaturphasen. [89, 97, 98]

Unterhalb von knapp 2.400 °C bis ca. 1.200 °C liegt ZrO_2 tetragonal vor (Abb. 5). Die Zr-Koordinationszahl ist wie in der kubischen Struktur 8. Die Sauerstoffionen sind in der tetragonalen Struktur aus der ursprünglichen, kubischen Lage (¼,¼,¼) in c-Richtung wechselseitig verschoben (Abb. 4). Erfolgt weitere Abkühlung, so findet, unter Scherung der Sauerstoffionen die Umwandlung in monokline Struktur statt. Die Zr-Koordinationszahl beträgt nun 7. [97, 98]
Darüber hinaus wurden orthorhombische Phasen des reinen ZrO_2 beschrieben, welche unter Druck bei 3,5 – 15 GPa gebildet werden (Abb. 5). In den siebziger bis neunziger Jahren befassten sich verschiedene Forschergruppen intensiv mit dieser Thematik. Schlussendlich wurde die Struktur als orthorhombische - Pbca (No61) definiert. Durch Verschiebung des Sauerstoff-Netzes in den tetragonalen (100) Ebenen kommt es zur Entstehung von verschiedenen Varianten und je nach Intensität der Verschiebung zur Änderung der Koordination des Zr-Atoms auf 7. [92, 95]

2.2.1. Sinterung

Bei der Sinterung werden feste Partikel, in Verbindung mit Porenraum, zu einem Formkörper zusammengefasst. Durch Temperatureinwirkung entsteht ein dichtes, polykristallines Produkt. [99]
Voraussetzung zur plastischen Formgebung der oxidkeramischen Pulver zu einem bearbeitungsfähigen Formkörper ist das Hinzufügen eines geeigneten

Binders zum Keramikpulver. Der Binder (das Plastifizierungsmittel) besteht aus organischen Substanzen, Wachsen, Parafinen oder deren Derivaten [100]. Bei der Vermengung entsteht eine homogene Mischung aus Pulver mit Binder, das sogenannte Granulat. Durch ein- oder zweiseitige uniaxiale (uni) oder kalt-isostatische (cip) Verdichtung dieses Granulats unter hohem Druck entsteht ein kompakter, vorverdichteter Rohling, der sogenannte Grünling. Dieser Grünling verfügt noch nicht über die für die filigrane Bearbeitung notwendige Festigkeit. Über eine thermische Vorbehandlung im Ofen, bei Temperaturen im Bereich von 500 – 1.000 °C wird der Binder ausgetrieben und die für die Bearbeitung notwendige Härte und Festigkeit durch beginnende Versinterung der Partikel erreicht. Der Formkörper lässt sich im „kreideweichen“ Zustand werkzeugschonend bearbeiten. Die Härte des Rohlings ist dabei abhängig von der Vorsintertemperatur.
Nach der Formgebung, Entbinderung und Nachbearbeitung kann die Sinterung auf Enddichte fortgeführt werden. Da die Sintertemperatur niedriger als der Schmelzpunkt des Materials gewählt wird, stellt sich als treibender Mechanismus die Diffusion dar. Wichtige Abhängigkeiten bei der Sinterung sind [99]: Temperatur, Zeit bei gewählter Temperatur, Druck, Atmosphäre, Dotierungszusätze, Sinterdichte und Partikelgröße. Diese wirken sich auf die resultierende Dichte, Korngrößenverteilung, Korngrenzenfestigkeit und den Eigenspannungszustand aus. Verallgemeinert formuliert: Für Hochleistungskeramik wird durch die Anpassung der zuvor genannten Parameter eine maximal hohe Dichte, bei hoher Korngrenzenfestigkeit und geringerer mittlerer Korngröße (MK) bei schmaler Korngrößenverteilung angestrebt [90, 99, 101, 102]. Über verschiedene Diffusionsprozesse wird Materie von Regionen höheren chemischen Potentials zu Regionen niederen chemischen Potentials verlagert. Man unterscheidet zwischen verdichtenden Mechanismen (Grenzflächendiffusion entlang der Korngrenze, Gitterdiffusion oder Volumendiffusion von der Korngrenze zur Pore) und nicht verdichtenden Mechanismen (Oberflächendiffusion, Volumendiffusion/ Gitterdiffusion und Gastransport). Plastisches Fließen durch Versetzungsbewegung führt

ebenso zum Sinterhalswachstum und Verdichtung, ist jedoch relevanter bei der Sinterung von Metallpulvern. [89, 99]
Eine der treibenden Kräfte bei der Sinterung resultiert aus der Verringerung der Halskrümmung. Das Anfangsstadium der Sinterung (siehe Abb. 6a-b) dominiert mit einem relativ schnellen Wachstum der Sinterhälse durch Diffusion und Gastransport durch Verdampfungskondensation. Es tritt kaum Schwindung ein, die Triebkräfte werden jedoch stark reduziert [89]. Es kommt zur linearen Schrumpfung von 3 – 5 % [99]. Das Anfangsstadium hält an, bis der Radius des Halses zwischen den Partikeln einen Wert von 0,4 – 0,5 des Partikelradius erreicht hat. Das Zwischenstadium (siehe Abb. 6c) beginnt, wenn die Poren Gleichgewichtsform erreicht haben, die von der Oberflächen- und Grenzspannung bestimmt wird. [89, 99]

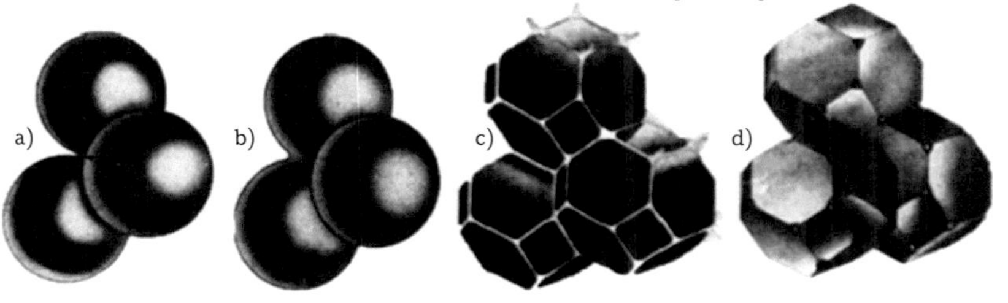

Abb. 6: Darstellung der idealisierten Modelle der Phasen eines Sinterprozesses, übernommen aus [99]: a) Anfangsstadium - Kugeln mit tangentialem Kontakt b) am Ende des Anfangsstadiums: Koagulation setzt ein c) Zwischenstadium: Formänderung zu einem kuboktaedrischen Korn mit angrenzenden Schlauchporen d) Porenschluss: Poren sind tetraedrische Einschlüsse an den Ecken am Berührungspunkt von vier Tetradekaedern.

Die spaghettiartige Anordnung der Poren entlang der Kornkanten (auch Schlauchporen) charakterisiert in gängigen Sintermodellen dieses Stadium. [89, 99]
Der Übergang zum Endstadium wird erreicht, wenn durch Zunahme der Korn-Korn Kontakte, Wachstum der Körner, Schwindung oder Vereinigung von Poren es zu einer Abnahme der offenen Porosität von etwa 15 % bis etwa 5 % gekommen ist. Dies entspricht dann etwa 90 % der theoretischen Dichte und führt in der Regel nur noch zum Vorliegen von geschlossenen Poren im Gefüge. [89, 99]

In der Endphase beginnen sich die Schlauchporen abzuklemmen und liegen nur noch an den Ecken vor. Im Idealfall liegen am Anfang dieser Phase nur noch Tetradekaeder vor mit sphärischen Poren gleicher Größe an den Ecken (N=24), wobei sich vier Tetradekaeder eine Pore teilen [99]. Bei geschlossener Porosität von 10 – 2 % ergibt sich eine Porenschrumpfung über Volumendiffusion [90]. Bei uniaxialer Vorverdichtung bei ca. 70 MPa lassen sich über die Sinterung in Luftatmosphäre ab 1.400°C Sinterdichten von > 99 % an konventionellem 3Y-TZP erreichen. [103] Durch einen heißisostatischen Pressprozess (HIP) lässt sich die Porosität auf ein Minimum reduzieren.

2.2.2. Stabilisierung und Strukturen des ZrO_2

Um die strukturbezogenen Stärken des ZrO_2 auch bei RT nutzen zu können, erarbeiteten verschiedene Forschergruppen die Möglichkeiten der Stabilisierung und die resultierenden Eigenschaften der Hochtemperaturmodifikationen (tetragonal und kubisch).
Amorphes ZrO_2 hat die geringste Oberflächenenergie und ist somit die bevorzugte Phase bei sehr hoher Flächenausdehnung.
Monoklines ZrO_2 (m) hat eine höhere Oberflächenenergie als tetragonales (t). Dies bedeutet, dass monoklin für massive Strukturen die energetisch günstigere Struktur ist, da das Oberflächen-Volumen Verhältnis vernachlässigbar ist. Steigt jedoch das Oberflächen-Volumenverhältnis (Nanokorn oder dünne Schichten), so wird zur Reduzierung der Gesamtenergie (Bulk und Oberfläche) die tetragonale Struktur bevorzugt (Kapitel 2.2.3). [104–106]
Die tetragonale Struktur kann somit durch extrem feines Korn stabilisiert werden. Dies lässt sich durch Korngrößen <10 – 30 nm realisieren [90, 105–107](Abb. 7). In der Praxis ist jedoch überwiegend die chemische Stabilisierung des ZrO_2 durch Dotierung mit MgO, CaO, Y_2O_3, CeO_2 sowie Oxiden seltener Erden [108–111] anzutreffen.

Die Löslichkeit von Fremdionen im ZrO_2 ist dabei abhängig von [97]:

- der ZrO_2-Modifikation,
- der Anzahl der durch Dotierung eingeführten Sauerstoffleerstellen des Wirtsgitters,
- der Ionenradiendifferenz und Elektronegativitätsdifferenz
- der Wertigkeit des dotierten Kations

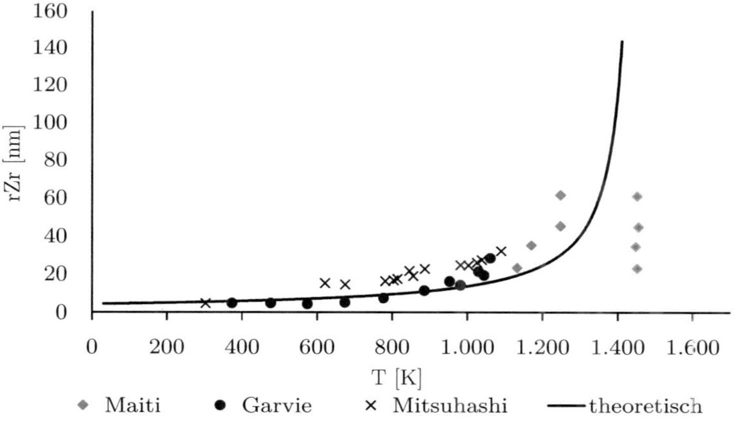

Abb. 7: Diagramm des kritischen Teilchenradius für spontane t→m Transformation in Abhängigkeit von der Temperatur. Vergleich der theoretischen Kurve (Linie) und Messwerte nach Garvie, mit Mitsuhashi und Maiti in Anlehnung an [90].

Durch das Einbringen der zwei- oder dreiwertigen Kationen werden Sauerstoffleerstellen im Mischkristallgitter geschaffen (Abb. 8), die je nach Sinterparametern, Menge des Stabilisators oder weiteren Phasen zur Stabilisierung der gewünschten Hochtemperaturmodifikation beitragen (Abb. 9)[112]. Nach der Kröger-Vink Notation gilt:

$$Y_2 O_3 \xrightarrow{ZrO_2} 2Y'_{Zr} + 3O_O^x + V_O^{**} \qquad 2\,[V_O^{**}] = [Y'_{Zr}]$$

In diesem Beispiel wird die niedrigere Wertigkeit des Yttriums (3^+) gegenüber Zirkonium (4^+) durch eine Sauerstoffleerstelle (V_O^{**}) pro zwei Yttriumionen kompensiert. Das System ZrO_2-Y_2O_3 wurde im Jahr 1978 u.a. von

Stubican et al. [113] ausgearbeitet. Nach der Dotierung des ZrO_2 mit Yttriumoxid wird allgemein vom YSZ (Yttria stabilized Zirconia) gesprochen (Abb. 8). Dies sagt noch nichts über die enthaltenen mengenmäßigen Anteile des Stabilisators aus, daher werden die entsprechenden Anteile des Stabilisators in mol% mit dem Kürzel kombiniert.

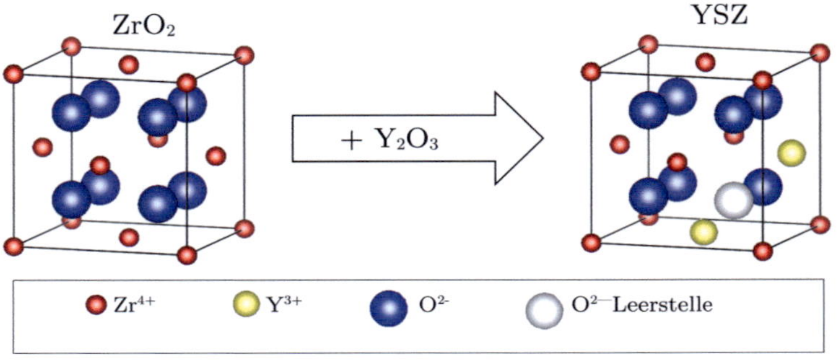

Abb. 8: Schematische Darstellung der Stabilisierung der kubischen Struktur des Zirkoniumdioxids durch Kationenaustausch, modelliert mit Vesta [93].

Eine Überkategorie stellen die „stabilisierten, umwandlungsfähigen, schlagzähen Keramiken" (Transformation Toughened Ceramics - TTC) dar [90]. Durch eine mögliche Phasenumwandlung unter Beanspruchung (Kapitel 2.2.3.2) werden diese Keramiken gegenüber konventionellen „zäher". TTC kann man in die Klassen tetragonal stabilisiertes (TZP) und teilstabilisiertes Zirkoniumdioxid (PSZ) unterteilen. Des Weiteren macht man sich die Umwandlungsverstärkung des ZrO_2 in Dispersionskeramiken mit Aluminiumoxid zu Nutze. ATZ steht für „Alumina Toughened Zirconia", ein mit Al_2O_3 verstärktes ZrO_2. Dieses erreicht eine erhöhte Druckfestigkeit und ist für dünnwandige Bauteile Material der Wahl. Üblich sind Beimengungen von 10 - 25% Al_2O_3. ZTA (Zirconia Toughened Alumina) beschreibt Aluminiumoxid welches mit bis zu 10 % ZrO_2 verstärkt wurde.

Ist ZrO_2 durch hohe Anteile von Dotiermittel nicht mehr umwandlungsfähig spricht man von vollstabilisiertem ZrO_2 (fully stabilized zirconia FSZ). [89, 90]

Nach Tabelle 1 in Kapitel 2.1.6 werden die aktuellen keramischen Implantate überwiegend aus Y-TZP gefertigt. Dies ist einerseits darin begründet, dass das Material bereits als Implantationswerkstoff zugelassen war. Des Weiteren sind die Ansprüche an das Material sehr hoch. So stellt sich bspw. unter Verwendung von 2,5 – 3,5 mol % Y_2O_3 nach Sinterung bei etwa 1.300 – 1.600 °C bei RT in metastabiler tetragonaler Phase (Abb. 9) mit einer Dichte von maximal 6,1 g/cm³ und hoher Festigkeit (bis zu 1.700 MPa) dar. Unterstützend wirkt sich hier die kornwachstumshemmende Wirkung des Yttriums aus [90]. In der dentalen Branche wird häufig auch von TZP-A gesprochen. Das „A“ betont einen geringen und fein verteilten Anteil (<0,25 %) von Aluminiumoxid im Material. Dies wirkt sich positiv auf die Alterungsstabilität des Materials aus (Kapitel 2.2.3.1).
Über die Sinterführung und Korngröße kann man wiederum die Inkorporation und Verteilung des Stabilisators im Material beeinflussen [114]. In konventionellem 3Y-TZP lassen sich neben der eigentlichen tetragonalen Phase weitere tetragonale Phasen mit veränderten Gitterparametern und höherem Yttriumanteil generieren. Es entstehen Bereiche aus t‘ und t‘‘ (erkennbar an unterschiedlichen Tetragonalitätsfaktoren) oder auch Mischungen aus tetragonaler und kubischer Phase [95].
Als sogenannte t‘ Phase wurde ursprünglich eine stark verzwillingte Phase, die durch starke Unterkühlung bzw. Abschrecken aus dem kubischen Phasengebiet (Tempern bei 2.100 °C) entstanden ist definiert [115]. Die t‘ Phase unterscheidet sich von der metastabilen tetragonalen Phase, neben dem Tetragonalitätsfaktor durch ihre Substruktur (Domänenstruktur mit Antiphasengrenzen und platten- oder linsenförmigen Zwillingen) in abgeschrecktem 4 – 7 YSZ. Da sie durch die Substruktur extrem feinkörnig ist, wandelt sie weder unter Druck noch chemischen Einflüssen im Sinne der hydrothermalen Alterung in die monokline Phase um. Der die Zähigkeit beherrschende Faktor ist hierbei die ferroelastische Domänenumkehr (Kapitel 2.2.3.4) [115]. Die Domänengröße wird ebenso durch den Yttriumgehalt beeinflusst, da dieser die Menge und Größe der Antiphasengrenzen erhöht, während die Tetragonalität gesenkt wird [90]. Je weiter der Tetragonalitätsfaktor sich

dem Wert 1 nähert desto schwieriger ist die Unterscheidung von der kubischen Phase. Daher werden tetragonale Phasen mit sehr hohem Yttriumanteil (t“) auch „pseudokubisch“ genannt [114, 116–118].

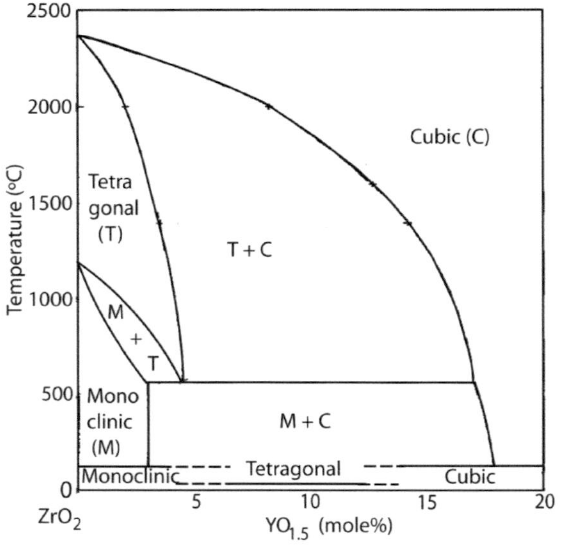

Abb. 9: Phasendiagramm des ZrO_2 - $YO_{1,5}$ entnommen aus [119].

Erwähnenswert ist, dass mitunter eine aus der kubischen (Defekt-) Fluoritstruktur abgeleitete Aufstellung, mit einem tetragonal verzerrten flächenzentrierten Kationengitter gegenüber der Elementarzelle mit raumzentriertem Gitter, gewählt wird [120]. Im tetragonalen Kristallsystem existiert jedoch eigentlich kein flächenzentriertes Bravaisgitter, da sich die Struktur auch mit der innenzentrierten Elementarzelle beschreiben lässt. Durch die Verschiebung der O-Atome aus der speziellen Lage (¼, ¼, ¼) wird die Symmetrie erniedrigt, was letztendlich zur Raumgruppe P42/nmc führt.

So entsteht in der Literatur eine Inkonsequenz in der Bezeichnung der ferroelastischen Domänenumkehr (Kapitel 2.2.3.4) t(002/110) (tetragonaler Kontext) und t(002/200) (kubischer Kontext), bzw. der zugehörigen hkl.

Ebenso wird hin und wieder in der Literatur vom t(111) - Reflex als „Hauptreflex" (statt t(101)) gesprochen.

Abb. 10 soll die Beziehungszusammenhänge der tetragonalen und pseudokubischen Elementarzellen verdeutlichen. Eingezeichnet sind zwei pseudokubische Elementarzellen mit den Netzebenen c(200) – grün, c(002) – rosa und c(111) – blau, die letztendlich den t(101), t(002) und t(110), im tetragonalen System (graue Einheitszelle) entsprechen.
Auch wird aus der Abbildung die Berechnung des Tetragonalitätsfaktors der tetragonalen Zelle mit $\frac{c}{a\sqrt{2}}$ in diesem Zusammenhang verständlich.

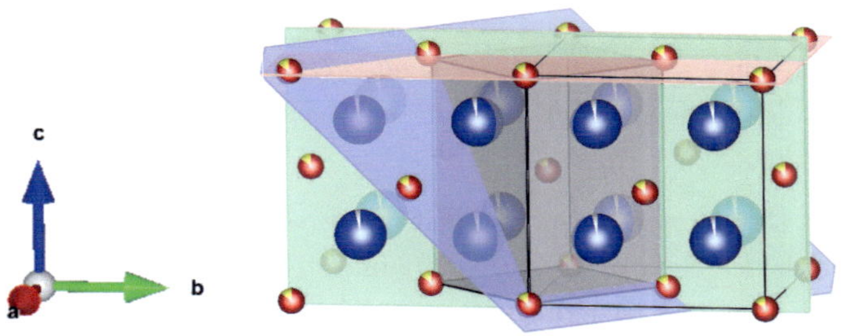

Abb. 10: Tetragonale Elementarzelle (grau) in den pseudokubischen Elementarzellen (schwarze Gitterdarstellung) mit Zr^{3+}/Y^{4+} rot/gelb, O^{2-} blau; eingezeichnete Netzebenen c(200) - grün /t(110), c(002) - rosa/ t(002) und c(111) - blau/ t(101); modelliert mit Vesta [93].

Aus dem Ansatz, den Tetragonalitätsfaktor für die Unterscheidung und Charakterisierung der tetragonalen Phasen und deren Eigenschaften zu nutzen, entstand eine Ableitung der Zellparameter aus dem $YO_{1,5}$ Anteil (x) [121]: a = 5,07987 + 0,003857x; c = 5,19772 - 0,003771x; c / a = 1,02311 - 0,001498x

Eine Übersicht über die Zusammenhänge zwischen Tetragonalitätsfaktor und der entstehenden tetragonalen Form gibt Abb. 11 [122].

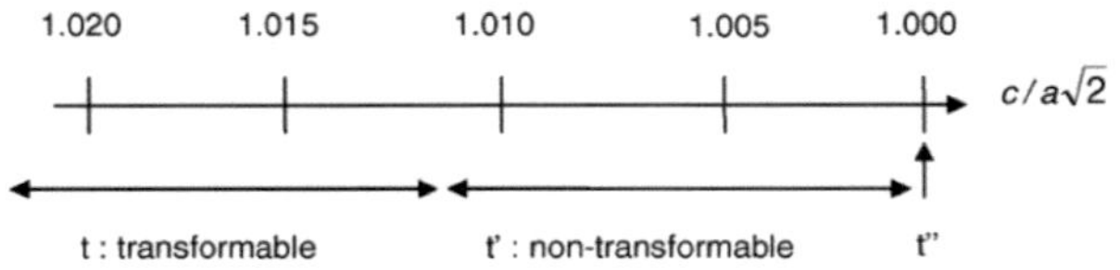

Abb. 11: Gitterparameterabhängigkeit der tetragonalen Formen des YSZ aus [122].

Doch auch mit Röntgenfeinstrukturanalyse lassen sich Mischungen aus t, t', t'' und c im YSZ je nach Gitterparametern und Korngröße häufig nicht eindeutig identifizieren bzw. getrennt voneinander quantifizieren. Abb. 12 zeigt ein Beugungsdiagramm eines einphasigen, tetragonalen YSZ (schwarze Linie), mit Simulation der t Phase (blau). Zusätzlich sind die Beugungsdiagramme der t' Phase (grün) bzw. der kubischen Phase (rot) als Simulation eingeblendet.

Die beste Differenzierungsmöglichkeit der verschiedenen Phasen ergibt sich im Bereich der Reflexe t(004)/t(220) und c(400), der im durch Cu K-α Strahlung erzeugten Beugungsdiagramm bei 73 – 75 °θ abzulesen ist. Die t'' und c Phase erzeugen bei einem Tetragonalitätsfaktor von 1 die gleichen Reflexlagen.

Zur Steigerung der Ästhetik des künstlichen Zahnersatzes befassten sich dentale Forschergruppen mit der Entwicklung von transparenter oder transluzenter tetragonaler Keramik [123]. Transluzenz beschreibt den Wert der relativen Lichtdurchlässigkeit eines Materials [124]. Zunächst wurde die Transluzenz durch Reduzierung der Defekte verbessert. Lichtstreuende Bestandteile bspw. Korngrenzenporen wurden durch gezielte Sinterung und angepasste Pressparameter verringert. Eine zusätzliche Reduzierung des dispersen Aluminiumoxidanteils verbesserte die Transluzenz durch homogene Gefügestruktur am 3Y-TZP [125]. Dann wurde der Anteil des Y_2O_3 erhöht, um eine Verringerung der optischen Doppelbrechung herbeizuführen [126, 127]. Mit 5 YSZ, später dann 4 YSZ wurde ein „Mischgefüge" mit kombinierten Eigenschaften angestrebt. Jedoch ist die Festigkeit aufgrund fehlender oder eingeschränkter Umwandlungsverstärkung mit zunehmendem Stabilisatorgehalt geringer. [128]

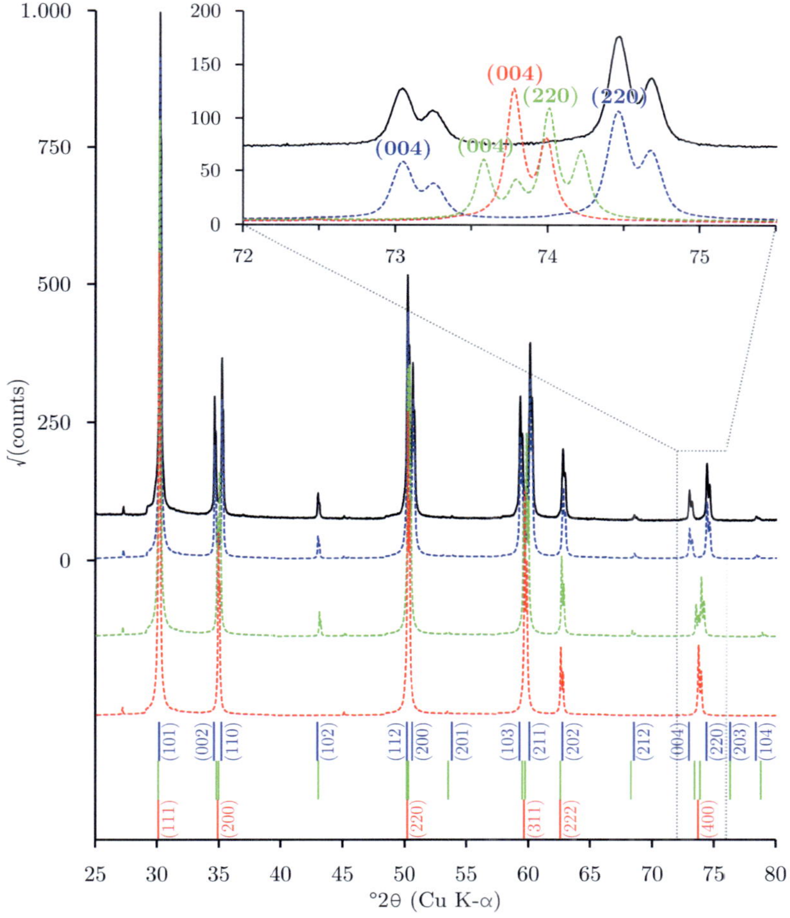

Abb. 12: Gemessenes Beugungsdiagramm eines einphasigen YSZ (schwarze Linie), mit Simulation der t Phase (blau), der t' Phase (grün), der c Phase (rot) und Indizierung der Beugungsreflexe.

Man spricht bei Mischungen von tetragonalem und kubischem ZrO_2 von teilstabilisiertem ZrO_2, von partially stabilized zirconia (PSZ). Grundprinzip ist ein Zweistoffsystem zwischen ZrO_2 und einem anderen Oxid. In dieser Mischung erfolgt das schockartige Abkühlen in das kubisch-tetragonale Feld nach Aufheizen in das kubische Gebiet. In einem durch Abschrecken erzeugten PSZ liegen die feinen ovalen tetragonalen Ausscheidungen in der kubischen Matrix. [91]
Der Übergang zum voll stabilisierten fully stabilized zirconia (FSZ) ist fließend [91]. Mit einer Dichte von 5,7 – 5,9 g/cm³, einer Festigkeit von 300 MPa und einer Risszähigkeit von 1,5 $MPa \cdot \sqrt{m}$ wird FSZ konventionell bisher überwiegend für Bauteile mit Ionenleitfähigkeit oder auch für die Wärmedämmung genutzt [90].
Die durch die Dotierung eingebrachten Leerstellen, häufig werden hierfür Oxide des Calciums, Yttriums oder Scandiums genutzt, ermöglichen eine Verschiebung der Sauerstoffionen auf benachbarte Leerstellen [129].

Monoklines ZrO_2 besitzt eine Mohssche Härte von 8 – 9 und eine Wärmeleitfähigkeit von 2 W/mK, die etwa ein Zehntel der des Aluminiumoxids beträgt. Die Dichte liegt bei 5,5 bis 5,8 g/cm³. Aufgrund der bereits erwähnten Volumenzunahme durch die $t \rightarrow m$ Umwandlung bei der Abkühlung nach der Sinterung käme es zu hohen Spannungen, Rissstartern, Materialschäden oder Versagen bei größeren Bauteilen. Partiell wird dieser zähigkeitserhöhende Effekt gezielt bei der Dotierung von Al_2O_3 mit monoklinem ZrO_2 genutzt. Im Allgemeinen bleibt jedoch der Einsatz von reinem ZrO_2 aufgrund der beschriebenen Umwandlung begrenzt. Im dentalen Bereich wird die monokline Phase des ZrO_2 in den Endprodukten möglichst vermieden. [89, 90]

2.2.3. Umwandlungs- und Verstärkungsmechanismen des ZrO_2

Mit der Entdeckung der gezielten Stabilisierungsmöglichkeiten [109, 110, 130, 131] und dem kontrollierten Ansprechen der Polymorphen schaffte der Werkstoff den „Durchbruch". Folgende Verstärkungsmechanismen keramischer Werkstoffe können, je nach Konzipierung, am ZrO_2 greifen [90, 91, 96]:

Mikrorissbildung: beim Abkühlen einer ZrO_2-haltigen Keramik können tetragonale in monokline Teilchen umwandeln → Volumenvergrößerung → Spannungen im umliegenden Gefüge → Mikrorisse → Risszähigkeit wird erhöht (Festigkeit kann gesenkt werden)
Rissabschirmung: Risse im Werkstoff werden abgelenkt → Energieverlust (Ursache können umwandelnde Teilchen im Gefüge oder plastisches Fließen sein)
Rissverzweigung: zweiphasige Werkstoffe können durch ihr heterogenes Gefüge einen erhöhten Widerstand leisten, welcher vom Riss umlaufen werden muss (Phasenspannungen oder Grobkorn)
Umwandlungsverstärkung: Matrix liegt metastabil tetragonal vor (Einflussparameter sind Stabilisatoren, Korngröße, Matrixdruck), Riss dringt in das System ein → Aktivierungsenergie zur Umwandlung → Zugspannungen um die Rissspitze → Ausgleich zum Matrixdruck → die t→m Umwandlung kann erfolgen

Den größten Gewinn in Bezug auf die Festigkeits- und Zähigkeitssteigerung erbringt die „Umwandlungsverstärkung" [109, 130, 132, 133] der tetragonalen Phase. Das tetragonale Korn liegt bis zu tiefen Temperaturen metastabil vor. Jedoch ist es bestrebt in die Niedertemperaturphase umzuwandeln. Hierfür muss Energie aufgebracht werden. [134]
Die Änderung der freien Enthalpie ($\Delta G_{t\rightarrow m}$), die die Entstehung eines monoklinen Keims erfordert, kann allgemein ausgedrückt werden mit [107]:

$$\Delta G_{t\rightarrow m} = \Delta G_C + \Delta U_{SE} + \Delta U_S$$

ΔG_C ist die freie Enthalpie zwischen der tetragonalen und monoklinen Phase und bei Raumtemperatur kleiner Null. Sie ist abhängig von Temperatur und Zusammensetzung – insbesondere dem Anteil der Sauerstoffleerstellen. Der Partikel bleibt tetragonal, wenn die Triebkraft $\Delta G_{t \to m} > 0$, d.h. wenn $|\Delta G_C| < \Delta U_{SE} + \Delta U_S$ ist. ΔU_{SE} ist die Differenz der Energie aufgrund mechanischer Spannung. Bei Zugspannungen ist sie negativ, bei Druckspannung positiv. Des Weiteren ist ΔU_{SE} abhängig vom E-Modul des Werkstoffs, der den Partikel umschließt. Ein steiferes Material, wie bspw. Aluminiumoxid stabilisiert die tetragonale Phase. Hydrostatische Zugspannung destabilisiert sie. Die Energieänderung, die mit der Grenzflächenbildung (Risse, monokline Varianten) einhergeht, ist ΔU_S. Mit abnehmender Korngröße nimmt sie zu. [107]
Transformations-Verstärkung tritt bei einer spannungsinduzierten Phasenumwandlung während eines diffusionslosen Scherprozesses nahe Schallgeschwindigkeit mit Volumenzunahme von ~4 % und Scherdehnung von ~7 % auf. Durch die Umwandlung entstehen Druckspannungszonen in Rissfolge, die dem Zugspannungsfeld an der Rissspitze entgegenwirken. [135]
Aufgrund der Ähnlichkeit der Charakteristik der Umwandlung wurde der Vergleich zur martensitischen Umwandlung im Stahl herangezogen und so der Name „Ceramic Steel“ geprägt [130]. Diese Umwandlung ist eine Änderung der kristallographischen Struktur im festen Zustand, die athermisch und diffusionslos verläuft und die simultane kooperative Atombewegungen über eine Entfernung von weniger als einem Atomdurchmesser beinhaltet, um in einer makroskopischen Änderung der Form der transformierten Region zu enden [136].
Verschiedene, jedoch grundsätzlich gleichartige, Hypothesen zeigen die kristallographische Voraussetzung für die Keimbildung von monoklinem ZrO_2 [94, 137]. Chevalier [107] zeigt die Zusammenhänge der tetragonalen Ausgangselementarzelle und der entstehenden monoklinen nach Abb. 13. Durch die Umwandlung ergibt sich eine typische Topographie des umgewandelten monoklinen Korns Abb. 13 – rechts. [107]

Die Basis ist, dass die Gesamtheit der makroskopischen Spannungen, verknüpft mit der umgewandelten Region (Shape Strain S), einem gleichbleibenden Verformungszustand entsprechen muss. Es entsteht z.B. eine Spannung, welche eine bestimmte Ebene in zwei Phasen zurücklässt: die Bezugsebene oder Habitusebene. Die Habitusebene ist unbeeinflusst und nicht rotiert durch bzw. während der Transformation. [107, 138]

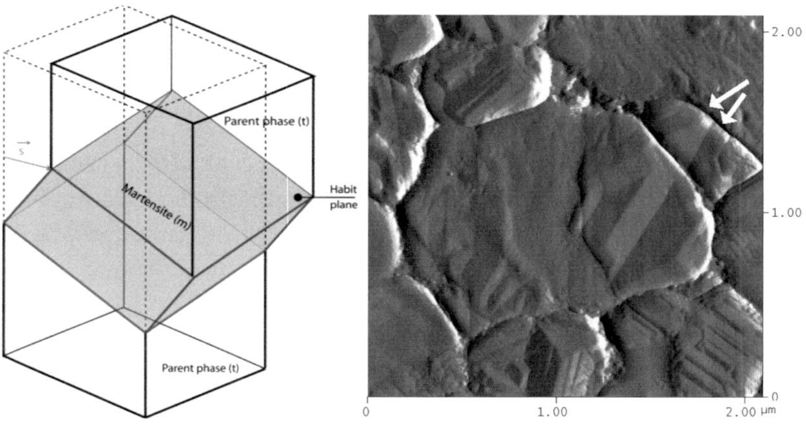

Abb. 13: Links: Schematische Darstellung kristallographischen Zusammenhänge der tetragonalen („parent phase“) und monoklinen Phase (im Bild „martensite“ genannt); Rechts: „Atom-Force-Microscope“ (AFM)-Aufnahme der resultierenden monoklinen Umwandlungstopographie, die Mitte des Kornes ist nicht umgewandelt [107, 138].

Zusammenfassung:

Bildet sich in der Ausgangsphase ein umgewandelter Bereich, würde eine alleinig auftretende strukturvariante Scherung das umliegende Gefüge zudem zu stark elastisch beanspruchen. Demzufolge entsteht durch die elastische Rückwirkung simultan eine strukturinvariante Scherung bzw. Deformation, um die Gesamtgestalt in Näherung beizubehalten. [139]
Die Stabilität der tetragonalen Phase bleibt unterhalb einer kritischen Korngröße erhalten, wenn ΔU_S so groß ist, dass $\Delta G_{t \rightarrow m}$ positiv wird. Ist $\Delta G_{t \rightarrow m}$ negativ und treten Zugspannung oder Schubspannungen auf, so

kann das Korn umwandeln. Druckspannungsfelder, sehr kleine Korngrößen sowie die Anhebung des Stabilisator-Gehaltes reduzieren die treibende Kraft für die Umwandlung und stabilisieren das tetragonale Korn. Aus der Betrachtung von ΔU_{SE} und ΔU_S folgt, dass die Umwandlungskinetik an der Oberfläche und im Bulk nicht die Gleiche sein kann und so bevorzugte Umwandlung an der Probenoberfläche erwartet werden kann. [107, 140]
Zu den genannten Effekten trägt am PSZ noch ein weiterer Faktor zur Festigkeitssteigerung bei, die sogenannte Ferroelastizität (siehe Kapitel 2.2.3.4.).

2.2.3.1. Hydrothermal induzierte t→m Umwandlung des ZrO_2

Der kontinuierliche Umwandlungsprozess der tetragonalen in die monokline Phase (t→m) unter Anwesenheit von Wasser wird hydrothermale Alterung oder „low temperature degradation" (LTD) bzw. Niedrigtemperaturdegradation genannt [141]. Der zeitabhängige Prozess der hydrothermalen Alterung kann zu Kornausbrüchen und Mikrorissen führen, welche wiederum die Festigkeit negativ beeinflussen können [141]. Im Jahr 1981 beschrieb die Arbeitsgruppe um Kobayashi et al. erstmals das Phänomen [142]. An künstlichen Hüftgelenksköpfen aus Y-TZP kam es aus diesem Grund in der ersten Dekade des 21. Jahrhunderts zu massenhaften Schadensfällen und Produktrückrufen [9, 107].
Wieviel Wasser/Feuchtigkeit notwendig ist, um die LTD bei verschiedenen ZrO_2-Keramiken auszulösen ist nicht klar [143]. Man unterscheidet beim Transport der Wassermoleküle zwischen „advektivem Transport" über Mikrorisse, bei dem die treibende Kraft die Benetzungsenergie zwischen Fluid (Wasser) und dem Feststoff ist (auch kapillares Saugen) sowie dem „diffusiven Transport" (Transport über Leerstellen oder Korngrenzendefekte). Bei diesem ist die treibende Kraft der Konzentrationsgradient im Medium sowie die zur Verfügung stehenden Diffusionspfade. [144]

Die folgende Modellvorstellung der Niedertemperaturdegradation ist, trotz Unsicherheiten zu den konkreten Diffusionswegen, häufig beschrieben und beinhaltet mehrere Stufen [107, 141]: Nach chemischer Adsorption von H_2O an der Oberfläche kann dieses mit O^{2-} vom ZrO_2 reagieren bzw. Zr-O-Zr-Bindungen aufbrechen, was zur Bildung von OH^--Ionen führt. Diese OH^--Ionen diffundieren von den Korngrenzen in das Gitter bzw. diffundieren O^{2-} und H^+ parallel [145]. Die Diffusion von OH^- würde höhere Aktivierungsenergien benötigen, so dass die Bewegung von Protonendefekten mittels Grotthuss-Mechanismus energetisch günstiger zu sein scheint [144–146]. Durch die Eindiffusion kommt es zur Gitterverzerrung, so dass Spannungen an Korngrenzen und Kornecken entstehen [114, 147]. Hierdurch und begünstigt durch die Besetzung der Sauerstoffleerstellen mit OH^- (was zur chemischen Destabilisierung der tetragonalen Phase führt) kommt es zur Keimbildung der monoklinen Phase beginnend an den Korngrenzen [107, 141]. Es folgt das Wachstum der monoklinen Keime, Ausgleich der Umwandlungsverformung in den Nachbarkörnern durch die Bildung von kompensierenden zwillingsverwandten Lamellen, weiterem Spannungsübertrag und autokatalytischer t→m Transformation. [107, 114, 145, 146]

Hydrothermale Alterung kann durch eine Kombination von hoher relativer Dichte (>97 %) und einer Korngröße von <0,2 µm unterdrückt werden [148]. Feinabstimmung des Alterungsverhaltens erfolgt durch eine angepasste reduzierte mittlere Korngröße (MK) bei enger Korngrößenverteilung, durch Erhöhen des Stabilisatorgehaltes sowie homogene Verteilung des Stabilisators [144, 147, 149].

Seit dem Versagen der Hüftgelenkköpfe wird dem TZP Granulat eine geringe Menge Al_2O_3 (<0,25 %) hinzugesetzt, welches dispers ins Gefüge eingelagert die Alterungsstabilität des Materials positiv beeinflusst [149]. Mögliche Ursachen der Alterungsreduzierung durch Al_2O_3 sind: a) Kornwachstumshemmung, b) Binden von Silizium Verunreinigung (die wiederrum die Geschwindigkeit der Korngrenzendiffusion beeinflussen) oder c) Bildung von Aluminiumhydroxid und folglich Absättigung der diffundierenden Wasserspezies. [107, 150]

Die hydrothermale t→m Umwandlung beginnt an der Oberfläche und setzt sich in dem Werkstoff fort. Dementsprechend ist der quantitativ ermittelte Anteil der monoklinen Phasen immer von den Messeinstellungen und der Tiefenauflösung der verwendeten Messmethode beeinflusst. Im röntgenographisch bestimmten Beugungsdiagramm (X-Ray Diffraction, XRD) zeigt sich die t→m mit einer Umwandlungstextur. Die parallel zur Oberfläche ausgerichteten t(101) Ebenen wandeln bevorzugt in die m($\bar{1}$11) um. So ist dieser Reflex überhöht im Vergleich zum m(111) [147]. Daher verringert sich der t(101) Reflex in Relation zu den weiteren tetragonalen Reflexen. Beachtet man in der XRD-Auswertung nur die genannten drei Reflexe, führt dies zu einer Überschätzung des monoklinen Phasenanteils [147, 151].

Zusammenfassung:

Als intrinsische Parameter die LTD beeinflussen gelten Art, Menge und Verteilung der verwendeten Stabilisatoren, Korngröße, Kornform, Dichte und natürlich die Phasenzusammensetzung der Probe (bspw. nicht umwandelbare Phasen oder Fremdphasen). Extrinsisch wirken Medium, Anwendungstemperatur, Oberflächenzustand und auch die Herstellungsart des Bauteils. [152]
Basis für die entsprechende ISO-Normung sind Untersuchungen an in Wasserdampfatmosphäre bei 134 °C und 2 bar Druck gealtertem Material von Chevalier und Deville et al. [151, 153].
Fünf Stunden Alterung unter diesen Bedingungen entsprechen 15 – 20 Jahren Verweilzeit im menschlichen Körper [154].

2.2.3.2. Mechanisch induzierte Umwandlung des ZrO_2

Schleifen, Korundstrahlen und anschließende Oberflächendefektausheilung durch Tempern sind gängige Techniken der Oberflächenbearbeitung von ZrO_2 in der zahntechnischen Fertigung einer prothetischen Arbeit. In Foren [155], Fachzeitschriften (bspw. Journal dental materials) und Dissertationen wurde und wird der Effekt der Oberflächenbearbeitung nach der Sinterung unermüdlich diskutiert [156–164]. In der Praxis und Anwendung zeigt sich die existierende Unsicherheit, verständlicherweise besonders dann, wenn Hersteller die Behandlungsempfehlung ändern, oder auch wenn bei der Bearbeitung nach Herstellerangaben unerwartet Frakturen während der Fertigung auftreten [155, 165].

Häufig wird ein positiver Effekt der Sandstrahlung auf die Festigkeit nachgewiesen [157, 158, 161, 162]. Im Allgemeinen wird beschrieben, dass die erhöhte Festigkeit durch die Druckspannungen entsteht, die ausgelöst durch die t→m Umwandlung (aufgrund der Volumendifferenz) resultiert. Zu beachten sind Wechselwirkungen verschiedener Materialpaarungen.
Sato et al. stellen bspw. fest, dass der Anteil der monoklinen Phase an der Oberfläche der Proben bei Verwendung des Strahlmaterials SiC gegenüber Al_2O_3 höher ist, die Festigkeit des Y-TZP jedoch nicht höher ausfällt. [162]
Studien von Hallmann [166, 167] bekräftigen die Zunahme der Rauheit, das Entstehen von Rissen und Vertiefungen, Abschabungen und Schmelzzuständen (Siliziumoxid) an der Oberfläche. Neben eingebetteten Strahlpartikeln finden sich Kornausbrüche – insbesondere bei erhöhtem Strahldruck und größerer Strahlkörnung. Die höchste t→m Umwandlung erfolgt bei Al_2O_3 Strahlung (110 µm), gefolgt von SiO_2 (110 µm).

Die Festigkeitserhöhung wird also, etwas allgemeiner formuliert, mit der Entstehung einer „kompressiven" Oberflächenschicht erklärt. Die Druckspannungen müssen im Falle eines wachsenden Risses im Zugspannungsfeld von diesem zunächst abgebaut werden. Mehrere Autoren [158, 159, 168] weisen darauf hin, dass ein „sanftes" Strahlen bzw. Bearbeiten zu bevorzugen ist, um keine Risse zu initiieren. Letztendlich steigt in diesen Studien zwar mit höherem Druck die Umwandlungstiefe, jedoch steigt auch die Oberflächenzerrüttung und es wird ein Materialabtrag messbar. Die resultierende Festigkeit steigt durch diese Prozesse nicht mehr.

Aurélio et al. befassen sich in einer breit angelegten Metaanalyse [169] mit den Auswirkungen des Partikelstrahlens auf die Festigkeit und Phasenumwandlung von Y-TZP. Hierfür wählen sie aus 1.730 Artikeln 44 passende für nähere Betrachtung, von denen 21 für die Metaanalyse herangezogen

werden. Die hohe Anzahl der Artikel zeigt die Vielzahl der variierbaren Untersuchungsparameter: Prüfkörpermaterial, Strahlmaterial, Strahldruck, Strahlabstand, Strahlwinkel und Methode der Festigkeitsprüfung.
Grundsätzliche Ergebnisse sind:

- die Festigkeit des Materials steigt mit zunehmendem Strahldruck in Abhängigkeit von der t→m Umwandlung
- die t→m Transformationstiefe steigt mit zunehmendem Strahldruck [161, 170]
- keine weitere Reduzierung der Festigkeit bei längerem Strahlprozess
- die Bildung einer unter Druck stehenden Oberflächenschicht beeinflusst die Festigkeit und Alterung des Materials positiv [171, 172]
- es ist eine Korngrößenabhängigkeit gegeben – Materialien mit kleinerer Korngröße wandeln unter gleichen Partikelstrahlbedingungen weniger um [173]

Unberücksichtigt bleiben in vielen Studien jedoch Auswirkungen auf Langzeitfestigkeit und Temperaturbehandlung im Anschluss an die Druckluftstrahlung.
Zhang et al. stellen an polierten und gestrahlten Testplättchen (50 µm Al_2O_3, 5 sek, 10 mm Abstand, 2,8 bar Druck) auf einem Polymersubstrat eine signifikante Reduzierung der Lebensdauer fest (zyklische dynamische Prüfung) und begründen den Effekt neben der t→m Umwandlung mit den durch die Druckluftstrahlung eingebrachten Rissstartern, die während der dynamischen Belastung kontinuierlich wachsen [160]. Kosmač et al. beobachten [174], dass der Anteil der monoklinen Phase durch Schleifen oder Sandstrahlen gering ist, jedoch die Oberfläche stark beschädigt und lokal mikroplastisch verformt ist. Dentales Schleifen mit hoher Rotationsgeschwindigkeit reduziert sowohl die mittlere statische Biegefestigkeit als auch die Überlebensrate und dynamische Belastungsfähigkeit.

Durch Tempern bei 900 °C – 1.000 °C für bspw. 1 h lässt sich die Oberfläche regenerieren während die Festigkeit sinkt [158, 161, 162].

Schatz et al. [175] vergleichen in ihrer Untersuchung die Auswirkung verschiedener Prüfkörperformen und Test-Methoden (biaxiale, Drei- und Vierpunkt Biegeprüfung) auf die resultierenden Festigkeitswerte von vor und nach dem Sintern „polierten“ Y-TZP Werkstoffen. An den nach dem Sintern polierten Keramiken wird eine signifikant höhere Festigkeit nachgewiesen. Der biaxiale Test erreicht höchste Festigkeitswerte, gefolgt von der Dreipunktbiegung und schließlich Vierpunktbiegung [175].

Zusammenfassung:

Neben der Prüfkörpergeometrie und der Prüfmethodik kann auch der Oberflächenzustand eine bedeutende Rolle für die Höhe der erreichten Festigkeitswerte haben. Hierbei ist nach der Sinterung laut [158, 161] eine sanfte mechanische Oberflächenbearbeitung der Prüfkörper zu empfehlen. Eine zu energiereiche Oberflächenbearbeitung würde Rissstarter erzeugen, die durch die kompressive Oberflächenschicht (erzeugt durch Kornfeinung und t→m Umwandlung) reichen und so zur Reduzierung der Festigkeit führen. Die Differenz der Härte von Prüfkörper zu Strahlmaterial scheint beachtenswert zu sein. Die Oberflächenschädigungen sind umso größer, je höher die Differenz der Härte von Strahlmaterial zu Prüfkörper ist [162]. Durch Anwendung von abrasiver Druckluftstrahlung kommt es zunächst zu einer Zunahme der statischen Festigkeit, während bezüglich der Auswirkung auf das dynamische Verhalten weiterhin Klärungsbedarf besteht [169].

2.2.3.3. Weitere Strukturänderungen im ZrO_2

Forschergruppen, die über spannungsinduzierte Phasentransformation außerhalb der t→m Umwandlung berichten, bieten sich teilweise kontroverse Diskussionen über die Struktur des Beobachteten. Man diskutiert die Entstehung von orthorhombischer (o), rhomboedrischer (r) oder weiterer kubischer (c") Struktur, durch mechanische Oberflächenbearbeitung. Hieraus ergibt sich eine uneinheitliche Beschreibung der Prüfkörper, die diese Oberflächenphasen aufweisen. Der Versuch den Effekt zu quantifizieren wird in den seltensten Fällen unternommen. Die Möglichkeit studienübergreifend Rückschlüsse auf voraussichtliche Eigenschaften eines gefertigten Bauteils zu ziehen, wird durch das Fehlen einer einheitlichen Auswerteprozedur verwehrt. Eine möglichst weitreichende, chronologische Betrachtung der Thematik soll im Folgenden eine solide Diskussionsgrundlage für die in dieser Arbeit dargestellten Ergebnisse ermöglichen.

In Proben, die bei hohen Temperaturen und über längerem Zeitraum ausgelagert wurden, beobachtet die Forschungsgruppe um Stubican et al. [113] eine rhomboedrische Phase des ZrO_2 (bei 40 mol% Y_2O_3) mit den Gitterparametern a_H= 0,9723 nm, c_H = 0,9090 nm. Hasegawa et al. berichten 1983 über die Entstehung einer rhomboedrischen Phase durch Schleifen an PSZ-Werkstoffen (10 mol% Y_2O_3) [176] und definieren die entstehende Umwandlung als kubisch zu rhomboedrisch (c→r). Erkennbar ist diese Phase in erster Linie an der Aufweitung der linken Flanke der Reflexe im röntgenographischen Beugungsdiagramm. Monokline Phase wurde nach dem Schleifen nur in geringen Mengen nachgewiesen. Als Ursache hierfür wird die Abwesenheit von tetragonaler Phase im Ausgangsmaterial gesehen. Die resultierenden Gitterparameter werden ermittelt mit: a=0,3678 nm, α=59,4° (Z=1); a'=0,5177 nm, α'=89,5° (Z=4) und a_H=0,3643 nm, c=0,9050 nm (Z=3) in hexagonaler Aufstellung. Es ergibt sich eine Volumendifferenz zur kubischen Zelle von 2,5 vol%. Nach Glühen der Proben bei 1.000 °C liegt wiederum die kubische Ausgangsphase vor.

Sakuma [177, 178] charakterisieren die r-Phase 1985 als eine metastabile, die durch Druck oder auch durch bestimmte elementare Zusammensetzung des Bulks hervorgerufen wird. Sie selbst beobachten mikroskopisch ein Fischgrätenmuster, welches sie der r-Phase an der Oberfläche einer 3 - 4 mol% Y_2O_3-PSZ Probe zuweisen, die mittels Lichtbogen erschmolzen wurde. Am gemörserten Pulver der Probe hingegen kann die Phase nicht mehr nachgewiesen werden. In weiterführender Untersuchung [178] ermitteln sie Härte und Zähigkeit der rhomboedrischen Phase, entstanden an der Oberfläche der im Lichtbogen geschmolzenen Proben. Durch den gleichbleibenden Yttriumanteil an der Oberfläche schließen die Autoren auf Änderung der Nahordnung und vermuten eine t→r Umwandlung während der Abkühlung. Die ansteigende Härte geht mit abnehmendem monoklinem Phasenanteil einher, was die Stabilisierung im Tetragonalen bestätigt. Bei 2,9 mol% Y_2O_3 sind um den Härteeindruck keine Risse mehr erkennbar, das Material erreicht also hohe Zähigkeit. [178]
Kitano et al. [179–183] befassen sich 1986 - 89 intensiv mit dem Thema rhomboedrische Phase des ZrO_2 wobei in diesen Arbeiten primär gehiptes TZP und PSZ mit 2 - 5 mol% Y_2O_3 untersucht wird. Die ermittelten Gitterparameter liegen bei a=0,3664 nm, α=59,9° (Z=1); a'=0,5181 nm, α'=89,93° (Z=4); und a_H=0,3661 nm, c_H=0,898 nm (Z=3) in hexagonaler Aufstellung. Diese Erkenntnis steht in Übereinstimmung mit zuvor beschriebenen rhomboedrischen Phasen, die sich jedoch aus kubischer Phase bildeten. Sie weisen die Rückbildung der rhomboedrischen Phase durch Glühen (600 - 800 °C für 24 h) parallel zum Abbau der monoklinen Phase nach. Die Autoren schlussfolgern ebenso, dass die Stabilität der rhomboedrischen Phase von äußeren Spannungen abhängt. Zusätzlich weisen sie nach, dass die Umwandlung m→t und r→t bei höheren Yttriumgehalten bei niedrigeren Temperaturen stattfindet. [180] Ebenso gehen Kitano et al. [182] in weiterführenden Strukturanalysen an 2,5 mol% Y-TZP auf die Umkehr des Intensitätsverhältnisses des t(002/110) Reflexes (RIU) ein, die sich im Beugungsdiagramm an geschliffenen Ober- und Bruchflächen zeigt. Diese RIU

wird in parallel laufenden Studien von Virkar et al. als ferroelastischer Verstärkungsmechanismus (ferroelastic domain switching - FDS) des ZrO_2 bezeichnet (Kapitel 2.2.3.4).

Aufbauend auf den Hochdruckphasen, zusammengetragen von Kisi et al., berichtet Allemann [92, 97] über eine „weniger intensiv untersuchte“ orthorhombische Struktur (Pbc21). Der Übergang von t→o entspricht laut Allemanns Beobachtungen dem von t→m, jedoch stellt sich hierbei eine geringere Volumenzunahme (1,3 %) ein. Beobachtet wurde laut seiner Recherchen die o-Phase in Ca-FSZ, Mg-FSZ und Y-FSZ und in PSZ bei RT (oder wie bereits erwähnt bei reinem ZrO_2 bei hohem Druck).

Mitra et al. [184] untersuchen oberflächenbearbeitetes und geätztes 3Y-TZP und bewerten ebenso die Ausformung der Flanke des tetragonalen Hauptreflexes und bezeichnen diese Auffälligkeit zunächst in Ermangelung zu Referenzen als x-Phase. Aufgrund der Nähe zu den tetragonalen Reflexen sehen sie diese Auffälligkeit als Zwischenstadium während der t→m Umwandlung. Das gezähnte Aussehen der „Schulter“ des tetragonalen Hauptreflexes interpretieren sie als variierende d-Werte und somit die x-Phase als schwer zu charakterisieren. Sie erkennen ebenso eine Scherspannungsabhängigkeit der x-Phase, da diese bevorzugt durch Trennen der Proben entsteht und Ätzen wiederum den m-Anteil auf Kosten der x-Phase erhöht. Kim et al. [185, 186] untersuchen an geschliffenem 3Y-TZP im Vergleich zu 12Ce-TZP die Auslenkung des tetragonalen Hauptreflexes und die Auswirkung des Schleifens auf die hydrothermale Alterung. Aus abweichendem Verhalten, variierendem FDS zu tetragonaler Flankenaufweitung schließen sie, dass die Vermutungen von Virkar et al. nicht schlüssig sind. Virkar und Matsumoto meinten in diesem Zusammenhang, dass die t(101) Aufweitung durch Domänenbildung zustande kommt. Kim et al. generieren durch intensives Schleifen an dem 12Ce-TZP einen gut zu definierenden neuen Reflex anstelle einer reinen Flankenaufweitung. Festgestellt wird jedoch auch, dass eine Erwärmung der Proben auf 250 °C für 120 h zwar wieder zu einer Rückstellung des tetragonalen Reflexes führt, jedoch die RIU erhalten bleibt.

Erklärt wird dies durch die während des Schleifprozesses entstehende Vorzugsorientierung des t(200) Reflexes in der [002] Richtung. Des Weiteren wird an gealtertem (120 h/250 °C/Luftatmosphäre), geschliffenem 3Y-TZP ein geringerer monokliner Phasenteil mit höherer RIU festgestellt [185].
Die von den Autoren Hasegawa und Kitano umschriebene t→r Umwandlung geht einher mit der Umordnung der t-ZrO_2 Gitter entlang der [111] Richtung und führt so zu einer Volumenexpansion von 2 – 2,5 %.
Burke et al. [187] beschreiben die Oberflächenumwandlung als dominierende tetragonal → monoklin Umwandlung auf Grundlage der freien Oberflächenenergie oder durch Einbringen von Spannungen. Sie fokussieren selbst den Einfluss des Ausgangspulvers auf die Bildung von rhomboedrischer Phase am gesinterten Produkt. Hierfür verwenden sie u.a. das 3Y-TZP der Firmen Daiichi und Tosoh und erreichen an den verschiedenen Materialien nach Sinterung von 5h bei 1.550 °C die stärksten rhomboedrischen Reflexe an den Daiichi Prüfkörpern. Diese Proben enthalten zudem mehr kubische Phase und einen höheren Anteil an einer Korngrenzen-Glas-Phase.
Kondoh et al. widmen sich schließlich 2003 der Klärung der Ursache „des Buckels an der linken Schulter der Beugungsreflexe (HLS)“ im Y_2O_3-ZrO_2 System, da ein Zusammenhang zwischen der Leitfähigkeit und dem HLS vermutet wird [188]. Hierfür altern sie Proben mit 2, 3, 6, 8, 10, 15 mol% Y_2O_3 bei ca. 800 °C, 1.000 °C, 1.200 °C, 1.573 °C für 1.000 h. Im Kern stellen die Autoren eine zunehmende elektrische Leitfähigkeit mit zunehmender Schulter und stärkerer Alterung fest. Die HLS verschwindet in der Studie bei 1.000 °C, während sie nach Alterung bei 1.300 °C vorhanden ist. Zunächst stellen Kondoh et al. eine Übereinstimmung der Netzebenenlagen der von den Autoren Kitano et al. [176, 179, 181, 182] beschriebenen rhomboedrischen Phase fest. Da jedoch eine Phase, die sich nach den Studien von Kitano bei RT unter geringen Spannungen bildet, nicht instabil nach Tempern bei 1.000 °C sein kann, während sie nach Tempern bei 1.300 °C stabil ist, bleibt die Schlussfolgerung, dass es sich hierbei nicht um eine spannungsinduzierte rhomboedrische Phase handeln kann. Die Ursache für

die HLS sehen sie in Gitterverzerrungen und begründen dies mit dem Verschwinden der HLS bei der Alterung, als Auswirkung der Gitter-Relaxation durch Nahordnung der Sauerstoffionen-Leerstellen der kubischen Phase. Würde eine niedrigere Symmetrie aufgrund der Spannungen eingenommen werden, so müsste der Meinung der Autoren nach die innere Reibung durch die Bildung der rhomboedrischen Phase abnehmen. Jedoch zeigen ihre Studien eine hohe innere Reibung unter Vorhandensein der HLS. Sie formulieren: „Es kann angenommen werden, dass die Bildung der rhomboedrischen Phase nach Belastung mit der Tatsache zusammenhängt, dass Punktdefekte die rhomboedrische Defekt-Symmetrie aufweisen. Somit ist die Existenz einer rhomboedrischen Phase sehr unwahrscheinlich.“ [189, 190]

Unklar ist für Denry et al. [191] im Jahr 2006, ob die von ihnen beobachtete rhomboedrische Phase, die in Übereinstimmung mit dem „powder diffraction file“ (PDF file) 37-31 steht, während des Schleifens aus der kubischen oder tetragonalen Phase gebildet wird. Aus dem Heraustreten des Reflexes aus der Schulter des tetragonalen mutmaßen sie, dass die rhomboedrische Phase sich auch mit einer vollständig verformten tetragonalen Phase, koexistierend zur spannungsbeaufschlagten tetragonalen Phase, decken kann. Aufgrund einer hohen Druckspannungszone, trotz Abwesenheit der monoklinen Phase, gelangen die Autoren zu dem Schluss, dass vermutlich eine rhomboedrische Phase vorliegt und diese positive Auswirkungen auf die Festigkeit und Alterungsbeständigkeit des Materials hat.

Curtis [135] beobachten 2006 an Aluminiumoxid gestrahlten 3Y-TZP Prüfkörpern neben tetragonaler und kubischer Phase eine Weitere, mit Strahlintensität zunehmende, mit den Gitterparametern a=5,182 - 5,190 Å und bezeichnen sie aufgrund der Ähnlichkeit zur kubischen Phase als „cubic2“.

Lorente et al. [118] charakterisieren an Cojet (SiO_2 beschichtetes Al_2O_3) gestrahlten Y-TZP Oberflächen wiederum eine geringe $t \rightarrow m$ Transformation und eine Aufweitung des tetragonalen Reflexes, welche sie am Ehesten einer Gitterverzerrung oder eventuell einer rhomboedrischen bzw., kubischen Phase (cubic2) mit ähnlichen Gitterparametern zur Tetragonalen zusprechen. Des Weiteren beobachten sie die FDS.

Neuere Untersuchungen rücken die Thematik orthorhombische Phasen im ZrO_2 im Themenfeld der Dünnschichttechnik und Nanomaterialien wieder in den Fokus. Es soll die Frage geklärt werden, ob die orthorhombische Phase ein Zwischenstadium oder eine Alternative der tetragonal zu monoklin Umwandlung sein kann [192]. Jedoch wurden bei RT bis dato keine in der orthorhombischen Phase vorliegenden Nanopartikel beobachtet. Für erfolgreiche Stabilisierung dieser sind externe Spannungen notwendig. Liu et al. [192] erreichten an nanokristallinem Pulver, erzeugt durch Oxidation an Luft, aus $ZrC_{0,6}$ durch geordnete Kohlenstoff-Leerstellen eine isolierte orthorhombische Phase. Diese entwickelte sich aus lamellar verzwillingten tetragonalem Nanopulver. Daraus wird gefolgert, dass das Vorhandensein von teilkohärenten Korngrenzen eine wichtige Rolle in der Stabilisierung der Nanopulver bei RT spielt. [192]
Muñoz-Tabares [193] schleifen die Oberfläche von Y-TZP (TZ-3YSB-E) mit einer Korngröße 0,34 µm unter 0,9 MPa Druck mit 3,6 m/s sowie Wasserkühlung und beobachten eine asymmetrische Ausbildung der linken Flanke des tetragonalen Reflexes und FDS des tetragonalen Reflex-Dubletts bei 34,6 - 35,2°, neben einem geringen monoklinen Phasenanteil von etwa 11% durch die Bearbeitung. Die Aufweitung der Reflexe zeigt Übereinstimmung mit der rhomboedrischen Phase in Oberflächenschichten. Die Intensitätsumkehr erklären sie durch Gitter-Reorientierung im Sinne der Ferroelastizität. Mittels Transmissionselektronenmikroskopie (TEM) können sie jedoch keine rhomboedrische Phase nachweisen, was sie der Abwesenheit dieser oder auch der Präparation und damit dem Freischneiden von Spannungen zuweisen. Die Autoren schließen mit der Zusammenfassung [193], dass die Verteilung der Druckeigenspannungen, welche durch Schleifen hervorgerufen werden, direkt abhängig von der Verteilung der monoklinen Phase ist. Die Druckeigenspannungen entstehen durch die t→m Umwandlung aufgrund der Formänderung und der Tatsache, dass das umgebende Material die damit verbundenen Spannungen nicht auffangen kann.

Durch den Schleifprozess werden den Autoren nach mikrostrukturelle Veränderungen hervorgerufen, welche in drei Zonen unterteilt werden können: 1) rekristallisierte Zone mit Körnern mit ~20 nm Ausdehnung; 2) „plastisch“ verformte Zone; 3) t→m transformierte Zone.
Das deformierte Gefüge wird der Meinung der Autoren nach durch Versetzungsbewegung hervorgerufen. Die Autoren vermuten aufgrund der Ergebnisse ihrer TEM-Studien, dass der Prozess in den gleichen Gleitsystemen wie in kubisch flächenzentrierten Metallen vonstattengeht. Diese sei möglich durch punktuell enorm hohe Spannung. Die Bildung der rekristallisierten Mikrostruktur ist ihrer Meinung nach das Ergebnis von *in situ* Rekristallisation aufgrund der starken Auslenkung. Der Prozess des Schleifens von ZrO_2 wird von den Autoren zusammenfassend mit der Kaltverfestigung/Kaltumformung von Metallen verglichen. [193, 194]
Inokoshi et al. [195] gehen 2015 aufgrund der Übereinstimmung mit der Datenbank 01-083-1850 von einer rhomboedrischen Phase aus. Reflexaufweitung und Reflexintensitätsumkehr wird beschrieben. Grundsätzlich bearbeiten (Schleifen) und altern sie verschiedene ZrO_2 Keramiken und kommen zu folgendem Schluss: Oberflächenbearbeitung verbessert die Alterungsbeständigkeit auf Grundlage der Druckspannungen, begleitet durch „Ferroelastische Domänenumkehr“, in der Oberflächenschicht. Bis zu 40 h Alterung bewirkt in diesen Untersuchungen keinen Unterschied ausgehend von der bereits durch Bearbeitung erfolgten Umwandlung.
Da die beschriebenen Umwandlungen der verschiedenen Forschungsgruppen auf unterschiedlichen Materialien und Bedingungen beruhen fasst Tabelle 2 die wichtigsten Eckpunkte aus den genannten Literaturstellen zusammen.

Zusammenfassung:

Sowohl durch Auslagerung der Proben bei hoher Temperatur (>1.000°C), als auch mechanische Bearbeitung der Oberfläche wird am YSZ unterschiedlicher Dotierzusätze eine weitere Änderung der Struktur neben der t→m Umwandlung beschrieben.

Angegeben werden als Begründung t→c, t→x, t→r Umwandlungen oder auch die Bildung von Defektstrukturen. Chronologisch erfolgt zunehmend eine Interpretation der durch Spannung hervorgerufenen Umwandlung als eine t→r Umwandlung. Meist wird anhand XRD-Analysen diese Phase aufgrund der Übereinstimmung mit den entsprechenden XRD Powder-Diffraction-Files gewählt. Jedoch liefern TEM-Analysen oder XRD Analysen am gemörserten Pulver keine Bestätigung dieser Phase. Aufgrund dieses Widerspruchs kommen diese einzelnen Studien dann zum Schluss, dass es sich um Gitterverzerrungen, Defektstrukturen oder/und Auswirkungen der RIU handeln muss oder dass das Freischneiden der Spannungen während der Präparation zu einer Rückumwandlung führte.

Tabelle 2: Zusammenfassung der Literaturergebnisse in Hinblick auf Material, Umwandlungsbedingung und Beschreibung der Umwandlung.

Autor	Material	Bedingungen	Beschreibung der Umwandlung
Stubican [113]	10YSZ	Schleifen	c→r
Sakuma [177, 178]	3-4 YSZ	Lichtbogenschmelzen	t→r *(nach Mörsern im XRD nicht nachweisbar)*
Kitano [179–183]	2-5 YSZ	Temperatur, Schleifen	t→r, RIU, r→t (nach Tempern)
Allemann [92, 97]	Ca-, Mg-, Y-FSZ, PSZ	hoher Druck	t→o
Mitra [184]	3Y-TZP	Schleifen & Ätzen	t→x (Zwischenstadium der t→m Umwandlung)
Kim [185, 186]	3Y-TZP, 12 Ce-TZP	Schleifen (SiC)	t→r; RIU, r→t (bei 250°C)
Burke [187]	3Y-TZP	HT-Glühen	t→r
Kondoh [188]	2- 15 YSZ	HT-Glühen	*Bildung von Nahordnungszuständen der* V_O^{**}
Denry [191]	3Y-TZP	Schleifen	t/c →r
Curtis [135]	3Y-TZP	abrasives Strahlen	t/c→cubic2
Lorente et al. [118]	3Y-TZP	abrasives Strahlen	Gitterverzerrung, RIU „neue Phase“ (r, c2)
Muñoz-Tabares [193]	3Y-TZP	Schleifen	zunächst t→r, (Widerspruch TEM), → *Fazit Verformung, RIU*
Inokoshi et al. [195]	diverse Y-TZPs	Schleifen, Altern	t→r, RIU

Der Literatur ist keine klare Linie für Auswertung oder gar eindeutige Bezeichnung für die durch Strahlen oder Schleifen von Y-TZP entstandene Oberflächenphase zu entnehmen. Die Autorengruppen liefern in Anbetracht der ihnen vorliegenden Ergebnisse nachvollziehbare, jedoch voneinander abweichende, Interpretationen. Dies erschwert den Umgang mit Ergebnissen, die diese „Phase“ enthalten und führt nicht selten zum Verkennen des Auftretens.

2.2.3.4. Ferroelastische Verstärkungsmechanismen des ZrO_2

Um Cutler, Virkar, Lange und Cross bildete sich in den Jahren 1982 – 1994 ein Forschungsteam, welches sich intensiv mit dem ferroelastischen Verhalten von Keramiken, darunter tetragonales ZrO_2, auseinandersetzte [196–202]. Sie [200] beschreiben den Effekt eines ferroelastischen Vorganges im Material wie folgt (Abb. 14): In tetragonalem ZrO_2 ist die c-Achse gegenüber der a-Achse etwas länger. Wird ein externes Spannungsfeld angelegt (bspw. eine nahende Rissfront), so erfahren die Domänen, deren a-Achse senkrecht zur Rissfront ausgerichtet ist, eine Zugspannung entlang dieser. Überschreitet diese Spannung die zur Domänenumkehr erforderliche Spannung, so konvertiert die c-Achse in die a-Achse. [203] Erkennbar ist das ferroelastische Umklappen im Beugungsdiagramm an dem Verhältnis (Reflexintensitätsumkehr RIU) der t(002/110) Netzebenen zueinander (Abb. 14). Da sich in der Spannungs-Dehnungs-Kurve die für den Ferromagnetismus bzw. Ferroelektrizität typische Hysterese zeigt, wird der Effekt in Analogie dazu als Ferroelastizität bezeichnet [202]. Whalen et al. [204] weisen an mechanisch bearbeiteten Y-TZP gesintert bei Temperaturen von 1.500 °C an der Reflexintensitätsumkehr (RIU) des t(002/200) (bzw. t(002/110)) FDS nach. Sie bezeichnen diese Beobachtung jedoch nicht als FDS, aufgrund der Tatsache, dass das Material nicht bei 2.100 °C gesintert wurde. FDS wurde bis zu diesem Zeitpunkt nur eindeutig an der Hypersolvusphase t‘ (erzeugt durch Tempern und Abschrecken von 2.100 °C) beschrieben. Schließlich belegen sie den Effekt mit hoher Spannung bzw. rhomboedrischer Phase und Reflexüberlagerung. Ebenso beobachten sie deutliche Kornfeinung und verbinden diesen Effekt mit Rekristallisation, wie es bei Metallen nach kritischer Umformung und Temperaturbehandlung der Fall ist [204].

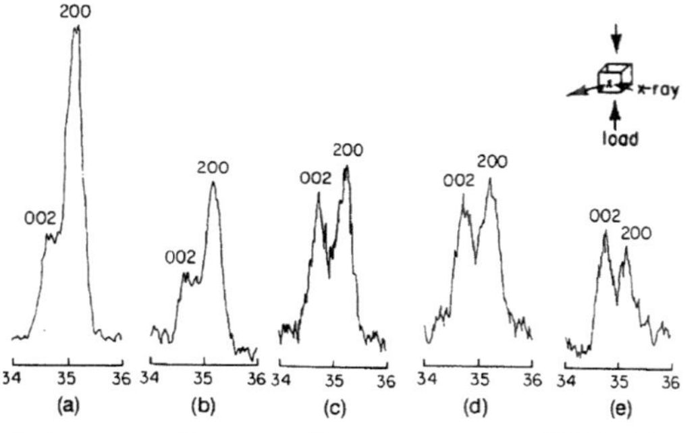

Abb. 14: Ausschnitte von Beugungsdiagrammen aus [200]. Dargestellt ist die Veränderung am Beugungsdiagramm durch den Prozess der Domänenumkehr in Nähe einer Rissspitze (Notation der pseudokubischen Elementarzelle) a bis e zeigt zunehmende Druckspannung.

An epitaktisch gewachsenen 3Y-TZP Dünnfilmen auf kubischem ZrO_2 Einkristallen zeigten sich bevorzugte Ausrichtungen der c_t-Achsen parallel zum Dünnfilminterface. An ZrO_2 hergestellt durch Nachsinterung von Ce-TZP bei 2.050 °C in Luft wurde mittels hochauflösender mikroskopischer Techniken (Trans- und Rasterelektronenmikroskopie) die t'-Phase nachgewiesen. Die Risszähigkeit vom t'- und t-ZrO_2 ist ähnlich, obwohl sich weniger t→m Umwandlung an der Bruchfläche zeigte. Unter mechanischer Spannung können sowohl t als auch t'-Phasen tetragonale Varianten auf- und abbauen. [196–202]

Die Reflexintensitätsumkehr (RIU) findet von der Forschungsgruppe Kitano et al. in einer Belastungsstudie an 2 mol% Y-TZP [183] weitere Betrachtung. Neben einer intensiven richtungsabhängigen RIU nach hohen Druckkräften, beobachten sie einen beträchtlichen Anteil monokliner Phase. Da sowohl für kontinuierlichen Rissfortschritt im Rissspannungsfeld als auch ferroelastische Domänenumkehr Energie benötigt wird, kann diese Energie über FDS absorbiert werden und so die Risszähigkeit erhöht werden. Jue

[201, 205] weisen nach, dass FDS die hydrothermale Alterung beeinflusst. Sie schlussfolgern, dass die Domänengröße und weniger die Korngröße die Umwandlungsdynamik beeinflusst. Schleifen senkt zusätzlich die Alterungsempfindlichkeit von Y-TZP, erhöht jedoch die von „reinem" t'-ZrO_2 (von 2.100 °C abgeschrecktes ZrO_2). Dieses Verhalten kann auf Basis der ferroelastischen Domänenstruktur erklärt werden. Während in t'-ZrO_2 die Domänengröße durch Schleifen erhöht wird, führt Schleifen an Y-TZP zur Bildung von Domänengrößen, die kleiner als die ursprüngliche Korngröße sind. Dadurch wird die Phasenstabilität erhöht. Trotzdem zeigt t'-ZrO_2 im Vergleich zu Y-TZP nach dem Schleifen die höhere Beständigkeit gegenüber Alterung. In beiden Fällen führt Regeneration bei 1.450 °C zur Rekristallisation der Oberfläche. [201, 205]

Chevalier et al. [107] fasst 2009 den ferroelastischen Verstärkungsmechanismus zusammen. Sie weisen darauf hin, dass über die genauen Bedingungen des ferroelastischen Verhaltens, wie Zusammensetzung der Matrix, Gitterparameterabhängigkeit und Temperatur bis dato wenig veröffentlicht worden ist.

<u>Zusammenfassung:</u>

Durch das gezielte Ausreizen der Domänenumkehr kann eine Verdopplung bis Verdreifachung der Zähigkeit des ZrO_2 hervorgerufen werden. Ausgelöst wird das Switching ab 600 MPa unter Druck und 400 MPa unter Zug am untersuchten polykristallinen t'-ZrO_2. [196–202]

Für Y-TZP wird eine Zähigkeitserhöhung von 2 – 3 MPa*$m^{1/2}$ durch die Domänenumkehr angegeben. Die Domänengröße spielt eine wichtige Rolle. Im Falle von direkt tetragonal gesintertem Material kann ein Korn eine Monodomäne bilden. Unter Druck oder im Einfluss eines wachsenden Risses klappen dann einzelne Körner oder, wenn die Domänengröße kleiner als das Korn ist, auch einzelne Bereiche des Kornes um. [107] Die in der Literatur angegebenen Werte für Domänengrößen schwanken in Abhängigkeit der Herstellungsbedingungen des untersuchten Prüfkörper, der Analysenmethoden, Spannungszustand und chemischen Zusammensetzung. Die Domänengröße wird in PSZ mit 60 – 100 nm (in Abhängigkeit der Dotiermittelkonzentration) [90], in (geschliffen und getempertem) 3Y-TZP und Ce-TZP mit ~50 nm [90, 202] und an gesprühtem 2,5 YSZ mit 5 – 22 nm [206] angegeben.

2.2.3.5. Optische Effekte - Verfärbung und Lumineszenz

Hochreine Y-TZP Keramiken sind transluzent und können durch Zusatz von seltenen Erden und im reduzierenden Brand eingefärbt werden [207]. Zudem stellt Bärsch [208] Verfärbungen durch Femtosekundenlaserbearbeitung an Y-TZP fest. Diese lassen sich durch konventionelle Reinigungsmethoden nicht entfernen und stellen laut EDS-Analyse keine Verunreinigungen dar. Der Autor definiert diese Verfärbungen als Gitterdefekte der Kategorie Farbzentren, die durch Ionisierung in Kristallen auftreten. Seinen Ansatz erklärt er nach den Arbeiten von Shinar, die an kubischem YSZ die Verfärbung über Elektronen-Farbzentren erläuterten, welche auf Elektronen besetzte Sauerstofffehlstellen am angrenzenden Yttrium-Ion zurück gehen. Zur Annihilierung der Verfärbungen wird eine Reoxidation der Proben bei 200 °C durchgeführt.

Farbzentren lassen sich durch Röntgen- oder Gamma-Strahlung, oder durch Erhitzung im Dampf der Kationen bildenden Bestandteile des Kristalls bilden. Die Kationen binden sich unter Abgabe von Elektronen in das Gitter ein, welche dann die Anionen-Leerstellen füllen [208, 209]. Als prozessrelevant für YSZ gelten F und T-Farbzentren. Diese führen zu violetten bzw. gelben Verfärbungen und lassen sich durch Tempern ausheilen [210]. Ebenso kann nach dem HIP-Prozess in grafitausgekleideten Behältern in reduzierender Atmosphäre eine schwarz-braune Verfärbung von Y-TZP oder Al_2O_3 durch Anregung freier Elektronen beobachtet werden [207, 211].

ZrO_2 wird in [212] als schwach triboluminieszenter Werkstoff erwähnt. Triboluminieszenz kann unterteilt werden in „elastico Triboluminescence“, „plastico Triboluminescence“ und „fracto Triboluminescence“. Triboluminieszenz kann demnach durch elastische oder plastische Verformung oder elektrostatische Interaktion von Versetzungen mit Defekt-Zentren oder durch thermische Anregung in spannungsbeaufschlagten Bereichen der Kristalle hervorgerufen werden [212]. Fracto-Triboluminieszenz wird durch die Bildung neuer Oberflächen während der Fraktur von Kristallen hervorgerufen. Es entstehen während des Brechens geladene Oberflächen, die durch Gasentladung ausgeglichen wird [212]. Obwohl veröffentlicht ist, dass 50 % der kristallinen Materialien trioboluminieszentes Verhalten zeigen [213], ist die Forschung auf dem Gebiet in den letzten 50 Jahren kaum weiter voran geschritten. So sind die Vorgänge, die im Rahmen von Triboluminieszenz ablaufen, insbesondere welche Wellenlängen unter welchen Umständen emittiert werden, nur in Ansätzen bekannt.

3. Material & Methoden

3.1. Material

Die praxisnahe Fertigung der Prüfkörper (Fa. Moje GmbH & Co. KG; Keramikgranulat der Firma Tosoh, Tokio (Tabelle 3)in Anlehnung an die Forderungen der entsprechenden Normen DIN EN ISO 6872 [214] und DIN EN ISO 13356 [215]. Die laufende Serienbezeichnung lautet MSX. Des Weiteren werden Prüfkörper von der Firma Amberger Fräs-Center GmbH bereitgestellt. Diese werden isostatisch (Granulat der Spalte 3) verdichtet und bei 1.530 °C gesintert (Serienbezeichnung C-ISO). Die Prüfkörper werden überwiegend ohne Hartbearbeitung eingesetzt, auch „as-fired“ bzw. „as-delivered“ Zustand genannt.

Tabelle 3: Zur Prüfkörperherstellung verwendete Granulate - Zusammensetzung und charakteristische Eigenschaften laut Herstellerangabe.

Pulver Charakteristik	„S-Grade“ TZ-3Y**S**B-E [216]	TZ-3YB-E [216]
Y_2O_3 (mol%)	3	3
Y_2O_3 (wt%)	5,2 ± 0,5	5,2 ± 0,5
HfO_2 (wt%)	< 5,0	< 5,0
Al_2O_3 (wt%)	≦ 0,1 – 0,4	0,1 – 0,4
SiO_2 (wt%)	≦ 0,02	≦ 0,02
Fe_2O_3 (wt%)	≦ 0,01	≦ 0,01
Na_2O (wt%)	≦ 0,06	≦ 0,04
Spezifische Oberfläche (m^2/g)	7 ± 2	16 ± 3
Partikelgröße (µm)	0,09	0,04
charakteristische Materialeigenschaften		
Dichte (g/cm3)	6,05	6,05
Biegefestigkeit R.T. (MPa)	1.200	1.200
Härte (HV10)	1.250	1.250

Grundsätzlich verfügen „S Grades“ (Tabelle Spalte 2) über eine kleinere spezifische Oberfläche, was mechanische Verdichtung oder kaltisostatisches Pressen erleichtert. Weitere Bedeutung der Bezeichnung: 3Y – 3 mol% Y_2O_3, B – 3 % Binder, E – Sinterhilfsmittel. Als Referenzmaterial für die zellbiologischen Untersuchungen dient Titan Grade 4, sandgestrahlt und säuregeätzt der Firma KLS Martin, Tuttlingen.

3.2. Methoden

Im Folgenden werden die in der Arbeit verwendeten Methoden bzw. genutzten Messmodi und Messgeräteeinstellungen vorgestellt.

3.2.1. Festigkeitsprüfung

Die Festigkeit wird mittels drei verschiedener Methoden und dafür angepasster Prüfkörpergeometrie untersucht.

Biaxiale Festigkeitsprüfung

Die biaxiale Festigkeitsprüfung erfolgt mit dem Prüfaufbau: „Pin on three balls“ und wird nach DIN EN ISO 6872:2015-11 [214] an Proben mit einem Durchmesser von 14 ± 0,2 mm und einer Dicke von 1,2 ± 0,2 mm durchgeführt. Durchmesser und Dicke der Prüfkörper werden mit der Bügelmessschraube IP65 0-25 (Mitutoyo, Neuss) bestimmt und die Proben mittels Zentrierring mittig auf den unteren Auflagern positioniert und die bis zum Versagen belastet.

Durchführung:

Prüfgerät 1:	Tischmaschine / Schwingprüfmaschine 5 kN (Dyna-Mess GmbH, Aachen)
Prüfgerät 2:	Universalzugmaschine Testometric 5 CT (MPK Ludwig UG, Emsbüren)
Prüfaufbau:	Radius des Unterstützungskreises r_1: 5,5 mm, Radius des Stempels; r_2: 0,8 mm
Prüfgeschwindigkeit:	1 mm/min

Die Berechnungen der erreichten biaxialen Festigkeiten erfolgen nach DIN EN ISO 6872:2015-11 [214]:

$$\sigma_Z = -0,2387 \cdot P(X - Y) / b^2$$

mit

$$X = (1+\nu)\ln(r_2 / r_3)^2 + [(1-\nu)/2](r_2 / r_3)^2$$
$$Y = (1+\nu)[1+\ln(r_1 / r_3)^2] + (1+\nu)(r_1 / r_3)^2$$

mit σ_Z: maximale Zugspannung in der Mitte [MPa];

P: die beim Bruch gemessene Gesamtkraft [N];

b: Prüfkörperstärke am Bruchursprung;

r_3= Radius des Probekörpers [mm]; $\nu = 0,31$.

Vierpunktbiegeprüfung

Die Vierpunktbiegeprüfung wird nach DIN EN ISO 6872:2015-11 [214] an Biegestäben mit 4 x 3 x 47 mm^3 bzw. 2 x 2,5 x 25 mm (Breite, Höhe, Länge) und Fase an der Zugseite durchgeführt. Die Breite und Dicke der Prüfkörper werden mittels Bügelmessschraube IP65 0-25 (Mitutoyo, Neuss) bestimmt und die Probe mit 1 mm/min versagend belastet.

Die Biegefestigkeit wird berechnet mit: $\sigma_B = \frac{3PL}{4wb^2}$

mit P: die Bruchkraft (N); L: der Mittenabstand zwischen den äußeren Auflagerrollen (mm); w: die Breite des Probekörpers (mm); b die Dicke des Probekörpers (mm)

Prüfgerät: Universalzugmaschine Testometric 5 CT (MPK Ludwig UG, Emsbüren).

Dynamische Endproduktprüfung

Nach DIN EN ISO 14801:2008 [217] erfolgt die Prüfung der Implantate im Worst-Case Fall (30° Neigung des Implantates, 3 mm Knochenschwund) unter dynamischer Last an einer Tischmaschine 5 kN (Dyna-Mess, Aachen). Die erste definierte Laststufe wird bei 300 N über 2.000.000 Zyklen bei

10 Hz in Trockenprüfung vollzogen. Weitere Laststufen (mit je 150.000 Zyklen) werden im Steigerungsversuch geprüft, wie in den Ergebnissen dargestellt. Die Einbettung erfolgt in Polymethylmethacrylat PalaXPress Ultra (Heraeus, Hanau). Die Versagenslast F [N] wird zyklengenau protokolliert und das erreichte Biegemoment M [Nmm] berechnet.

$$M = 0{,}5 \cdot l \cdot F \qquad \text{mit l: Belastungslänge in mm.}$$

3.2.2. Rasterelektronenmikroskopie

Korngrößenanalyse

Die quantitative Korngrößenanalyse wird in Anlehnung an DIN EN 13383-1:2016-11 [218] bei geeigneter Vergrößerung (~10.000 x-Vergrößerung (Bezug Polaroid 545 – Bildbreite 11,4 cm)) mittels Rasterelektronenmikroskop (REM) durchgeführt. Ronden und Biegestäbe werden im Querschliff getrennt, auf dem Schleifautomaten TegraPol-21 mit Probenhalter TegraForce5 (Struers, Willich) mit den Schleifscheiben MD Piano 220, 500 und Diamant Pad 20 µm (Struers, Willich) unter Wasserkühlung gegenläufig geschliffen und auf MD Largo (Struers, Willich) mit 9 µm Diamantsuspension und MD Dac mit 1 µm bzw. ¼ µm Diamantsuspension (Struers, Willich) im Gleichlauf spiegelpoliert. Zur Kontrastierung der Korngrenzen werden die Proben 200 K unter der entsprechenden Sintertemperatur für 30 min thermisch geätzt (LHT 16/17 (Nabertherm, Lilienthal)). Vor der Untersuchung werden die Prüfkörper mit Gold für 2x15 Sekunden bei 25 mA besputtert - Sputtercoater Polaron (Emitech, West Sussex). Die Proben werden mit Silberleitlack auf den Probenhaltern fixiert. Pro Serie werden mindestens fünf Bilder aufgenommen. Die Bildanalyse erfolgt halbautomatisch, computerunterstützt am Bildanalysesystem Olympus analySIS (Olympus life science europe GmbH, Hamburg). Nach Korngrenzenmarkierung (Filter „Trenner“) werden die Durchmesser der Körner in 1° Schritten 180x bestimmt und der Mittelwert, die mittlere Korngröße (MK), ausgegeben.

Geräte: 1) EVO MA 10 (Zeiss, Oberkochen) Wolframhaarnadelkathode;
2) Auriga (Zeiss, Oberkochen) Feldemissionskathode.

Fraktographie und Oberflächenbetrachtung

Nach der Festigkeitsprüfung werden für die fraktographische Untersuchung Proben mit niedriger, mittlerer und hoher Festigkeit (je Serie) ausgewählt und im Rasterelektronenmikroskop bei angepasster Vergrößerung (~20 x, 500 – 1.000 x) betrachtet.

Für die Bewertung der durch das abrasive Sandstrahlen hervorgerufenen Oberflächenschädigung werden die Proben in Verso-Cit2 (Struers, Willich) quer zur Pressrichtung eingebettet, abgeschliffen und poliert (Abb. 15). Nach dem Ausbetten erfolgt eine erneute Einbettung der Proben, so dass die zuvor polierte Stirnfläche vom Einbettmaterial bedeckt ist. Vor der Oberflächenbearbeitung werden die Probenoberflächen, parallel zur Pressrichtung, geschliffen und poliert. Schließlich erfolgt mittels Korund bzw. ZrO_2 die Oberflächenkonditionierung (Kapitel 4.2 Parameter: Rotation der Probe, Abstand, Strahlmittelkörnung, Druck).

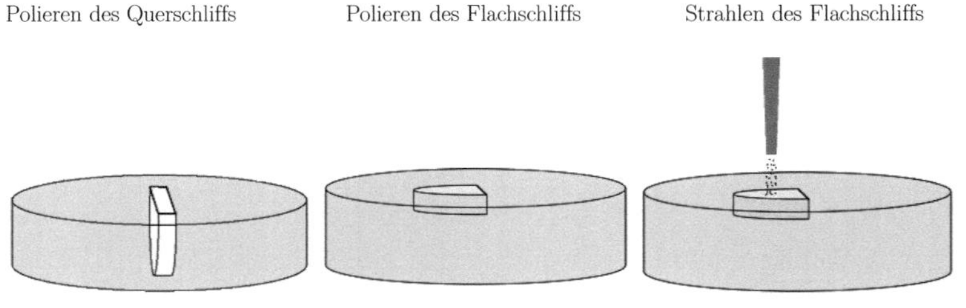

Abb. 15: Darstellung der Bearbeitungsschritte zur Erzeugung der Prüfkörper für die Feststellung der Schädigungszone durch die abrasive Strahlung.

Nach der Oberflächenbearbeitung erfolgt nach Ausbettung der Proben die Reinigung in Ethanol und Wasser im Ultraschallbad (Bandelin Sonorex, Gescher) und anschließender Trocknung mit Heißluftfön.

Um das Gefüge an Schliffen oder präparierten Oberflächen (SP) sichtbar zu machen werden die Proben bei 1.200 °C für 30 min thermisch geätzt (LHT 04/18 (Nabertherm, Lilienthal)) und für die Rasterelektronenmikroskopie vorbereitet.

Stereorasterelektronenmikroskopie

Die Stereorasterelektronenmikroskopie basiert auf REM-Bildern (EVA MA 10 (Zeiss, Oberkochen)) aufgenommen unter den Kippwinkeln 0°, 7°, 14° bei verschiedenen lateralen Messfeldern, aufgenommen bei 250 x, 500 x und 2.000 x-Vergrößerung in drei Messbereichen. Über die Aufnahme von drei euzentrisch verkippten Bildern, werden durch Rekonstruktion der Verschiebung der einzelnen Oberflächenpunkte (Pixel) die dreidimensionale Information der Oberflächentopographie und die Rauheitsparameter auslesbar. Das Zusammenfügen der euzentrisch verkippten Bilder und die Auswertung der entstehenden dreidimensionalen Oberflächenmodelle (DOMe) sowie die Ermittlung der spezifischen Rauheitsparameter erfolgt mittels MeX (Alicona, Raaba Österreich). Nach Ebeneneinpassung werden die Primärmodelle in Hinblick auf folgende Parameter bewertet: S_a: mittlere Rauheit; S_{10z}: mittlerer Abstand der fünf höchsten Erhebungen zu den fünf höchsten Vertiefungen; S_{dr}: Oberflächenmehranteil %, ermittelt aus dem Verhältnis der Gesamtoberfläche des DOM zur projizierten Fläche. Die Gewinnung der Rauheitsmodelle erfolgt durch Reduzierung der Rohdaten auf Bildausschnitte mit 300x300 µm², 150x150 µm² und 38x38 µm² Abmessung und unter Abzug der Grenzwellenlängen (λ_c), die der halben Bilddiagonale entspricht.

REM-Einstellung: Beschleunigungsspannung: 20 kV, Sondenstrom: 50 pA, Arbeitsabstand: 15 mm – Sekundärelektronenbild mit 2048 x 1536 Pixel, Abtastrate: 10, Abtast-Rotation: 90°.

3.2.3. Dichtebestimmung

Die Ergebnisse der Heliumpyknometermessung ATC (Porotec GmbH, Hofheim) wurden von Herrn Dr. Reichel (IKTS Hermsdorf) zur Verfügung gestellt. Die Werte werden an der Serie MS24 vor und nach dem HIP-Prozess ermittelt. Des Weiteren werden Messungen zur Einschätzung der Dichte mittels Auftriebsdichtewägung YDK 01 (Sartorius GmbH, Göttingen) an der Waage BP 110 S (Sartorius GmbH, Göttingen) in entmineralisiertem Wasser an allen Proben der genannten Serien durchgeführt und Mittelwerte und Standardabweichung ausgewertet.

3.2.4. Profilometrie

Taktile Rauheitsmessung

Die Ermittlung der Rauheitsparameter R_a (der arithmetische Mittenrauwert), R_z (die gemittelte Rautiefe) und R_{max} (maximale Rautiefe) erfolgt nach DIN EN ISO 4288:1998-04 [219] je Probe in mindestens zwei, um 90° zueinander versetzten Richtungen auf einer Probe, mit dem taktilen Messgerät MarSurf M400 mit dem SD26 (Mahr, Göttingen). Verwendeter Taster: BFW A 10-45-2, Tastspitzenradius=2 µm, λ_c= 800 µm.

Weißlichtinterferometrie

Weißlichtinterferometrie basiert auf Interferenz von breitbandigem Licht mit geringer Kohärenzlänge. Geteilt in zwei Wege, wird ein Lichtstrahl auf die Oberfläche gelenkt und der zweite auf einen Referenzspiegel geleitet [220]. Das Testobjekt wird in z-Richtung durch die Wellenfront gefahren. Im Detektor wird aus den Interferenzinformationen des an der Objektoberfläche reflektierten Lichtes mit dem Referenzstrahl die Oberflächengestalt gewonnen [221].
Die Weißlichtinterferometrie wird am ContourGT (Bruker, Karlsruhe) durchgeführt. Für die Rauheitsanalyse wird das 10x Objektiv in 2x Nach-

vergrößerung (FOV2), im VXI Mode über 68 µm z-Range, in zusammensetzender Bildaufnahme zur Erfassung einer Fläche von 2 mm x 0,5 mm in 3x8 Einzelaufnahmen, mit 20 % Messfeldüberlappung, verwendet. Es werden an fünf Proben, je drei Bildbereiche aufgenommen. Zur Auswertung der mittleren arithmetischen Höhe (S_a), der Zehn-Punkte-Höhe (S_{10z}) und dem Verhältnis der wahren Oberfläche zur Messfläche (S_{dr}-Wert) wird die Software SPIP 6.7.7 (Lyngby, Dänemark) genutzt. Angewendete Operationen: λ_c von 500 µm, Füllen „leerer" Pixel.
Zusätzlich werden für den Oberflächenvergleich mit dem 50x Objektiv (FOV1) im VXI Mode einzelne Bereiche vergrößert aufgenommen.

3.2.5. Diffraktometrie

Die Diffraktometrie (XRD) ermöglicht über die Beugung von Röntgenstrahlen an den Netzebenen der Kristalle die Bestimmung der Struktur und die Analyse von vorliegenden Texturen oder Spannungen im Kristall. Für diese Arbeit wurden mehr als 7.000 Diffraktogramme unter angepassten Messbedingungen aufgezeichnet und ausgewertet.

Phasenanalyse

XRD Setup 1:
Serienprüfung: Phasenanalyse bei RT und Prüfung der hydrothermalen Alterung in fokussierender Bragg-Brentano-Geometrie
Diffraktometer: D8 Advance (BRUKER-AXS, Karlsruhe)
Röntgenröhre: Cu Lang-Feinfokusröhre (40 kV und 40 mA), in Strichfokus
Probenbühne: Rotationsstage 30 rpm
Optik, einfallender Strahl: Fokussierende Blendenoptik (Divergenz: 0,5°), 0,08 rad Sollerkollimator
Optiken, gebeugter Strahl: 8 mm Blende, Sollerkollimator, Kβ–Nickelfilter
Detektor: Lynx- Eye (1D-Modus, 192 Streifen/ Auflösung 0,075 mm)

XRD Setup 2:
Dünnschichtanalyse im streifenden Einfall / Grazing-Incidence (GI)
Diffraktometer: D8 Advance (BRUKER-AXS, Karlsruhe)
Röntgenröhre: Cu Lang-Feinfokusröhre (40 kV und 40 mA), in Strichfokus
Probenbühne: 0 rpm
Optik, einfallender Strahl: Göbelspiegel, 0,08 rad Sollerkollimator
Optiken, gebeugter Strahl: Parallelplattenkollimator (0,24°)
Detektor: Lynx-Eye (0D-Modus, 14 mm Öffnung)

Für die **quantitative Analyse des monoklinen Phasenanteils** wird wie folgt vorgegangen: Nach Abzug des Untergrundes in DiffracSuite EVA V4 (Bruker-AXS, Karlsruhe) erfolgt die Auswertung der monoklinen Phasenanteile über das Intensitätsverhältnis (X_m) der stärksten Reflexe normkonform [215], nach Garvie-Nicholson [109].
Die Formel beruht ursprünglich auf kubisch/monoklinen Materialmischungen, wobei am tetragonalen Material der $I_t(101)$, statt dem $I_c(111)$ verwendet wird (beide Reflexe liegen im selben 2θ-Bereich), somit ergibt sich:

$$X_m = \frac{I_m(\bar{1}11) + I_m(111)}{I_m(\bar{1}11) + I_m(111) + I_t(101)} \quad [222]$$

I bezeichnet die integrale Intensität der entsprechenden Reflexe und wird über das „Flächenvermessungstool“ bestimmt. Zum weiteren Vergleich mit der Literatur wird die zur Volumenanteilsbestimmung (V_m) entwickelte Formel von Toraya [223] genutzt:

$$V_m = \frac{1,311 \cdot X_m}{1 + 0,311 \cdot X_m} \quad [162]$$

Dieser Ansatz gilt jedoch nur bei homogener Phasenverteilung im Messvolumen.
Zusätzlich wird an den oberflächengestrahlten Proben die Reflexintensitätsumkehr (RIU) bzw. die ferroelastische Domänenumkehr (ferroelastic domain switch – FDS) bestimmt. Hierfür werden nach Untergrundabzug die

Nettohöhen (h_R) der t(002) und t(110) Reflexe der tetragonalen Phase bestimmt und zueinander in ein Verhältnis gesetzt.

$$RIU(FDS) = \frac{h_R\, t(002)}{h_R\, t(110)}$$

Für die **Rietveldverfeinerung** wird nach Fundamentalparameteransatz die Instrumentenfunktion anhand eines Beugungsdiagramms am Standard Korund mit Topas-64 V6 (Bruker-AXS, Karlsruhe) verfeinert. Das hinterlegte Emissionsprofil wird nach Mendenhall et al. gestaltet, die Cu-$K\beta_1$ Fläche auf 0,04 fixiert [224].
Die verwendeten Startmodelle mit Gitterparametern (deren Grenzwerte) und Besetzungsfaktoren (Occ) sind im Anhang C (Tabelle 34 und 35) vermerkt. Die Temperaturfaktoren werden entsprechend miteinander verknüpft.

Hochtemperaturdiffraktometrie

Die Messungen zur Charakterisierung der Umwandlung unter Hochtemperatur (HT) wurden am Forschungszentrum in Jülich, Institut für Energie- und Klimaforschung (IEK-2), Abt. Mikro- und Nanostrukturdiagnostik (Leitung Dr. Wessel) durchgeführt und von Mirko Ziegner unterstützt.

XRD Setup 3:
Phasenanalyse bei RT und **HT-XRD** in fokussierender Bragg-Brentano-Geometrie.
Diffraktometer: Empyrean (Malvern Panalytical, Almelo, Niederlande)
Röntgenröhre: Cu-LFF (40 kV, 40 mA) – Strichfokus

Probenbühne:
RT: Probenbühne mit programmierbarem z-Antrieb,
HT: Hochtemperatur-Ofenkammer Anton Paar HTK 1200N,
Optiken, einfallender Strahl: Bragg-Brentano-Spiegel BBHD (Divergenz: 0,4°), Sollerblende (0,04 rad)

Optiken, gebeugter Strahl: Antistreublende (1°), Sollerblende (0.04 rad), Detektor: PIXcel3D (Flächendetektor im 1D-Modus (oder als Flächendetektor betrieben), aktive Länge: 3,35° (über alle 255 Kanäle))
Abb. 16 zeigt die HT-XRD Temperaturverläufe über der Zeit.

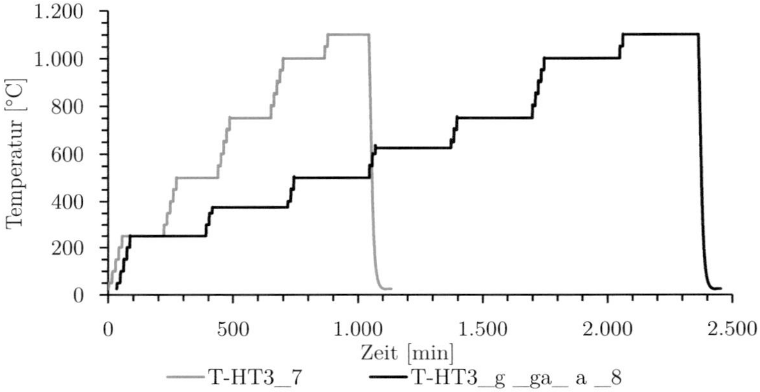

Abb. 16: Temperatursteuerung während der XRD-Hochtemperaturversuche.

In Temperaturschritten von 50 K, begonnen ab 50 °C erfolgt die Aufnahme einzelner Beugungsdiagramme. Die Temperatur wird bei 250 °C, 500 °C, 750 °C, 1.000 °C, 1.100 °C für fünf Stunden gehalten. Bei RT (25 °C), 375 °C und 625 °C werden zusätzliche Messpunkte bzw. Haltestufen eingebacht. Es ergibt sich eine Gesamtzahl von 143 Beugungsdiagrammen je Hochtemperaturversuch. Ausgewertet werden die einzelnen Beugungsdiagramme nach Untergrundabzug mit Flächenmessung über DiffracSuite EVA V4 (Bruker-AXS, Karlsruhe) in Bezug auf resultierende Halbwertsbreite (FWHM) und Anteil der monoklinen Phase (Garvie-Nicholson mod. Toraya in Excel 2013, Microsoft Office).

Die Halbwertsbreite der Reflexe reduziert sich mit zunehmender Temperatur. Dieser Effekt wird in dieser Arbeit als „Rückstellung“ bezeichnet und über die Halbwertsbreite des t(101) vor, während und nach der Messung berechnet:

$$\text{Rückstellung} = \frac{\left[\text{FWHM}_{max} - \text{FWHM}_{MP}\right]}{\left[\text{FWHM}_{max} - \text{FWHM}_{min}\right]}$$

FWHM_{max} = maximale Halbwertsbreite des t(101) innerhalb des Versuchs;
FWHM_{MP} = Halbwertsbreite des t(101) zum Messzeitpunkt;
FWHM_{min} = minimale Halbwertsbreite des t(101) innerhalb des Versuchs.

Spannungsanalyse

Die Spannungsanalysen wurden durchgeführt am Forschungszentrum in Jülich, Abteilung IEK-2. Unterstützender Geräteoperator ebenfalls Mirko Ziegner.

Eigenspannungen verändern den Netzebenenabstand $d_{\varphi,\psi}$ (hkl) und damit die 2θ Beugungswinkel. Aus $\Delta 2\theta$(hkl) kann die Gitterdehnung $\varepsilon_{\varphi\psi}$ und unter Berücksichtigung der röntgenographischen Elastizitätskonstanten (REK) (s_1 und ½ s_2) der entsprechenden (hkl) die Resteigenspannungen bestimmt werden. Unter Annahme eines ebenen biaxialen Spannungszustandes ergibt sich vereinfacht:

$$\varepsilon_{\varphi\psi} = \frac{d_{\varphi\psi} - d_0}{d_0} = \frac{1}{2} s_2 \sigma_\varphi \sin^2\psi + s_1(\sigma_{11} + \sigma_{22})$$ [225, 226]

$\varepsilon_{\varphi\psi}$: Gitterdehnung in den Richtungen φ (Rotationswinkel) und ψ (Kippwinkel)

$d_{\varphi\psi}$: spannungsbeaufschlagter Netzebenenabstand mit φ und ψ

d_0: spannungsfreier Netzebenenabstand; σ_{11}, σ_{22}: Normalspannung

Bei isotropen Materialien sind s_1 und ½s_2 von σ_{11}, σ_{22} mit den makroskopischen Materialeigenschaften ν und E verknüpft.

$$s_1 = \frac{-\nu}{E}; \frac{1}{2}s_2 = \frac{\nu + 1}{E} \qquad [225]$$

ν - Querkontraktionszahl (0,31): E – Elastizitätsmodul

Über Auftragung des Netzebenenabstandes $d_{\varphi\psi}$ über $\sin^2(\Psi)$ kann aus der Steigung m des Graphen die Spannung σ_φ ermittelt werden:

$$\frac{1}{2}s_2 \cdot \sigma_\varphi = \frac{1}{d_0} \cdot \frac{\Delta d_{\varphi,\psi}}{d \cdot \sin^2 \psi} = \frac{m}{d_0} \qquad [225, 226]$$

XRD Setup 4:
Untersuchung in Psi-Geometrie:
Diffraktometer: MRD Expert Pro (Malvern Panalytical, Almelo, Niederlande)
Röntgenröhre: Cr-LFF (35 kV, 50 mA) in Punktfokus
Probenbühne: 5-Achsen-Eulerwiege
Optiken, einfallender Strahl: Kβ-Filter (V), Parallelstrahl-Röntgenlinse (Polykapillaroptik); Gekreuzte Schlitzblenden 3mm · 3mm
Optiken, gebeugter Strahl: Parallelplattenkollimator (0,27°), Sollerblende (0,04 rad)
Detektor: Proportional-Detektor (Punktdetektor)

Auswertung der Ergebnisse der Spannungsanalyse:

Aufgrund der starken Reflexüberlagerung mit der spannungsarmen „Bulk“-Phase erfolgt die Bestimmung der Reflexlagen für die Spannungsanalyse mittels Topas V6 (BRUKER-AXS, Karlsruhe). Die zu analysierenden Hump-Reflexe werden über eine sogenannte „Peaks Phase“ und die der Bulk-Phasen mit Rietveld-Anpassung simuliert. Für einen stabileren Fit werden die Reflexlagen bzw. Netzebenenabstände der „Hump“ t (101) und t (202) miteinander verknüpft (d(202) = 0,5 · d(101)). Dadurch wird auch ein Gradienteneinfluss der Spannungen durch die steigende Messtiefe gemittelt.

Die Ermittlung der Spannungen erfolgt nach dem $\sin^2\Psi$-Verfahren in Stress Plus 2.1 (Panalytical B.V., Almelo, Niederlande) unter Psi (Ψ) 0°, 20°, 40°, 60°, 80°.

Verwendete röntgenographische Elastizitätskonstanten für t(101), t(202):

s_1= -1,39 1/TPa; ½s_2=5,67 1/TPa aus [227].

3.2.6. Optische Spektroskopie

Die UV-Vis-NIR-Messung basiert auf der Detektion von reflektiertem Licht im ultravioletten Bereich (<420 nm), im sichtbaren Bereich (420 – 700 nm) und im Nah-Infrarot-Bereich (700 – 2500 nm) (UV-Vis-NIR). Hierbei wird das reflektierte Licht einer Probe und einer idealen, nicht reflektierenden Probe als Funktion der Wellenlänge erfasst [228]. Die UV-Vis-Messungen in Reflexion wurden durchgeführt von Hans Bethge, Hochschule Osnabrück. Die Analyse erfolgt am Lambda 1050 UV/VIS/NIR Spektrometer (PerkinElmer, Hamburg) von 180 bis 2.000 nm mit einem Intervall von 1 nm. Die Messungen werden dreimalig wiederholt, der Mittelwert grafisch dargestellt.

3.2.7. Physikochemie

Die Kontaktwinkel werden am Kontaktwinkelmesssystem OCA 20 (dataphysics, Filderstadt) ermittelt. Die Zerlegung der Oberflächenenergie in den dispersen und polaren Anteil erfolgt unter Verwendung der in Tabelle 4 genannten Flüssigkeiten. Die Tropfen mit einem Tropfenvolumen von 3 µl, werden mittels „sessile drop“ Methode auf die verschiedenen Oberflächen aufgesetzt. Die Bestimmung des Kontaktwinkels Θ_C wird nach Young-La Place Fitting an fünf Proben in 10-facher Wiederholung, Programm: SCA20 (dataphysics, Filderstadt), durchgeführt.

Die Berechnung der Oberflächenenergie erfolgt nach dem Modell von Owens, Wendt, Rabel und Kaebel (OWRK) [229]. Die Berechnung der Oberflächenenergie, polaren und dispersen Anteile erfolgt mittels grafischer Ermittlung (Excel 2013, Microsoft Office), durch Auftragung von:

$$\frac{(1+\cos\Theta_C)\cdot\sigma_L}{2\sqrt{\sigma_L^d}} \text{ als Funktion von } \sqrt{\frac{\sigma_L^p}{\sigma_L^d}}.$$

Der Anstieg m der resultierenden Geraden ist der polare Anteil σ_S^p und der Schnittpunkt mit der y-Achse mit der Geraden der disperse Anteil σ_S^d der Oberflächenenergie des Festkörpers. Die Oberflächenenergie σ_S ist die Summe aus den ermittelten polaren und dispersen Anteilen.[229]
Die Polarität Oberflächen wird wie folgt berechnet:

$$\text{Polarität} = \left(\sigma_S^p \cdot 100\right) / \sigma_S$$

Verwendete Lagerungsmedien:

a) Ultra Pure Water (Biochrom AG, Berlin),
b) Isopropanol/ Isopropylalkohol 70 % (V/V) pharm. (Hedinger GmbH & Co. KG, Stuttgart),
c) NaCl 0,9 % (Braun Melsungen AG, Melsungen)

Tabelle 4: Übersicht der verwendeten Messflüssigkeiten, deren Oberflächenspannung und Komponentenzuordnung dispers und polar [mN/m] [230–232].

	σ_L	σ_L^d	σ_L^p
Wasser doppelt destilliert (Carl Roth GmbH & Co.KG, Karlsruhe)	72,8	26,0	46,8
Thiodiglykol (Aldrich, Schnelldorf)	54,0	39,2	14,8
Formamid (AppliChem GmbH, Darmstadt)	58,2	28,7	29,5
Diiomethan (Merck KGaA, Darmstadt)	50,8	50,8	0,00

3.2.8. Zellbiologie

Die zellbiologische Untersuchung wurde am Institut für Bioprozess- und Analysemesstechnik, Heilbad Heiligenstadt unter Planung und Begleitung von Herrn Dr. Uwe Schirmer durchgeführt. Zellkultivierung, XTT-Test und Kollagennachweis führte Laborantin Martina Lackner durch. Der Ansatz der zellbiologischen Versuche erfolgt in drei Parallelen.
Die Auswertung und graphische Darstellung der Ergebnisse erfolgt mittels Excel 2013, Microsoft Office. Die Signifikanztests erfolgen in SigmaPlot Version 13.0, Systat Software, Inc., ebenso wie die Erstellung der BoxPlots.

Zellkultur – Erhaltungskultur

MC3T3-Zellen (Mausosteoblasten) werden bei 36 °C, 5 % CO_2 und 95 % Feuchtigkeit in Dulbecco's Modified Eagle's Medium (DMEM) kultiviert. Zu dem Erhaltungsmedium wird 10 % v/v fötales Kälberserum und 2 mM L-Glutamin hinzugegeben, sowie 1 % v/v einer Penicillin/Streptadivin-Mischung zur Unterdrückung eine Kontamination mit Bakterien. Die Kultivierungsbedingungen werden ebenfalls bei den einzelnen Versuchen angewendet. Der Mediumwechsel erfolgt alle drei Tage. Die Zellen werden bei einer Konfluenz von 80 – 90 % mit 0,5 % Trypsin und 5 mM EDTA abgelöst, 1x mit PBS gewaschen und mit einer Konfluenz von ca. 20 % ausgesät.

3.2.8.1. Initialadhäsion

Für die Untersuchung der Initialadhäsion werden 20.000 Zellen/cm² pro Ronde (N=2 je Serie in N=3 Parallelen) ausgesät und unter den angegebenen Bedingungen für 20, 60 und 180 min inkubiert. Nach der Inkubation wird der Überstand abgenommen und die Ronden zweimal mit PBS gewaschen. Die adhärierten Zellen werden mit 4 % Paraformaldehyd (PFA) in PBS fixiert und erneut 2x mit PBS gewaschen. Zur Analyse der Besiedlung werden alle Proben mittels konfokalem Laserscanning Mikroskop (CLSM) untersucht. Am CLSM Axio Examiner.Z1 (Zeiss, Oberkochen) unter Verwendung des EC Plan Neofluar 5x/ 0,16 M27 wird die gesamte Probenoberfläche aufgenommen. Die Bilder werden gefügt und mit Bildanalysesoftware Olympus analysis (Olympus life science europa GmbH, Hamburg) halbautomatisch ausgewertet. Das Modul Partikelanalyse/ Flächenanalyse ermöglicht das Zählen der vorliegenden eingefärbten Zellkerne. Partikel <80 µm^2 werden als Rauschen bzw. Verunreinigung deklariert und verworfen. Partikel >700 µm^2 werden als zwei Zellen gezählt. Partikel >2.000 µm^2 werden als Verunreinigung detektiert und nach Prüfung manuell aus der Statistik entfernt.

3.2.8.2. XTT-Assay

Zur Untersuchung des Zellwachstums bzw. der Proliferation wird die Stoffwechselaktivität der Zellen mittels XTT-Assay analysiert (N=3x3). Dazu werden initial 5.000 Zellen/cm^2 in ein 24-Well mit der Probe ausgesät und für jeweils drei und sieben Tage unter den angegebenen Bedingungen inkubiert. Nach der Inkubation erfolgt die Messung der Proliferation durch die Messung der Absorption. Zuvor wird das alte Medium abgenommen und in jedes Well 300 µl frisches Medium hinzugegeben. Dann erfolgt die Zugabe von 150 µl des XTT-Reagenz und eine Inkubation für 4 h bei den angegebenen Bedingungen. Nach der Inkubation wird die Absorption bei 450-650 nm gemessen.

3.2.8.3. Zellmorphologie

Um morphologische Unterschiede der Zellen auf den Oberflächen mittels CLSM sichtbar zu machen, werden einzelne Komponenten des Zytoskeletts (Aktin) und des Fokal-Adhäsions-Komplexes (Paxillin) fluoreszenzmarkiert. Es werden jeweils 5.000 Zellen/cm^2 ausgesät und jeweils für 20 min, 60 min, 180 min sowie für drei und sieben Tage unter den angegebenen Bedingungen inkubiert. Nach der Inkubation werden die Zellen mit 4 % PFA fixiert, mit PBS gewaschen und bis zur Färbung bei 4°C gelagert. Direkt vor der Färbung werden die fixierten Zellen mit 0,5 %-iger Triton-X-100-Lösung für

15 min bei Raumtemperatur (RT) permeabilisiert und erneut mit PBS gewaschen. Zum Blocken unspezifischer Bindestellen werden eine 1 %-ige BSA-/PBS-Lösung (m/v) verwendet. Nach dem Blockieren für 20 min bei RT wird der 1. Antikörper (AK) (Paxillin) dazu gegeben. Der AK wird in einer 1%-igen BSA/PBST-Lösung (m/v) verdünnt und über Nacht bei 4° C auf die Proben gegeben. Zur Entfernung des überschüssigen AK erfolgen drei Waschschritte mit PBS und 5 min Inkubation zwischen jedem Waschschritt. Nach der AK-Färbung erfolgt die Färbung des Zytoskeletts mit fluoreszenzmarkierten Phalloidin (45 min bei RT). Das nicht gebundene Phalloidin wird durch drei Waschschritte mit PBS entfernt. Zur Gegenfärbung der Zellen wird zusätzlich der Zellkern mit Höchstfarbstoff angefärbt. Dazu wird die Farbstofflösung für 5 min bei RT auf die Zellen gegeben und anschließend gewaschen. Zum Mikroskopieren der Zellen werden alle Proben eingedeckelt. Dazu wird ein Tropfen der Mounting-Solution auf die Probe pipettiert und mit Deckgläschen abgeschlossen. Nach dem Aushärten der Mounting-Solution werden die Proben bis zur Mikroskopie bei 4° C gelagert. Anschließend erfolgt die Analyse über konfokale Laserscanning Mikroskopie Axio Examiner Z1 (Zeiss, Oberkochen).

Zusätzlich werden je Zeitpunkt drei besiedelte Proben für die Rasterelektronenmikroskopie vorbereitet. Hierfür werden die Proben nach Fixierung (Glutaraldehyd 4 %) mittels aufsteigender Alkoholreihe (30 %, 50 %, 70 %, 90 %, 96 %, 100 % Isopropanol) über Hexamethyldislizan (HDMS), zunächst verdünnt (50% Isopropanol) und konzentriert über Nacht im Abzug getrocknet. Die Proben werden mit Gold besputtert und bei 50 x und 1.500 x-Vergrößerung am REM quadrantenweise untersucht. Zur Abbildung der Zellmorphologie auf den REM-Bildern werden neben Sekundärelektronen (SE – Topographiekontrast) auch die Rückstreuelektronen (RE – Materialkontrast) verwendet. Geteilte REM-Bilder zeigen im linken Teilbild die Topographie und rechts den Materialkontrast. Die Zellen bestehen überwiegend aus Kohlenstoff und werden dunkel abgebildet. Dieses Vorgehen ist besonders für die Keramikoberflächen bei geringer Vergrößerung hilfreich. Die Bilder der Titanproben sind jedoch aufgrund der rauen

Oberfläche artefaktbehaftet (dunkle Flecken können sowohl Zellen als auch Oberflächentäler darstellen).

3.2.8.4. Kollagennachweis

Die Sirius-Rot-Lösung (1mg/ml DirectRed 80 in 0,5 mol Essigsäure) wird auf die Proben gegeben und für 2 h bei RT inkubiert. Anschließend erfolgen drei Waschschritte alle 2 h mit doppelt destilliertem Wasser. Die Proben werden über Nacht in diesem bei 4 °C gelagert. Danach wird das Wasser abgenommen und eine Mischung aus Methanol/ Natriumhydroxid (1:1) auf die Proben gegeben und für 1h bei RT inkubiert. Der Überstand wird anschließend in eine 96-Wellplatte überführt und bei 550 nm die Adsorption gemessen.

4. Versuchsdurchführung und Oberflächenmodifizierung

Die Erarbeitung des optimalen Implantat-Zustandes erfolgt in drei Stufen entsprechend des unten gezeigten Schemas:
a) Optimierung von Material- und Verfahrensparametern
b) Erarbeitung geeigneter Oberflächenmodifizierung und
c) Produktprüfung (die Optimierungen werden auf Prüfkörper und reelle Implantatgeometrien übertragen)
Kursiv vermerkt sind die verwendeten Techniken zur Analyse. Die Prüfkörper werden von der Firma Moje Keramikimplantate GmbH & Co. KG (Petersberg) entsprechend der Entwicklungsanforderung als Sonderanfertigungen hergestellt. Eine Zusammenfassung der Probenzustände und Zuordnungen ist in Anhang B hinterlegt. Aus schutzrechtlichen Gründen können nicht alle relevanten Parameter offengelegt werden.

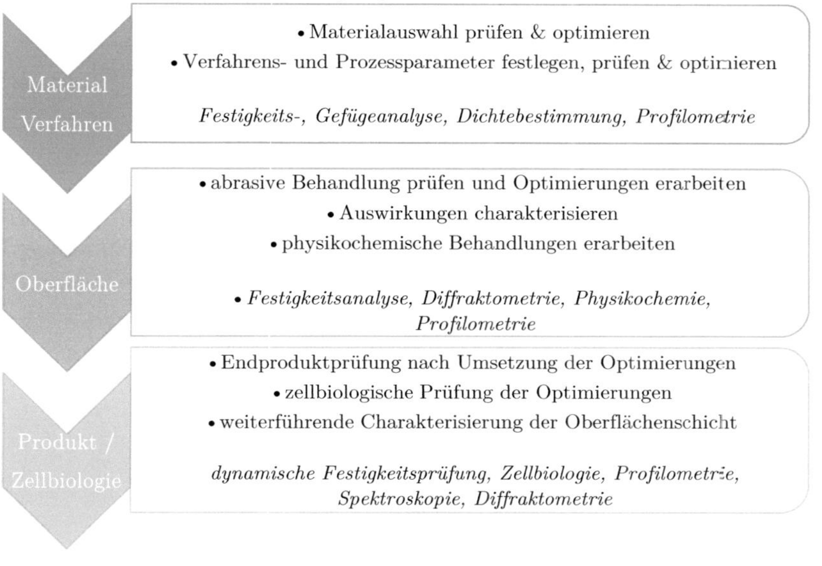

4.1. Material- und Verfahrensparameter

In diesem Kapitel wird die Herangehensweise zur Klärung und Modifizierung des Werkzeug-, Material und Sinterprozesseinflusses beschrieben.

4.1.1. Werkzeugeinfluss

Es erfolgt zunächst eine Prüfung der Auswirkung der für die Implantatfertigung verwendeten Werkzeuge (Tabelle 5) auf die Festigkeit und Oberflächengestalt. Verwendet werden zwei Meißel mit r=0,2 und r=0,4 mm und eine Fräse. Basis bildet uniaxiale (uni) und kaltisostatische (cip) Vorverdichtung der Rohlinge. Die Vorsintertemperatur (T_{VS}) wird variiert.

Tabelle 5: Herstellungsparameter für die Proben zur Prüfung des Werkzeugeinflusses.

Serienbezeichnung	MS5_4	MS7_2	MS7_3	MS7_6
Material	TZ-3YSB-E			
Prozess	uni-cip	uni-cip	uni-cip	uni-cip
Oberfläche	Fräsung	CNC r=0,4	CNC r=0,2	CNC r=0,4
T_{VS}	1.175 °C	1.175 °C	1.175 °C	1.125 °C
T_S	1.425 °C			
Prüfkörper-geometrie	Ronden: ∅~15mm, d~1,45 mm, N=10			

4.1.2. Materialeinfluss

Nach Festlegung der werkzeugabhängigen Herstellungsschritte wird das Materialgranulat verändert. Hierfür wird ein zweites konventionelles Material, (TZ-3YB-E gegenüber TZ-3YSB-E) geprüft. Im ersten Schritt erfolgt die Herstellung unter gleichen Prozessbedingungen (Tabelle 6).

Tabelle 6: Herstellungsparameter für die Proben zur Prüfung des Materialeinflusses.

Material	TZ-3YSB-E	TZ-3YB-E
Prozess	uni-cip-hip	uni-cip-hip
Oberfläche	CNC r=0,2 mm	CNC r=0,2 mm
T_{VS}	1.125 °C	1.125 °C
T_S / T_{HIP}	1.450 °C / 1.450 °C	1.450 °C / 1.450 °C
Prüfkörper-geometrie	Ronden: ∅~14,4 mm, d~1,2 mm, N=30	

4.1.3. Sinterprozesseinfluss

Zur Erhöhung der Prozesssicherheit wird ein nachgeschalteter HIP-Prozess bei reduzierter Sintertemperatur (T_S) am Material TZ-3YB-E geprüft (Tabelle 7). In erster Linie ist die Herausforderung in der Gewähr der Formstabilität der weißbearbeiteten und gesinterten Produkte zu sehen. Zum einen werden T_S (<1.350 °C) gewählt, die eine Nachverdichtung durch Kornwachstum erfordern. Zum anderen werden T_S geprüft, bei denen kein signifikantes Kornwachstum im folgenden HIP-Prozess mehr erwartet wird.

Tabelle 7: Herstellungsparameter für die Proben zur Abstimmung von Sinterung und HIP-Prozess.

Material	TZ-3YB-E				
Prozess	uni-cip-hip	uni-cip-hip	uni-cip-hip	uni-cip-hip	uni-cip-hip
Oberfläche	as-fired	as-fired	as-fired	as-fired	as-fired
Sinterung T_S / T_{HIP}	1.295 °C + 1.350 °C	1.315 °C + 1.350 °C	1.335 °C + 1.350 °C	1.355 °C + 1.350 °C	1.375 °C + 1.350 °C
Prüfkörper-geometrie	Ronden: ∅~12,7 mm, d~1,4 mm, N=15				

4.1.4. Vergleich - Ausgangszustand und Endzustand

Nach Festlegung der optimalen Herstellungsparameter erfolgt der Vergleich Ausgangs- zu Endzustand (optimierten Zustand) anhand von Ronden- und Biegestäben (Tabelle 8). Im Abschlussregime werden die Biegestäbe auf zwei Arten poliert. Serie „poliert“ sind bei der Fa. Moje im gesinterten Zustand einseitig polierte Biegestäbe. Serie „poliert HSOS“ wird im gesinterten Zustand allseitig geschliffen und poliert.

Zur halbautomatischen Präparation wird mit dem Schleifautomat TegraPol-21 mit Probenhalter TegraForce5 (Struers, Willich) zunächst mit den Schleifscheiben MD Piano 220, Diamant Pad mit 20 µm (Struers, Willich) Körnung unter Wasserkühlung beidseitig gegenläufig geschliffen und auf MD Largo mit 9 µm Diamantsuspension (Struers, Willich) und MD Dac mit 1 µm Diamantsuspension (Struers, Willich) im Gleichlauf spiegelpoliert.

Die Proben werden mit Aufstellwachs NF (Merz Dental, Lütjenburg) in einen für diesen Zweck konstruierten Probenhalter geklebt. Alle Prüfkörper werden im Anschluss normgerecht gefast (MD Largo mit 9 µm Diamantsuspension).

Tabelle 8: Übersicht der Herstellungsparameter für die Proben im Ausgangs- und Endzustand.

	Ausgangs-Regime / MS1	optimiertes Regime / MS25
Material/ Granulat	TZ-3YSB-E	TZ-3YB-E
Vorverdichtung Nachverdichtung	Uniaxial/ 150 MPa Isostatisch/ 2.300 bar	Uniaxial/ <150 MPa Isostatisch/ <3.000 bar
T_{VS}	$T_{VS\text{-}A}$ (vertraulich)	$T_{VS\text{-}E}$ (vertraulich)
T_S	1.450 °C	1.350 °C
T_{HIP}	-	1.350 °C
Prüfkörper-geometrie	Ronden: N=30; ∅14,9 mm, d~1,4 mm Biegestäbe: ~ 4 x 3 x 46 mm	Ronden: N=15; ∅14,9 mm, d~1,15 mm Biegestäbe: ~ 2 x 2,5 x 25 mm

4.2. Oberflächenmodifizierung

Das Kapitel der Oberflächenmodifizierung befasst sich mit der Erarbeitung geeigneter, praxisrelevanter Methoden und Parameter zur Aufrauung des enossalen Implantatbereichs. Im Fokus stehen die Beeinflussung der Festigkeit durch die Aufrauung und Effizienz der hydrophilierenden Techniken.

4.2.1. Feinstrahlung im Weißzustand

Die Feinstrahlung der keramischen Implantatoberfläche im Weißzustand (synonym vorgesinterter Zustand) zur Oberflächenvergrößerung und Aufrauung ist elementarer Bestandteil der untersuchten Implantatfertigung (Tabelle 9). Für die Anwendung in der Implantologie ist ein Oberflächenrauheitswert von R_a=1,7 µm angestrebt. Die entsprechende Technologie (Press,- Vorsinter- und Strahlparameter) zur Herstellung von rauen Probenoberflächen an enossalen Implantaten auf Basis von TZ-3YSB-E wird während der Wertegenerierung nicht verändert. Die Bezeichnung „Neukorn bzw. Mischkorn“ bezieht sich in diesem Fall auf eine hausinterne Bezeichnung von der Fa. Moje von recycelten Frässpänen zur Verwendung als Strahlmittel.

Tabelle 9: Herstellungsparameter der Proben für die Feinstrahlung.

Serienbezeichnung	MS7, MS8, MS9
Material/ Granulat	TZ-3YSB-E
Verdichtung	Uniaxial/ 150 MPa; Isostatisch/ 2.300 bar
T_{VS}	T_{VS}
T_S	1.425 °C
Prüfkörper-geometrie	Ronden: ∅14,8 mm, d= 1,4-1,5 mm N=15/30

4.2.2. Abrasive Korundstrahlung

Um neben einer Oberflächenaufrauung höhere Biegefestigkeit zu erreichen, werden die Proben abrasiv mit Korund (Sheraaluminiumoxid, Shera Werkstoff-Technologie GmbH & Co. KG, Lemförde) gestrahlt (Abb. 17). Die Prüfkörper unterliegen folgenden Herstellungsbedingungen:

1) MS-U: TZ-3YSB-E Scheiben uniaxial gepresst, beidseitig abgedreht, T_S: 1.450 °C und
2) C-ISO: TZ-3YB-E ohne uniaxiale Vorverdichtung im großen Volumen isostatisch gepresst, aus dem Bulk gefräst T_S: 1.530 °C.

Die Proben (N=2*4*30) werden einseitig aus 10 mm Entfernung unter 90° zur Oberfläche mit Korund abrasiv gestrahlt. Hierfür wird der Griffelstrahler (Harnisch & Rieth, Winterbach) auf einem einfachen y-Tisch (Eigenbau der HSOS, Fahrgeschwindigkeit 1 mm/s) befestigt. Die Proben werden mit Doppelklebeband (Tesa, Norderstedt) auf einem Halter befestigt und im K-Powergrip-Handstück EWL 4941 (Kavo Dental GmbH) für gleichbleibende Rotationsbewegung der Probe während des abrasiven Strahlprozesses eingespannt. Um eine Bearbeitung der kompletten Oberfläche zu garantieren, werden die Oberflächen viermal in gleicher Weise abgestrahlt.

angewendete Strahlparameter:
50 µm Korund – 2 bar Strahldruck; 50 µm Korund – 4 bar Strahldruck;
150 µm Korund – 2 bar Strahldruck; 150 µm Korund – 4 bar Strahldruck

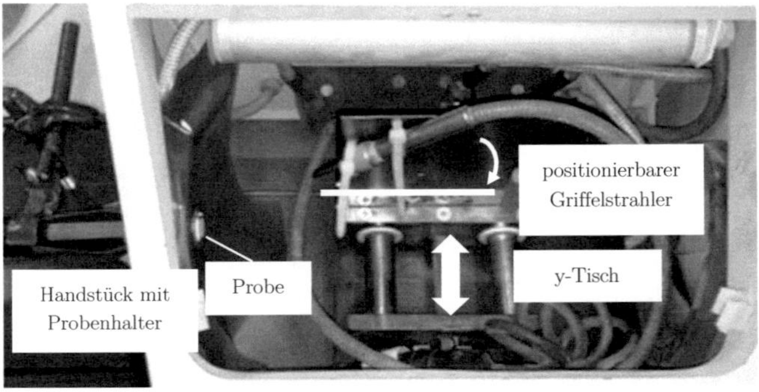

Abb. 17: Fotographie in die Strahlgerätekammer – Strahlaufbau für die abrasive Korundstrahlung.

4.2.3. Festigkeitsstrahlung mit ZrO_2

Basierend auf den bis zu diesem Punkt vorliegenden Ergebnissen von Abhängigkeiten der Materialumwandlung, Oberflächenschädigungen und resultierenden mechanischen Parametern wird der Prozess der Druckluftstrahlung neu erarbeitet. Ziel ist es einen festigkeitserhöhenden, nicht abrasiven Oberflächenbearbeitungsprozess zu gestalten. Die Festigkeitsstrahlung (Shot Peening - SP) erfolgt nach diversen Voruntersuchungen zum Herausarbeiten optimaler Strahleinstellungen mit u.g. Parametern, mit ZrO_2 Partikeln mit polygonaler Morphologie in tetragonaler Struktur (Fa. Moje, Petersberg) mit dem Griffelstrahler PG400 (Harnisch & Rieth, Winterbach), dargestellt in Abb. 18.

Während des Strahlvorgangs beträgt die Fahrgeschwindigkeit des y-Tisches (Eigenbau HSOS) 1 mm/s und die Rotation der Probe (Schrittmotor Schrittmotor 28BYJ-48)1 U/s. Die Neigung der Probenoberfläche zum

Strahlgriffel wird durch Unterbettung des Stepmotors mit Präzisions-Silikon gammasil (Tec A 85, Müller-Omicron GmbH, Lindlar) eingestellt. Um eine Bearbeitung der kompletten Oberfläche zu garantieren, werden die Oberflächen für mehrere Minuten (1 – 4 min) in gleicher Weise abgestrahlt.

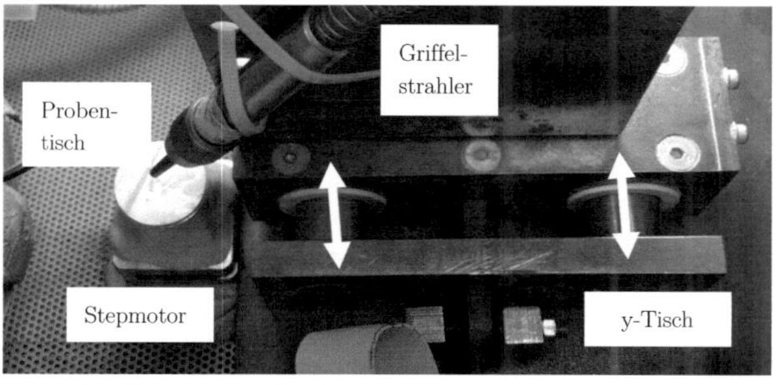

Abb. 18: Fotographie des Inneren der Strahlkammer mit eingesetztem y-Tisch, Probenrotationstisch und positioniertem Griffelstrahler.

TZ-3YB-E wird bei 1.350 °C gesintert, gehipt und anschließend an der HSOS beidseitig poliert. Dies erfolgt in einem für diesen Zweck gefertigten Probenhalter, der die reproduzierbare Präparation von 20 Ronden zeitgleich ermöglicht. Zur halbautomatischen Präparation wird mit dem Schleifautomat TegraPol-21 mit Probenhalter TegraForce5 (Struers, Willich) zunächst mit den Schleifscheiben MD Piano 220, Diamant Pad mit 20 µm (Struers, Willich) Körnung unter Wasserkühlung beidseitig gegenläufig geschliffen und auf MD Largo (Struers, Willich) mit 9 µm Diamantsuspension und MD Dac mit 1 µm (Struers, Willich) im Gleichlauf spiegelpoliert. Die Proben werden in drei Gruppen je 20 Probekörper unterteilt. Des Weiteren werden fünf Versuchsreihen as-fired CNC bearbeitet bzw. mit Implantat-Oberflächenstruktur „rau“ von der Firma Moje vorbereitet und wie in Tabelle 10 dargestellt im gesinterten Zustand gestrahlt.

Tabelle 10: Für die Festigkeitsstrahlung verwendete Parameter.

Serienbezeichnung/ Granulat/ TS	Pressvorgang	Oberfläche	Eingestellte Strahlparameter
poliert, 3bar, 5bar/ TZ-3YB-E/ 1.350 °C	uni-cip-hip	poliert	40 - 90µm: ZrO2, Druck: 3 bzw. 5 bar, Abstand: 5 mm, Düse: 1,2 mm, 1 min auf 150 mm²; N= 60
1-SB-E/ TZ-3YSB-E 1.450 °C	uni	as-fired CNC	150 µm: ZrO2, Druck: 5 bar, Abstand: 5 mm, Düse: 1,2 mm, 4 min auf 150 mm²; N=15
2-SB-E/ TZ-3YSB-E 1.425 °C	uni-cip	rau	150 µm: ZrO2, Druck: 4,5 bar, Abstand: 5 mm, Düse: 1,2 mm, 2 min auf 150 mm²; N=20
1-B-E/ TZ-3YB-E 1.450 °C	uni-cip-hip	rau	40 - 90 µm: ZrO2, Druck: 4,5 bar, Abstand: 5 mm, Düse: 1,2 mm, 2 min auf 150 mm²; N=20
2-B-E/ TZ-3YB-E 1.400 °C	uni-cip-hip	rau	40 - 90 µm: ZrO2, Druck: 4,5 bar, Abstand: 5 mm, Düse: 1,2 mm, 3 min auf 150 mm²; N=20
3-B-E/ TZ-3YB-E 1.350 °C	uni-cip-hip	rau	40 - 90 µm: ZrO2, Druck: 4,5 bar, Abstand: 5 mm, Düse: 1,2 mm, 2 min auf 150 mm²; N=20

Nach SP wird der Einfluss der Festigkeitsstrahlung auf die Oberflächentopographie und Rauheit, die Festigkeit, die Phasenzusammensetzung (X_m und RIU) an der Oberfläche, die Temperaturstabilität der Oberflächenschicht im Hochtemperaturdiffraktometer und das Gefüge nach Regeneration (T_{max}= 1.100 bzw. 1.250 °C) geprüft.

4.2.4. Physikochemische Behandlung

Zur Verbesserung der Benetzbarkeit werden die Prüfkörper mit UV, UV/Ozon oder Argon Plasma behandelt (Abb. 19 und Abb. 20.). Die Prüfkörper werden 10 min im Ultraschall mit dest. Wasser und Isopropanol 70 % gereinigt und im Ofen UT 6060 (Heraeus, Hanau) bei 80 °C (im Vorfeld an die Behandlung) getrocknet.

Material: TZ-3YB-E T_S/T_{HIP}=1.350 °C
Oberflächen: poliert und rau (Moje Keramikimplantate GmbH & Co. KG)

Die Parameter Joule/cm², Behandlungsdauer/h bzw. Gas-Art (Druckluft, Argon, Stickstoff), Durchfluss, Plasmastrahllänge und Abstand werden sukzessive variiert um die Benetzbarkeit (Bestimmung des Wasserkontaktwinkels und der Oberflächenenergie) bei geringem Zeit- und Ressourceneinsatz effizient zu erhöhen.
Zur gleichmäßigen Plasmabehandlung wird auch in diesem Versuch ein Rotationstisch (30U/min) eingesetzt. Folgende Geräteparameter werden nach entsprechenden Vorversuchen für die verschiedenen Modifizierungen gewählt:

A) UV-C Biolink™ BLX UV Crosslinker (biostep GmbH, Jahnsdorf) (254 nm);
Intensität: 100 Joule / cm²
B) UV/Ozon Pro Cleaner™ 220 (Bioforce Nanoscience, Nanoandmore, Wetzlar (254 nm + 185 nm), Intensität: 2 h ~ 137 J/cm²; Ausgangsleistung 19 mW / cm²
C) Argon Plasma kINPen Neoplas tools, Greifswald; Ar-Durchfluss: 4,5 l / min; Plasmastrahllänge: 10 mm; Behandlungsabstand: 5 mm; Behandlungsdauer: 1 min/Probe (rotierend)

Abb. 19: Verwendete Geräte für die Oberflächenbehandlung, UV- Gerät (BLX-Crosslinker), UV/ Ozon- Gerät (Pro Cleaner) [233, 234].

Physikochemisch behandelte Prüfkörper werden entsprechend der Angabe von Zeit und Medien gelagert. Nach Lagerung in unterschiedlichen Medien werden die Prüfkörper mittels gereinigter Druckluft getrocknet und gemessen. Es erfolgt die Ermittlung der Benetzbarkeit und Oberflächenenergie wie in Kapitel 3.2.7 beschrieben.

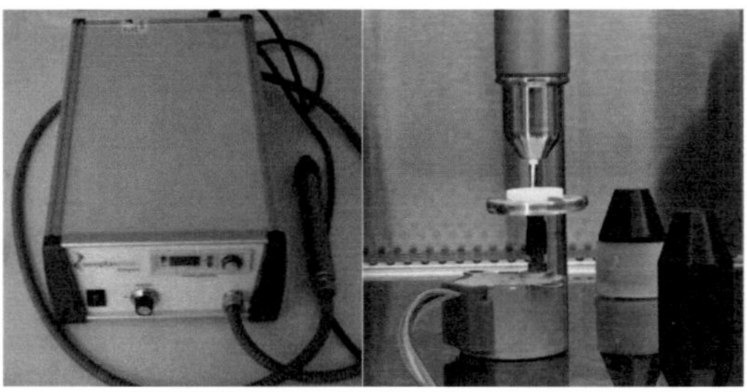

Abb. 20: Plasma-Gerät kINPen links, Plasma Pen mit Ar-Plasma Strahl, Probe und Rotationstisch rechts.

Zur Voraussage der Auswirkung der Oberflächenenergie der Materialien auf das Zellverhalten werden polierte Proben des ZrO_2 und Titans untersucht. Ebenso wird für diesen Zweck die Plasmabehandlung und Festigkeitsstrahlung auf poliert ZrO_2-Oberflächen übertragen. Hierdurch soll die Auswirkung der Oberflächenenergie und der Oberflächenrauheit voneinander separiert untersucht werden, um eine unkalkulierbare Beeinflussung (Cassie-Baxter-Modell) zu vermeiden.

4.2.5. Hydrothermale Alterung

Die Prüfung der hydrothermalen Alterung an den Materialien mit unterschiedlichen Herstellungsparametern (Tabelle 11) erfolgt nach DIN EN ISO 13.356:2015 bei 134 °C für 5 h bei einem sich einstellenden Druck von ~0,21 MPa in Wasserdampfatmosphäre im Kleinautoklav Typ TKL-MCS (Wolf Sanoklav, Bad Überkingen-Hausen) gealtert.

Tabelle 11: Herstellungsparameter der Proben für die hydrothermale Alterung.

Serienbezeichnung/ Granulat	Details der Prozessschritte
MS-U/ TZ-3YSB-E	Uniaxiale Verdichtung + Sinterung bei 1.450 °C (uni)
MS3/ TZ-3YSB-E	Uniaxiale Verdichtung + kaltisostatische Nachverdichtung, Sinterung bei 1.425 °C (uni+cip)
MS25/ TZ-3YB-E	Uniaxiale Verdichtung + kaltisostatische Nachverdichtung, Sinterung bei 1.350 °C + heiß-isostatische Verdichtung 1.350 °C (uni+cip+hip)
C-ISO/ TZ-3YB-E	Kaltisostatische Verdichtung + Sinterung bei 1.530 °C (cip)
MS16/ TZ-3YB-E	Uniaxiale Verdichtung + kaltisostatische Nachverdichtung, Sinterung bei 1.450 °C+ heiß-isostatische Verdichtung 1.450 °C, (uni+cip+hip)

Für den Vergleich der Granulate (TZ-3YSB-E und TZ-3YB-E) werden as-fired Prüfserien (MS-U und MS25) zusätzlich für 20, 40, 60 und 80 h gealtert. Die biaxiale Festigkeitsprüfung wird nach 5 und 20 h Alterung an unterschiedlichen Oberflächenzuständen, as-fired, rau, und SP durchgeführt. Zudem erfolgt nach jeder Alterungsstufe die Ermittlung der Phasenzusammensetzung mittels XRD. Um die Umwandlungsschicht rasterelektronenmikroskopisch ausmessen zu können, werden die Proben einseitig mittels Vickersindenter in einer Linie 10x angekerbt und gebrochen.

4.3. Produktprüfung

Die erarbeiteten Optimierungen werden für die Endproduktprüfung und zellbiologische Prüfung auf geeignete Prüf- und Implantatgeometrien übertragen. Des Weiteren erfolgt eine vertiefte Oberflächencharakterisierung.

4.3.1. Dynamische Prüfung am Endprodukt

Die Proben der dynamischen Festigkeitsprüfung werden entsprechend Tabelle 12 für Implantattyp MSI_1, & 3 (TZ-3YB-E cip/ T_S 1.450 °C/ T_{HIP} 1.450 °C) und dem „optimierten Regime" – Implantattyp MSI_4 (TZ-3YB-E, Uniaxial/ 80 MPa, Isostatisch/ 2.300 bar, T_S: 1.350 °C, T_{HIP} 1.350 °C) gefertigt.
Drei verschiedene Implantatserien werden geprüft, wobei zwei davon mit Festigkeitsstrahlung (SP) modifiziert werden. Die Festigkeitsstrahlung wird im oberen Gewindebereich (verfärbter Bereich) angewendet. Für die Grenzlastbestimmung erfolgt im Worst-Case Fall ausgehend von einem festgelegten Mindestlevel die sukzessive Steigerung der Last in entsprechenden Laststufen von 50 N bzw. 20 N.

Für den Implantattyp MSI_3b werden über den Winkel von 30° hinaus zwei weitere Kippwinkel 20° und 40° geprüft.

An MSI_1a, 1b und 3b werden E-Modul von Kortikalis und Spongiosa im natürlichen Kieferknochen simuliert (Abb. 21). Dazu wird ein Winkelprisma drahterodiert, um eine Verankerungsmöglichkeit für die „Kortikalis" mit 2 mm Stärke zu schaffen (Abb. 22).

In der Literatur werden für die Kortikalis mit einer Dicke von 1 - 2 mm E-Moduli von etwa 20 GPa [235] angegeben. Je nach Richtung unterscheiden sich diese (Abb. 21) E_1: 6,9 – 11,3 GPa; E_2: 8,2 – 13,8 GPa, und E_3: 17,3 – 19,4 GPa [236–238]. Im Schichtmodell wird somit das Holz „Wenge" als Kortikalisersatz aufgund der knochenähnlichen Struktur und dem E-Modul von 16 – 18 GPa verwendet.

Die Normangabe für das Umbettungsmaterial gibt einen E-Modul von >3 GPa vor.

Der Bereich der Spongiosa wird mit PMMA PalaXPress Ultra (Heraeus, Hanau) mit einem E-Modul von 3,2 GPa gefüllt.

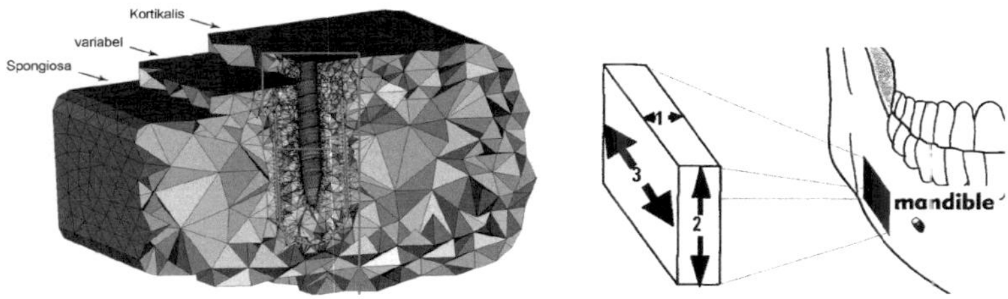

Abb. 21: Links: Aufbau des Kieferknochens, Kortikalis (außen/ braun) und Spongiosa (innen/ grau); Rechts: richtungsabhängige E-Modul-Werte im Knochen E_1 - radial, E_2 - tangential, E_3 - longitudinal entnommen aus [235, 237].

Abb. 22: Fotographie des Prüfaufbau in Anlehnung an DIN EN ISO 14801, rechts unten modifizierter Prüfaufbau.

Tabelle 12: Übersicht über die für dynamische Prüfung vorbereiteten Implantate.

	Beschreibung	**Fotographie**
MSI_1a	Implantatlänge: 22 mm Außendurchmesser: 4,3 mm Kerndurchmesser: 4,1 mm	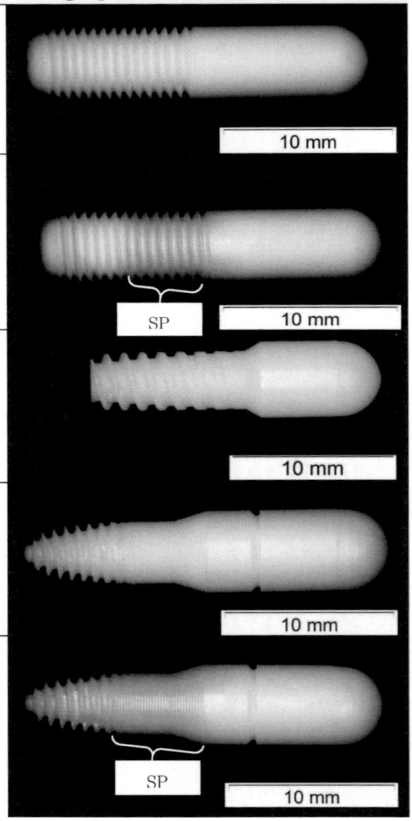
MSI_1b	Festigkeitsstrahlung (SP) Implantatlänge: 22 mm Außendurchmesser: 4,3 mm Kerndurchmesser: 4,1 mm	
MSI_3b	Implantatlänge: 18,2 mm Außendurchmesser: 3,8 mm Kerndurchmesser: 3,2 mm	
MSI_4a	Implantatlänge: 22 mm Außendurchmesser: 3,84 mm Kerndurchmesser: 3,82 mm	
MSI_4b	Festigkeitsstrahlung (SP) Implantatlänge: 22 mm Außendurchmesser: 3,84 mm Kerndurchmesser: 3,82 mm	

4.3.2. Grenzflächen- und zellbiologische Charakterisierung

Für die zellbiologische Prüfung werden 200 Proben (je Serie 40 Proben) der folgenden Oberflächen (Tabelle 13) vorbereitet. Als Vergleichsmaterial wird sandgestrahltes, geätztes Titan Grad 4 verwendet. Als Kontrolle dient die Zellkulturplatte „Tissue Culture Polystyrol“ (TCPS).

Prüfkörpermaterial und Bezeichnung für die Zellbiologie:

ZM1 bis ZM4 - TZ-3YB-E hergestellt im Abschlussregime bei 1.350 °C HIP.
ZM5 - Titan Grade 4

Tabelle 13: Übersicht der Proben und Oberflächen für die zellbiologische Prüfung.

Serienbezeichnung	Material & Oberflächengestaltung	Modifizierung
ZM1	ZrO_2 rau Ausgangsoberfläche	-
ZM2	ZrO_2 rau Ausgangsoberfläche	Festigkeitsstrahlung 2 min; 4,5 bar
ZM3	ZrO_2 rau Ausgangsoberfläche	Ar-Plasma 1 Minute
ZM4	ZrO_2 - poliert	-
ZM5	Titan sandgestrahlt, geätzt	
TCPS	Kontrolle	

Für die rauen Keramikproben wird auf eine möglichst gleichmäßige Verteilung der Proben auf die drei Prüfkörperserien geachtet. Der R_a-Wert wird als Richtwert für die Auswahl der Proben und Zusammenstellung der Prüfkörperserien genommen. Dargestellt ist der R_a-Wert (Abb. 23), ermittelt nach Norm, anhand einer Messstrecke von 2 x 5,6 mm (Auswertung über 5 x 800 µm). Da durch das Festigkeitsstrahlen (SP) eine leichte Reduzierung des R_a-Wertes erwartet wird, werden sehr raue Prüfkörper dieser Oberflächenbehandlung zugeteilt.

Die Proben werden vor der zellbiologischen Prüfung dampfsterilisiert (121 °C, 20 min). Die Serie ZM3 wird für die zellbiologische Prüfung in der

Sterilbank SterilGuardHood (TheBakerCompany Inc., Sanford USA) mittels Ar-Plasma für 1 min behandelt. Ar-Durchfluss: 4,5 l/min; Plasmastrahllänge: 10 mm, Behandlungsabstand 5 mm. Bis zur Übergabe in die Zellkultur werden die behandelten Prüfkörper in Isopropylalkohol 70 % (Hedinger GmbH & Co. KG, Stuttgart) zwischengelagert.

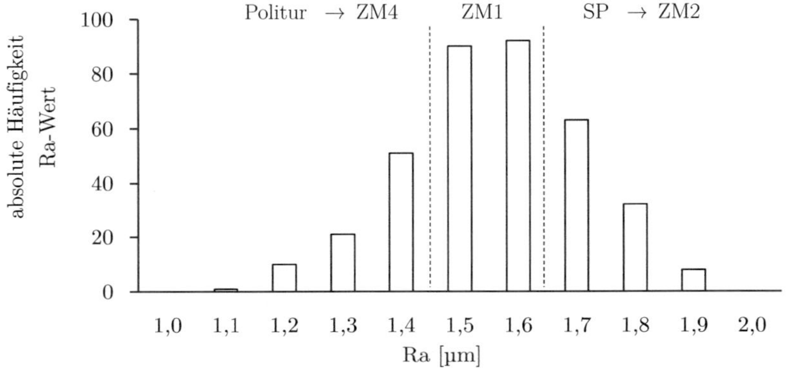

Abb. 23: Histogramm der absoluten Häufigkeit des ermittelten R_a-Werts auf den Proben für die *in vitro* Prüfung im Anlieferungszustand. Die Prüfköper werden entsprechend ihres R_a-Wertes in geeignete Gruppen unterteilt.

Topographische Charakterisierung

Nach der taktilen Messung der Oberflächenrauheitsparameter zur Einordnung und Unterscheidung der Prüfkörper wird die topographische Charakterisierung mittels Weißlichtinterferometrie durchgeführt (Kapitel 3.2.4). Vorteil ist die automatische Aufnahme von größeren Probenbereichen, so dass repräsentative Werte bei hoher Auflösung erreicht werden. Diese Methode ermöglicht aufgrund der höheren Auflösung der Messmethode zudem eine Vermessung der polierten ZrO_2-Oberflächen.

Zudem wird die Stereorasterelektronenmikroskopie (Kapitel 3.2.2) angewendet. Diese ermöglicht es dem Betrachter gezielt verschiedene laterale Messfelder auszuwerten. So können innerhalb von vorgegebenen Bereichen die messfeldgrößenabhängigen dominierenden Strukturen direkt veranschaulicht und differenziert ausgewertet werden.

4.3.3. Vertiefte Oberflächencharakterisierung

Vorbereitung der Proben für die Diffraktometrie

Um die Oberflächenschicht, die durch mechanische Bearbeitung (SP) hervorgerufen wird, klarer zu definieren werden vertiefte Analysen durchgeführt. Im Fokus stehen diffraktometrische Struktur- und Spannungsanalyen. Für die Rietveldanalysen werden die Proben entsprechend der Serienbezeichnung aus den bereits beschriebenen Serien (MS1, MS-U, MS25 – optimiertes Regime, ISO-C) entnommen und poliert. Für die Hochtemperaturdiffraktometie, Struktur- und Spannungsanalyse wird TZ-3YB-E bei 1.350 °C gesintert und gehipt, an der HSOS beidseitig poliert und entsprechend Tabelle 14 und 4.2.3 Oberflächenmodifiziert. Für die Spannungsanalyse (Kapitel 3.2.5) werden Prüfkörper dem Hochtemperaturdiffraktometrie-Regime, nach der Haltestufe bei 250 °C, 500 °C und 1.100 °C nach Abkühlung auf RT, untersucht.

Tabelle 14: Übersicht der Proben und Oberflächen für Hochtemperaturdiffraktometrie.

Serien-bezeichnung/ Granulat	Pressvorgang	Ausgangs-Oberfläche	Eingestellte Strahlparameter
HT3_g HT3_7 und 8 TZ-3YB-E	uni-cip-hip	poliert	40 – 90 µm: ZrO_2, 3 bzw. 5 bar, Abstand: 5 mm, Düse: 1,2 mm, 1 Minute auf 150 mm^2
HT3_ga TZ-3YB-E	uni-cip-hip	poliert	40 – 90 µm: ZrO_2, Druck: 5 bar, Abstand: 5 mm, Düse: 1,2 mm, 1 Minute auf 150 mm^2 + LTD 40h bei 134 °C und 2,1 bar
HT3_a TZ-3YB-E	uni-cip-hip	poliert	LTD 40h bei 134 °C und 2,1 bar

Oberflächendarstellung

Des Weiteren wird die Oberfläche der SP Proben am REM betrachtet. Zur Sichtbarmachung des Gefüges wird bei Bedarf thermisch geätzt (3.2.2).

Optische Spektroskopie / UV-Vis-NIR

Durch die Festigkeitsstrahlung ergibt sich an der Oberfläche der Proben eine Farbänderung. Diese soll mittels UV-Vis-NIR Messung näher bestimmt werden.
Zur Messung werden drei Proben vorbereitet:

a) poliert;
b) poliert & festigkeitsgestrahlt (SP);
c) festigkeitsgestrahlte, regenerierte Probe (SP&reg), bei 1.050 °C für 30 min in Luftatmosphäre im Hochtemperaturofen LHT 04/18 (Nabertherm, Lilienthal) einem Regenerationsbrand unterzogen.

5. Ergebnisse

Die Ergebnisdarstellung ist in drei Teile gegliedert. Zunächst werden die Ergebnisse zur Optimierung der Material- und der Verfahrensparameter dargestellt. Es folgt die Oberflächenmodifizierung und Analytik dieser. Die Übertragung aller Optimierungen auf das Produkt „Implantat“ (die Produktprüfungen), eine *in vitro* Studie und vertiefte analytische Untersuchungen der modifizierten Oberfläche runden die Ergebnisse ab. Das folgende Schema zeigt die grundsätzliche Reihenfolge der zu überprüfenden Arbeitsschritte (graue Kacheln). Im weiteren Voranschreiten der Arbeit wird der HIP-Prozess eingeführt und die Festigkeitsstrahlung bzw. hydrophilierende Behandlungen als optionale Modifizierungen erarbeitet.

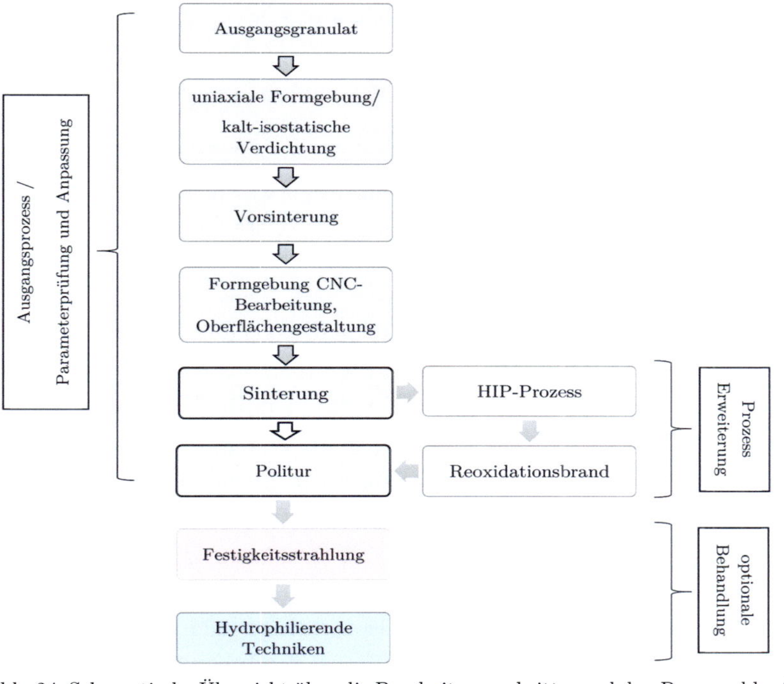

Abb. 24: Schematische Übersicht über die Bearbeitungsschritte und den Prozessablauf.

5.1. Material- und Verfahrensparameter

In diesem Kapitel sind die Ergebnisse zur Verbesserung der mechanischen Eigenschaften des Materials der Implantatkörper zusammengestellt. Die Ergebnisbetrachtung beginnt im Weißzustand. Um eine fertigungsnahe Prüfung zu gewährleisten, werden überwiegend „as-fired" bzw. „as-delivered" Oberflächen geprüft, die später auch im Patientenmund eingesetzt werden. Zunächst ist die Erarbeitung möglicher Prozess-Variablen und deren Auswirkungen auf die resultierende Festigkeit an Norm-Prüfkörpern notwendig. Da die Prozessoptimierung von den vorhergehenden Fertigungsschritten abhängt, werden die einzelnen Prozess-Schritte in Folge geprüft, um Fehlerquellen einzugrenzen und Fertigungsprotokolle zu definieren. Je nach Werkzeugwahl ergeben sich differierende Oberflächen und somit Ausgangszustände für die folgende enossale Oberflächengestaltung.

5.1.1. Werkzeugeinfluss

Untersuchungsschritt 1 stellt mögliche Prozessinhomogenitäten dar, die durch unterschiedliche Werkzeugwahl die Festigkeit im as-fired Zustand beeinflussen.

Festigkeit und Profilometrie

Die höchste Biegefestigkeit (Tabelle 15) erreicht mit 1.011 MPa die Serie, welche mit einem Meißel mit geringem Spitzenradius von r=0,2 mm bearbeitet und bei 1.175 °C vorgesintert wurde. Die R_a-Werte dieser Proben liegen mit 0,51 µm vergleichsweise hoch, R_z und R_{max}-Werte finden sich ebenso im oberen Bereich der Ergebnisse der geprüften Serie wieder. Die geringste Festigkeit (789 MPa) erreichen die Prüfkörper bearbeitet mit T_{VS} 1.125 °C und Meißelspitzenradius r= 0,4, trotz niedrigster Rauheitswerte. Geringste Auswirkung bei mittlerer Festigkeit (843 und 838 MPa) und vergleichbarer Rauheit werden durch Fräsbearbeitung und Drehen mit einem Meißel mit Spitzenradius r=0,4 mm (T_{VS} 1.175 °C) hervorgerufen.

Tabelle 15: Übersicht über die Auswirkung ausgewählter Fertigungsschritte auf die erreichte mittlere Biegefestigkeit und Oberflächenrauheitswerte mit zugehöriger Standardabweichung (SD).

Serie	MS5_4	MS7_2	MS7_3	MS7_6
Material	TZ-3YSB-E	TZ-3YSB-E	TZ-3YSB-E	TZ-3YSB-E
Prozess	uni-cip	uni-cip	uni-cip	uni-cip
Oberfläche	Fräsung	CNC r=0,4	CNC r=0,2	CNC r=0,4
Vorsintertemperatur (T_{VS})	1.175 °C	1.175 °C	1.175 °C	1.125 °C
Biegefestigkeit [MPa]	843	838	1.011	789
SD [MPa]	92	99	115	68
R_a [µm]	0,42	0,41	0,51	0,36
SD [µm]	0,07	0,05	0,05	0,05
R_z [µm]	2,81	2,81	3,42	2,65
SD [µm]	0,35	0,34	0,47	0,37
R_{max} [µm]	3,82	4,08	4,46	3,31
SD [µm]	1,09	1,21	1,41	0,70

Topographie:

Die Gegenüberstellung der folgenden rasterelektronenmikroskopischen Bilder zeigt exemplarisch, repräsentative Ausschnitte der Oberflächenbeschaffenheit der Proben (Übersichtsvergrößerung links und im Detail rechts (2.000 x)), die mit verschiedenen Werkzeugen hergestellt wurden.
Die Werkzeuge hinterlassen auf der Prüfkörperoberfläche charakteristische Spuren (Abb. 25). Aus der Oberfläche sind Partikel herausgerissen, teilweise ist die Oberfläche verdichtet. Neben den Drehrillen unterschiedlicher Ausprägung und Anordnung sind markante Materialabbrüche in der Mitte der Probe sichtbar. Trotz einheitlichem Werkzeugvorschub sind die Abbruchbereiche unterschiedlich geformt. Insbesondere wirkt sich die Vorsintertemperatur auf die Ausformung dieser Bereiche aus (siehe Abb. 25 c und d).

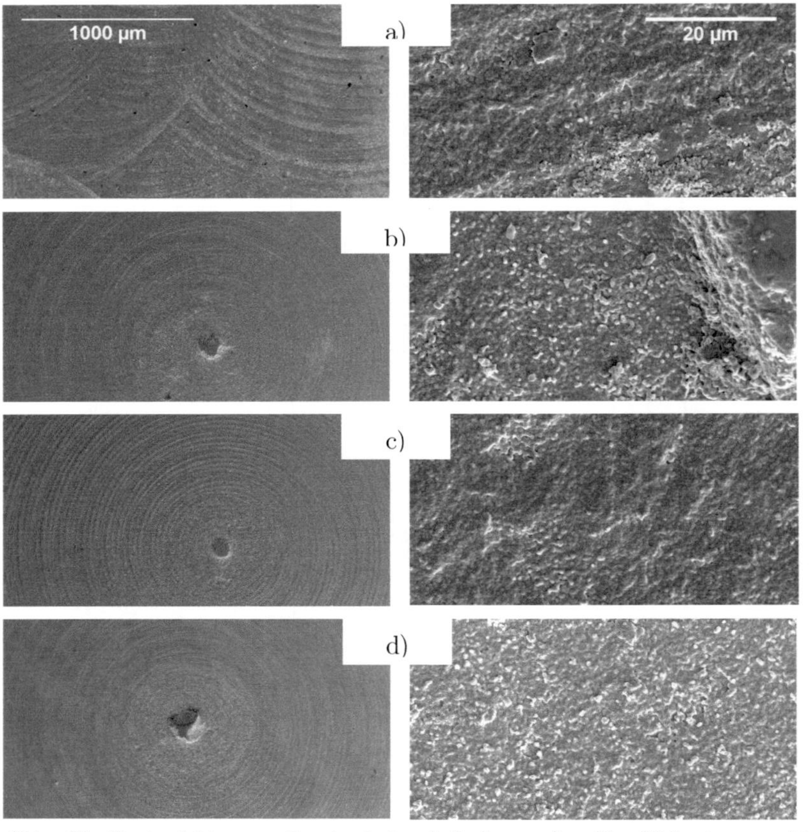

Abb. 25: Rasterelektronenmikroskopische Aufnahmen der Oberflächentopographie entstanden durch a) „Fräsung“ – überlappende flache Rillen, Oberfläche aufgelockert; b) „CNC r=0,4 mm T_{VS} 1.175 °C“ – konzentrische Rillen mittlerer Stärke, Oberfläche aufgelockert; c) „CNC r=0,2 mm T_{VS} 1.175 °C“ – ausgeprägte konzentrische Rillen, Oberfläche wirkt kompakt; d) „CNC r=0,2 mm vorgesintert bei T_{VS} 1.125 °C“ konzentrische Rillen mittlerer Stärke, Oberfläche aufgelockert (Gerät1: Evo MA 10).

5.1.2. Materialeinfluss

Ronden aus TZ-3YSB-E und TZ-3YB-E werden uniaxial verdichtet und bei gleicher Temperatur gesintert.

Festigkeit und Dichte

Die biaxiale Festigkeit steigt durch den Granulatwechsel leicht von etwa 770 auf 830 MPa (Abb. 26).
Die ermittelte Dichte erhöht sich von 98,8 auf 99,1 % in Bezug auf die theoretische (6,1 g/cm³). Unterschiede ergeben sich sowohl für Festigkeit ($p = 0{,}027$) als auch für die Ergebnisse der Auftriebsdichtewägung ($p < 0{,}001$), wobei das Material TZ-3YB-E tendenziell höhere Verdichtung und Festigkeit aufweist.

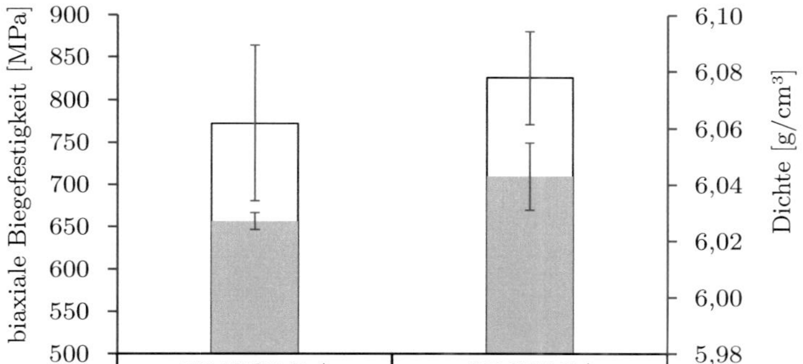

	TZ-3YSB-E / Tvs1-1.450°C	TZ-3YB-E/ Tvs1-1.450°C
□ σ [MPa]	772	826
■ Dichte [g/cm³]	6,03	6,04

Abb. 26: Ergebnisse der biaxialen Festigkeitsprüfung (weiß) und Auftriebsdichtebestimmung (grau) (N=20) für TZ-3YSB-E und TZ-3YB-E gesintert bei 1.450 °C.

Gefügeanalyse

Folgende rasterelektronenmikroskopische Aufnahmen stellen das resultierende Gefüge dar, welches sich unter Verwendung vergleichbarer Herstellungsparameter aus den Granulaten TZ-3YSB-E (Abb. 27) und TZ-3YB-E (Abb. 28) ergibt. Das Gefüge von TZ-3YSB-E wirkt inhomogener. Einzelne

Körner sind deutlich vergrößert. Vereinzelte Poren (weiße Pfeile) finden sich an Tripelpunkten in beiden Gefügen an den untersuchten Proben. Größere Materialinhomogenitäten, in Form von porösen Bereichen, werden nicht detektiert.

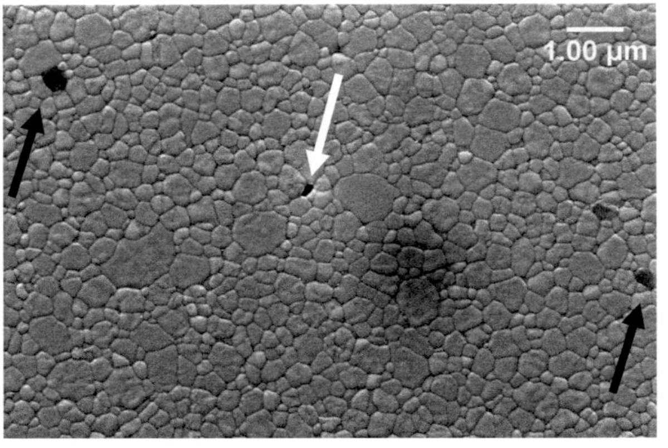

Abb. 27: Rasterelektronenmikroskopische Aufnahme des Gefüges am thermisch geätzten Schliff von TZ-3YSB-E, der weiße Pfeil markiert eine kleine Pore, die schwarzen Pfeile markieren Al_2O_3 im Gefüge (Gerät 1: Evo MA 10). Maßstab: 1 µm.

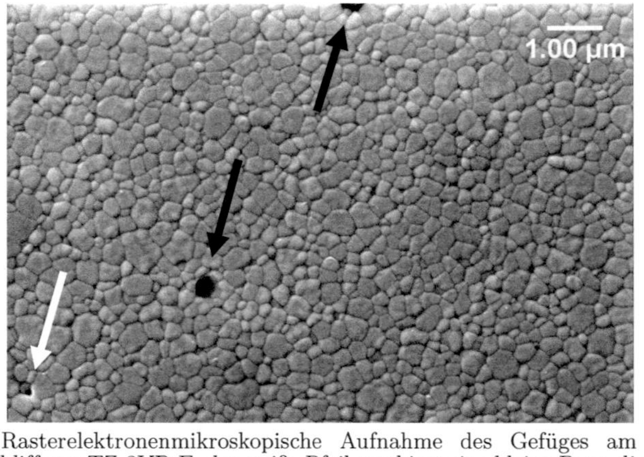

Abb. 28: Rasterelektronenmikroskopische Aufnahme des Gefüges am thermisch geätzten Schliff von TZ-3YB-E, der weiße Pfeil markiert eine kleine Pore, die schwarzen Pfeile markieren Al_2O_3 im Gefüge (Gerät 1: Evo MA 10). Maßstab: 1 µm.

Die quantitative Korngrößenverteilung ist in (Abb. 29) dargestellt. Es ergibt sich eine mittlere Korngröße (MK) von 352 ± 164 nm (TZ-3YSB-E) gegenüber 332 ± 152 nm (TZ-3YB-E). Eine Häufung der Korngrößen von 260 – 380 nm lässt sich für TZ-3YB-E unter gegebenen Bedingungen ermitteln, während sich für TZ-3YSB-E im Vergleich eine minimale Verlagerung zu größeren Korngrößen (>500 nm) nachweisen lässt.

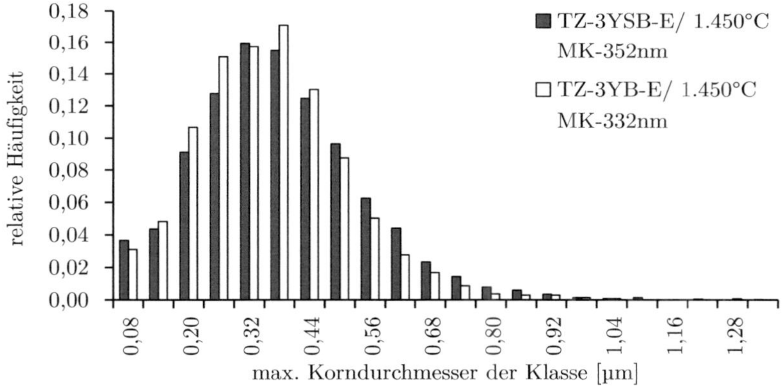

Abb. 29: Histogramm der Korngrößenverteilung TZ-3YSB-E und TZ-3YB-E im Vergleich (N>3.000); mit Angabe der mittleren Korngröße (MK).

5.1.3. Sinterprozesseinfluss

Zur weiteren Erhöhung der Sicherheit und Reduzierung von Ausfällen wird die Einführung eines nachgeschalteten heiß-isostatischen-Press (HIP) Prozesses unter Verwendung des hierfür geeigneten Materials TZ-3YB-E bei reduzierter T_S geprüft. Hierbei steht die Abstimmung von T_S (1.295 °C, 1.315 °C, 1.335 °C, 1.355 °C, 1.375 °C) zu T_{HIP} (gleichbleibend bei 1.350 °C) anhand von Festigkeit und Dichte an Ronden im Fokus.

Die Festigkeiten variieren in einem Bereich von 820 – 1.015 MPa (Tabelle 16). Vergleichbar hoch schneiden die Festigkeiten durch Sintertemperaturen von 1.315 -1.335 °C ab. Die Dichtedifferenz von Sinter- zu HIP-Zustand nimmt mit steigender Sintertemperatur (1.295→1.375 °C) ab.

Die Dichte, bestimmt durch Heliumpyknometer-Messung, beläuft sich nach dem HIP-Prozess auf 99,79 – 99,84 % (bezogen auf die theoretische Dichte).

Tabelle 16: Vergleich der resultierenden Dichte von TZ-3YB-E vor und nach HIP Vorgang (bei 1.350 °C), mittels Heliumpyknometer bestimmt.

Sintertemperatur	1.295 °C	1.315 °C	1.335 °C	1.355 °C	1.375 °C
Biaxiale Festigkeit MPa] SD [MPa]	820 127	1.015 55	997 78	911 133	820 101
Dichte vor HIP [g/cm³]	6,009	6,050	6,071	6,099	6,083
Dichte nach HIP [g/cm³]	6,087	6,088	6,089	6,089	6,090

Gefügeanalyse

Alle Gefüge wirken homogen (Anhang C Abb. 114). Größere Poren oder poröse Bereiche werden in der entsprechenden Untersuchungsebene in keinem der Prüfkörper detektiert. Einzelne, kleine Poren (<50 nm) liegen an Tripelpunkten vor.

Abb. 30 zeigt die Korngrößenverteilung resultierend aus den Sintertemperaturen von 1.295 °C, 1.335 °C und 1.375 °C (T_{HIP}= 1.350 °C).

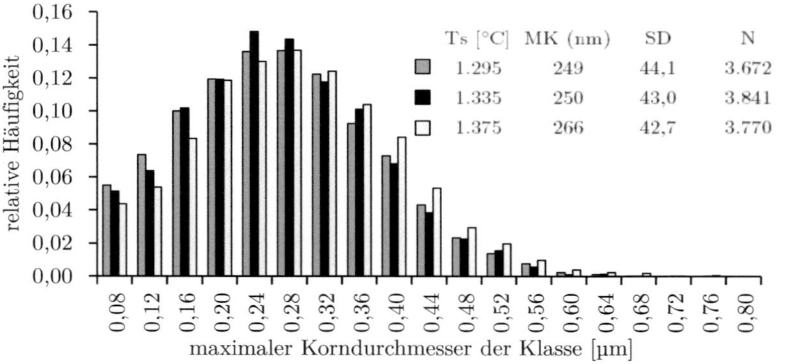

Abb. 30: Korngrößenverteilung am TZ-3YB-E resultierend aus den entsprechenden Sinterregimen bei T_s 1.295 °C (grau), 1.335 °C (schwarz) und 1.375 °C (hellgrau) und T_{HIP} 1.350 °C (N>3.500, siehe Legende).

Die Veränderung der mittleren Korngröße (MK) ist geringfügig. Lediglich ist eine Tendenz der Zunahme des mittleren Korndurchmessers (249–266 nm) mit steigender Sintertemperatur festzustellen. Ebenso verschmälert sich die Korngrößenverteilung minimal. Mittlere und größere Körner wachsen auf Kosten von kleinen.

5.1.4. Vergleich – Ausgangszustand und Endzustand

Festigkeitsanalyse

Nach Festlegung der Herstellungsparameter, Anpassung von Material und Sinterparametern erfolgt an polierten Probenoberflächen die biaxiale Biegeprüfung an Ronden sowie Vierpunktbiegeprüfung an Biegestäben (Abb. 31). Im Ausgangszustand belaufen sich die Werte der Festigkeit auf etwa 1.491 MPa bzw. 1.093 MPa (Abb. 31). Der Endzustand (EZ auch Optimierungszustand) erreicht 1.967 MPa bzw. 1.506 MPa.

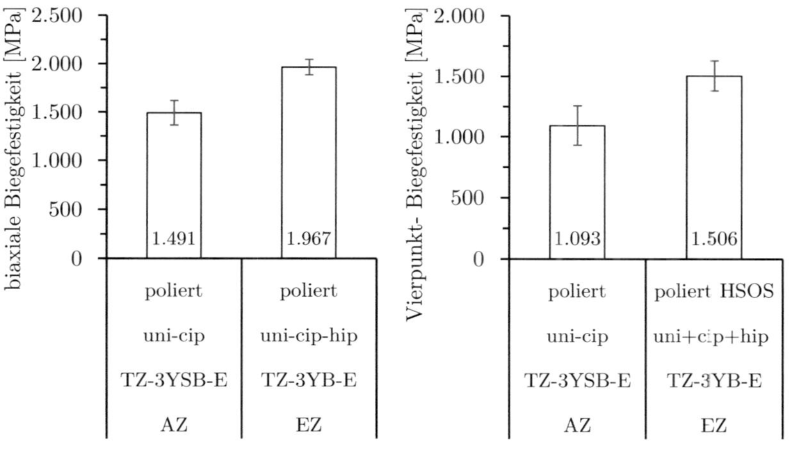

Abb. 31: Ergebnisse der Festigkeitswerte des Materials im Ausgangs- (AZ) und Endzustand (EZ). Darstellung der biaxialen Biegefestigkeit links und Vierpunkt-Biegefestigkeit rechts.

Nach DIN EN ISO 13.356 sind im Vierpunktbiegeversuch >800 MPa für die höchste Festigkeitsklasse zu erreichen. Durch den veränderten Herstellungsprozess erhöht sich die Festigkeit um 32 bzw. 39 % (in Abhängigkeit von Prüfkörpergeometrie bzw. Prüfmethodik). Der direkte Vergleich der Serien unterliegt jedoch größeren Fehlern durch herstellungsbedingte Abweichungen bspw. des Serienumfangs und Prüfkörpergeometrie.

Fraktographische Bewertung

Beim Versagen der polierten Ronden entstehen bis zu 8 Bruchstücke. Daher ist es schwierig einen dominierenden Bruchausgang auszumachen. Beim Erreichen der kritischen Spannung bilden sich viele kleine Anrisse zeitgleich. Die Bruchausgangszone weist eine hohe Rauheit auf (Abb. 32 obere Reihe). Im unteren Bereich der Proben findet sich eine Drucklippe, die aufgrund der Biegebelastung entsteht (insgesamt volumenfehlerbestimmter Bruch). An den rauen Ronden (Abb. 32 untere Reihe) bilden sich meist 2 – 5 Bruchstücke, wobei der Bruchausgang immer auf eine der größeren Oberflächenvertiefungen nahe der Mitte der Probe zurück zu führen ist (oberflächenfehlerbestimmter Bruch – Markierung Pfeile). Eine ausgeprägte Spiegelzone ist an den Bruchflächen der rauen Ronden selten zu beobachten.

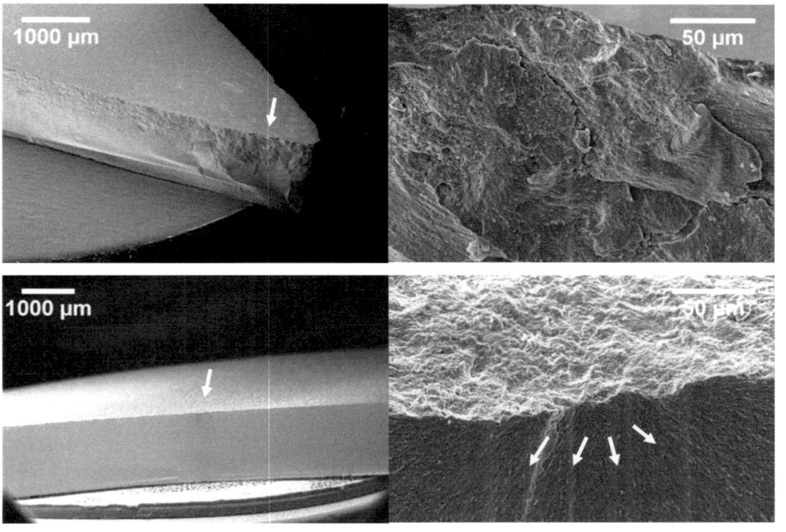

Abb. 32: REM-Aufnahmen charakteristischer Bruchflächen der Prüfkörper im Ausgangszustand in Rondengeometrie. In der obere Reihe sind die Bruchflächen polierter Prüfkörper, in der unteren Reihe die rauer Prüfkörper dargestellt. Die linken Bilder zeigen 20x-Vergrößerung, die rechten den Bruchausgangsbereich bei 500x-Vergrößerung. Pfeile markieren Bruchausgang bzw. Bruchverlauf. (Gerät 1: Evo MA 10)

An der Bruchfläche eines polierten Biegestabes im Ausgangszustand (Abb. 33 - oben) ist eine glatte Spiegelzone zu erkennen, die zunächst in eine feinkörnige Rauheit und schließlich in den Bereich der Rissgabelung übergeht. In dem gezeigten Beispiel bildet eine oberflächennahe größere längliche Pore den markanten Bruchausgangsbereich im Zentrum der Spiegelzone. An den Biegestäben mit rauer Oberfläche (Abb. 33 unten) stellt sich die Bruchmorphologie trotz geringerer maximaler Biegespannung ähnlich dar. Der Bruchausgang (Markierung Pfeile) beginnt an einer größeren Vertiefung oder an inhomogener Oberflächentopographie im maximalen Zugspannungsbelastungsbereich.

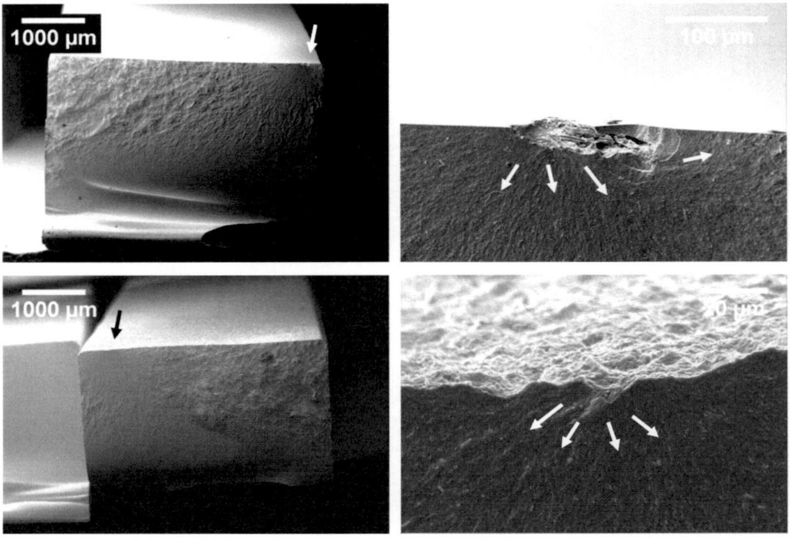

Abb. 33: REM-Aufnahme von Bruchflächen der Biegestäbe im Ausgangszustand. In der oberen Reihe sind Bruchflächen polierter Prüfkörper, in der unteren Reihe raue Prüfkörper dargestellt. Die linken Bilder zeigen jeweils 20x-Vergrößerung, die rechten den Bruchausgangsbereich bei 300x und 1.000x-Vergrößerung. Pfeile markieren Bruchausgang bzw. Bruchverlauf. (Gerät 1: Evo MA 10)

Das Versagen der Ronden im polierten „optimierten Zustand" (Abb. 34) geht einher mit der Bildung von 5 – 9 Bruchstücken und teilweise kleinen Splittern. Typische Spiegelzonen sind nicht zu beobachten. Ein dominierender Bruchausgang ist nicht auszumachen. Im unteren Bereich der Proben findet sich ebenso eine Drucklippe.

An den rauen Proben bilden sich meist 2 – 4 Bruchstücke. Der Bruchausgang ist auch hier häufig auf eine der größeren Oberflächenvertiefungen nahe der Mitte der Probe zurück zu führen.

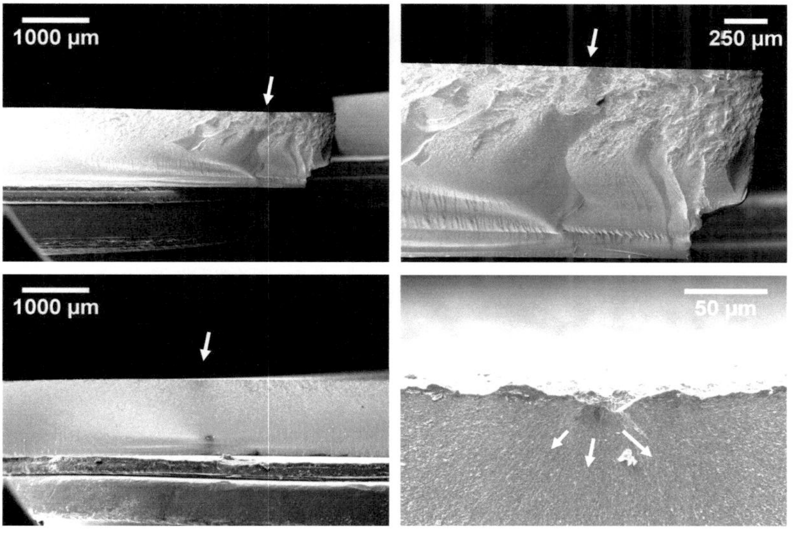

Abb. 34: REM-Aufnahme charakteristischer Bruchflächen der Ronden nach Materialoptimierung. In der obere Reihe sind polierte Prüfkörper in der unteren Reihe raue Prüfkörper abgebildet. Links ist eine 20x Übersichtvergrößerung und rechts ist eine Detailvergrößerung im Bruchausgangsbereich dargestellt. Pfeile markieren Bruchausgang bzw. Bruchverlauf. (Gerät 1: Evo MA 10)

Der Bruchausgang an den Biegestäben (Abb. 35) ist überwiegend im Bereich der Fase an den Kanten der Proben zu finden. Es ist wiederum eine kleine Spiegelzone zu erkennen, die gefolgt von feiner Rauheit undeutlich in die Rissgabelung übergeht. An allen Bruchproben ist die typische Drucklippe zu erkennen. An den rauen Proben erfolgt der Bruch wie bereits bei den vorhergehenden Prüfkörpern beschrieben, ausgehend von maximaler Rauheit in der Nähe der größten Spannungszonen.

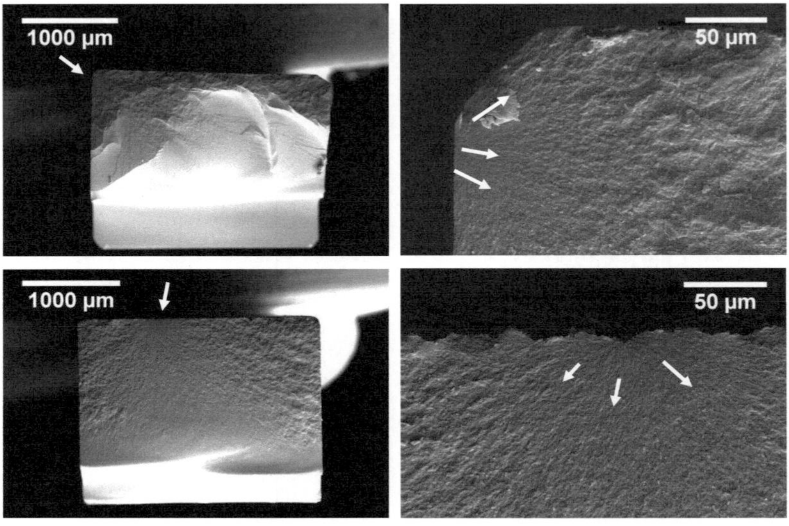

Abb. 35: REM-Aufnahme charakteristischer Bruchflächen der Biegestäbe nach Materialoptimierung. In der obere Reihe sind polierte Prüfkörper in der unteren Reihe raue Prüfkörper abgebildet. Links ist eine 20x Übersichtvergrößerung und rechts ist eine Detailvergrößerung im Bruchausgangsbereich dargestellt. Pfeile markieren Bruchausgang bzw. Bruchverlauf. (Gerät 1: Evo MA 10)

Gefügeanalyse

Im REM-Bild Vergleich des Gefüges im Ausgangs- (Abb. 36 links) und Endzustand lassen sich folgende Unterschiede feststellen: Die Korngrößen sind im Endzustand homogener bei deutlich kleineren Durchmessern. Sichtbare Poren (dunkle Bereiche mit hellem Rand) und poröse Bereiche werden weitestgehend eliminiert. Die Verteilung der Al_2O_3-Körner (dunkle Körner) wird nicht merklich beeinflusst. Das homogenere, feinere Gefüge wird auch in der 2.000 x-Vergrößerung (Abb. 36 untere Bildreihe) sichtbar. Die mittlere Korngröße wird durch die Anpassung des Sinterprozesses von 343 $\pm$150 nm auf 250 $\pm$ 97 nm drastisch reduziert. Im Endzustand ist die Korngrößenverteilung (Abb. 37) zu kleineren Korngrößen verlagert und umschreibt ausgehend von 44 %, mit 39 % nun eine engere Korngrößenverteilung.

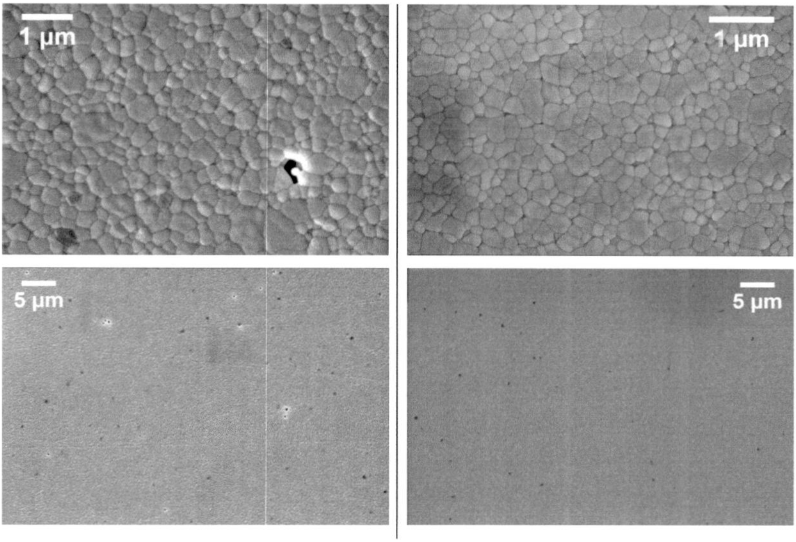

Abb. 36: REM-Aufnahme zum Gefügevergleich. Abgebildet ist links: TZ-3YSB-E (uni, cip, T_S 1.425 °C – oben aufgenommen bei 15.000x, unten bei 2.000x-Vergrößerung) und rechts: TZ-3YB-E (uni, cip, T_S 1.350 °C + T_{HIP} 1.350 °C oben aufgenommen bei 20.000x, unten bei 2.000x-Vergrößerung) (Gerät 1: Evo MA 10).

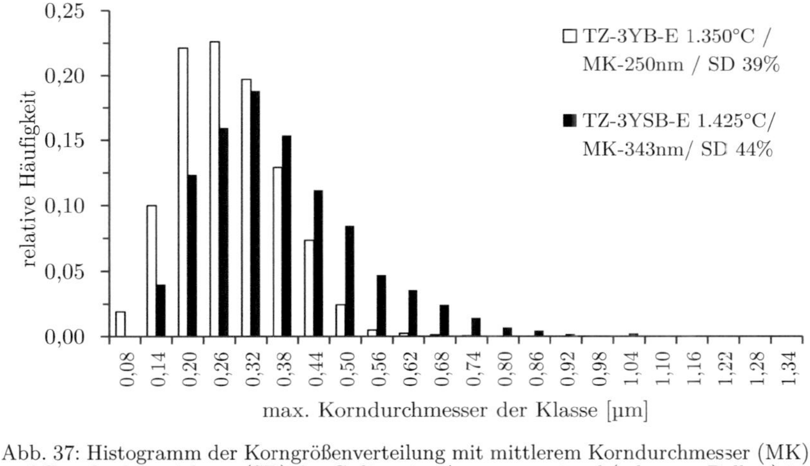

Abb. 37: Histogramm der Korngrößenverteilung mit mittlerem Korndurchmesser (MK) und Standardabweichung (SD) des Gefüges im Ausgangszustand (schwarze Balken) im Vergleich zum optimierten Zustand (weiße Balken); N~2.500 Körner.

5.2. Oberflächenmodifizierung

Die Ergebnisse zur aufrauenden Strahlung der Oberflächen im Weißzustand (Feinstrahlung), der abrasiven Korundstrahlung und Festigkeitsstrahlung im gesinterten Zustand werden im ersten Schritt dargestellt. Es folgt die Darstellung der Ergebnisse der physikochemischen Behandlung sowie die Untersuchung der hydrothermalen Alterungsbeständigkeit der Materialien und Oberflächen.

5.2.1. Feinstrahlung an Y-TZP im Weißzustand

Das folgende Kapitel befasst sich mit der Auswirkung und Anpassung der Strahlparameter für die Feinstrahlung (Strahlung im Weißzustand). Die Ergebnisse der biaxialen Biegefestigkeitsprüfung nach verschiedenen Behandlungsprozeduren ist in Abb. 38 dargestellt. MS1 zeigt die zu Projektbeginn vorliegende Festigkeit an rauen Prüfkörpern. Des Weiteren sind mit den Ergebnissen aus MS7 und MS8 die Auswirkungen der Sinterzustände (Recycling) des Strahlmittels abgebildet. An MS9 wird die Auswirkung eines nachgeschalteten HIP-Prozesses auf die Festigkeit rauer Proben geprüft.

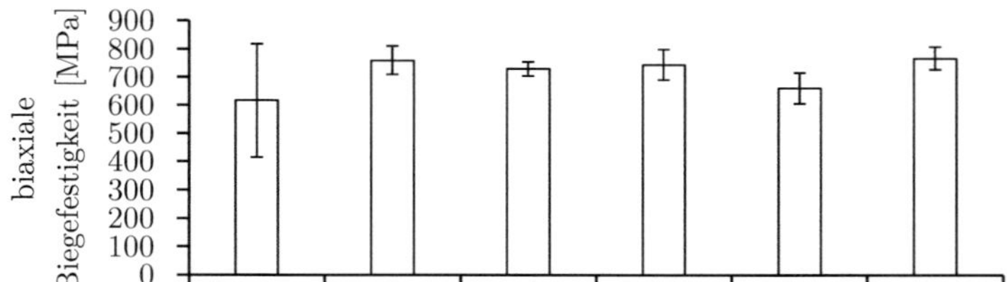

	rau	rau-Neukorn	rau-Mischkorn	rau-Neukorn	rau-mehrfach gesintert	Neukorn
	uni-cip	uni-cip	uni-cip	uni-cip	uni-cip	uni-cip-hip
	MS1	MS7	MS7	MS8	MS8	MS9
□ Festigkeit [MPa]	616	759	729	743	659	766

Abb. 38: Ergebnisdiagramm der biaxialen Biegefestigkeit [MPa] und Standardabweichung (Fehlerbalken) an rauen, im Weißzustand gestrahlten, Prüfkörpern in Rondenform. Verändert wurde das Strahlmaterial durch einmalige oder mehrfache Sinterung.

Die Festigkeitswerte aller Serien liegen unterhalb von 800 MPa (Abb. 38). Die Streuung der Festigkeitswerte MS1 ist auffällig hoch, der Mittelwert ist drastisch reduziert (auf 41 %) gegenüber der polierten Referenz (mit 1.491 MPa – siehe Abb. 31). MS7 und MS9 weisen geringere Streuungen der Festigkeitswerte auf, bei mittelwertigen 730 – 770 MPa. Die Proben, welche mit mehrfach gesintertem Strahlmittel bearbeitet wurden, erreichen im Vergleich geringere Festigkeit. Der nachgeschaltete HIP-Prozess wirkt sich nicht positiv auf die erreichbaren Festigkeitswerte aus.
Die Ergebnisse der Rauheitsmessung an der Oberfläche der Proben (Abb. 39) zeigen mit R_a~2,7 µm, R_{max}~19 µm und R_z~16 µm hohe Werte für MS1. Die Rauheitswerte mit der Vorgabe R_a=1,7 µm werden von MS7 nicht erreicht. Für MS8 werden mit angepassten Strahlparametern wieder höhere Rauheitswerte (R_a 1,6 - 1,8 µm) erreicht. MS9 weist mit R_a ~1,7 µm die geforderte Oberflächenrauheit auf.

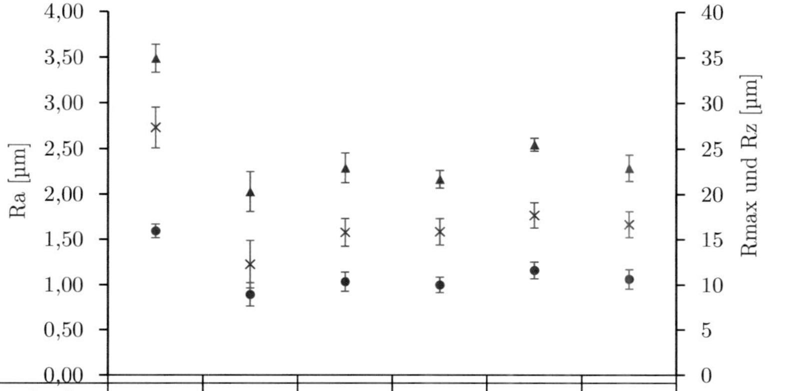

× Ra [µm]	2,73	1,22	1,58	1,58	1,77	1,67
▲ Rmax [µm]	18,95	11,37	12,56	11,67	13,85	12,27
● Rz [µm]	15,92	8,91	10,34	9,98	11,60	10,62

Abb. 39: Ergebnisdiagramm der durch die Feinstrahlung erzeugten Rauheit an TZ-3YSB-E (N=10).

Tabelle 17 fasst die Ergebnisse der Auswirkung der Materialwahl und abrasiven Weißlingsstrahlung auf die Festigkeit und Rauheit von gesinterten Normprüfkörpern in Form von Biegebalken zusammen. Die Festigkeit, nachgewiesen an polierten Probekörpern mit 1.500 MPa, ist nach der Materialoptimierung ca. 39 % höher als im Ausgangszustand. Die Werte sind jedoch nicht direkt vergleichbar, da es sich um eine kleinere Ausführung der Biegebalken handelt. Die abrasive Weißlingsstrahlung reduziert die Festigkeit an den Normprüfkörpern auf 64 – 31 % des Ausgangswertes. Die einseitige Bearbeitung der Biegebalken führt zu einem stärkeren unkontrollierten Verbiegen der Balken während des HIP-Prozesses, sodass diese Werte größeren Fehlern unterliegen, was die Aussagekraft der Normprüfung einschränkt. Die geforderte Rauheit von 1,7 µm wird durch den Feinstrahlprozess an den Biegestäben ebenso nur punktuell erreicht.

Tabelle 17: Ergebnisse der Auswirkung der abrasiven Weißlingsstrahlung auf die Festigkeit und Rauheit von Normprüfkörpern in Form von Biegebalken.

Serie	MS11	MS11	MS21	MS21	MS25	MS25
Material	TZ-3YSB-E	TZ-3YSB-E	TZ-3YB-E	TZ-3YB-E	TZ-3YB-E	TZ-3YB-E
Prozess	uni-cip	uni-cip	uni+cip +hip	uni+cip +hip	uni+cip +hip	uni+cip +hip
Oberfläche	poliert	rau	poliert	rau	poliert HSOS	rau
Biegefestigkeit [MPa]	1.093	697	910	543	1.519	478
SD[MPa]	163	51	188	77	122	73
R_a [µm]	N/A	1,9	N/A	1,29	N/A	1,46
SD [µm]	N/A	0,3	N/A	0,16	N/A	0,13
R_z [µm]	N/A	12,15	N/A	9,22	N/A	9,83
SD [µm]	N/A	1,42	N/A	0,87	N/A	0,85

5.2.2. Abrasive Korundstrahlung

Die Auswirkung der Oberflächen-Aufrauung im gesinterten Zustand wird im folgenden Kapitel geprüft.
Die Industrie und Anwender empfehlen für die Bearbeitung von Y-TZP im gesinterten Zustand Parameter im „moderaten Rahmen“ (siehe Kapitel 2.2.3.2).
Es wird eine Druckluftstrahlung mit dem Strahlmittel Korund (Korundstrahlung) an uniaxial und isostatisch gepressten Prüfkörpern im gesinterten Zustand untersucht. Variiert werden Strahlkorngröße (50 und 150 µm) und Strahldruck (2 und 4 bar).

Festigkeits- und Rauheitsanalyse nach Korundstrahlung

Die biaxiale Festigkeit wird durch die Korundstrahlung im gesinterten Zustand ausgehend vom as-fired Zustand, mit allen geprüften Strahlparametern, erhöht (Abb. 40). Die Festigkeitssteigerung beträgt 28 bis 89 % bezogen auf den Ausgangszustand. Für die rein uniaxial verdichteten Rohlinge ergeben sich Werte von 599 MPa bis 1.135 MPa ($\Delta\sigma_Z$ 89 %) unter Verwendung von 50 µm Strahlkorn bei 4 bar Strahldruck. Vergleichsweise geringe Werte werden am gestrahlten Material bei Verwendung von 150 µm Strahlkorn und 4 bar Druck erreicht ($\Delta\sigma_Z$ 28 %).
Im Fall des isostatisch verdichteten Materials liegt die Ausgangsfestigkeit bei ~900 MPa. Höchste Festigkeitswerte werden ebenso bei 50 µm und 4 bar Strahldruck erreicht ($\Delta\sigma_Z$ 65 %), während unter Verwendung von 50 µm Strahlkorn und 2 bar Strahldruck geringere Festigkeitswerte ($\Delta\sigma_Z$ 42 %) erzielt werden.

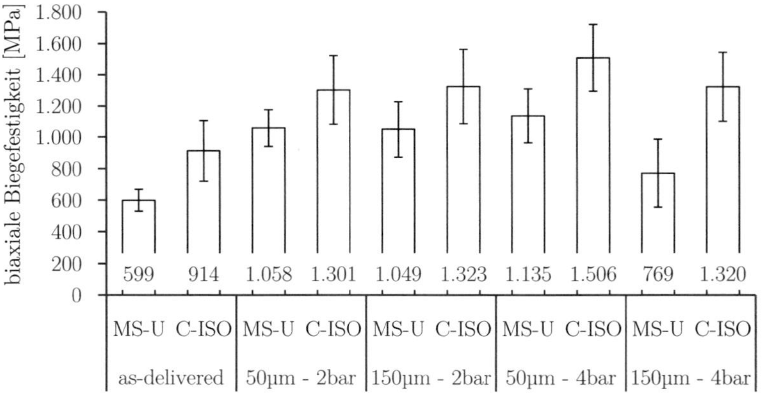

Abb. 40: Ergebnisdiagramm der biaxialen Festigkeit mit Standardabweichung der im gesinterten Zustand mit Korund gestrahlten Prüfkörper (N=15).

In Abb. 41 sind die durch die Korundstrahlung resultierenden R_a und R_z-Werte dargestellt. Ausgehend von einem R_a-Wert von 0,35 µm nimmt die Rauheit für MS-U wie folgt zu: 50 µm 2 bar → 50 µm 4 bar → 150 µm 2 bar → 150 µm 4 bar.

Prozentual ausgedrückt erhöht sich der R_a-Wert für MS-U in dieser Parameterfolge auf 139 % → 148 % → 176 % → 241 %; der R_z-Wert steigt in ähnlicher Weise an.

Die Rauheitszunahme für C-ISO ausgehend von einem R_a-Wert von 0,27 µm ist prozentual ausgedrückt: für 50 µm 2 bar =150 % → für 150 µm 2 bar = 158 % → für 50 µm 4 bar = 188 % → für 150 µm 4 bar = 246 %.

Der R_z-Wert erhöht sich in gleicher Parameterfolge auf 144 % → 172 % → 204 % → 254 %.

Eine Umkehr der Rauheitszunahme von 150 µm 2 bar und 50 µm 4 bar bei den beiden unterschiedlichen Herstellungsmethoden ist zu beobachten. Die Streuung der Werte der Serie MS-U 50 µm 4 bar ist jedoch deutlich erhöht was die Aussagekraft reduziert.

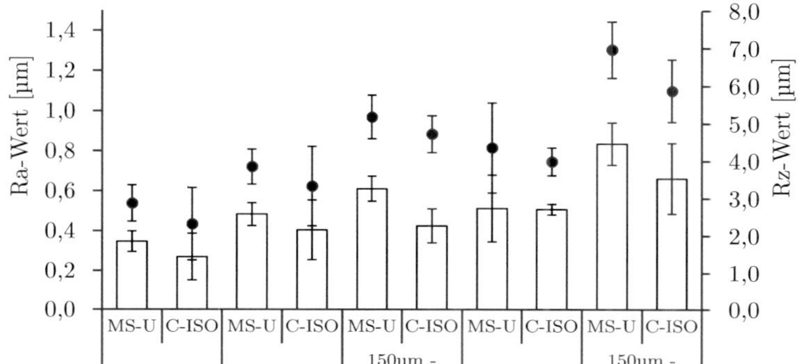

	as-delivered		50µm - 2bar		150µm - 2bar		50µm - 4bar		150µm - 4bar	
	MS-U	C-ISO	MS-U	C-ISO	MS-U	C-ISO	MS-U	C-ISO	MS-U	C-ISO
□ Ra-Wert [µm]	0,35	0,27	0,48	0,40	0,61	0,43	0,51	0,51	0,84	0,66
● Rz-Wert [µm]	2,87	2,32	3,84	3,32	5,17	4,72	4,35	3,98	6,96	5,87

Abb. 41: Ergebnisdiagramm der Mittelwerte der R_a und R_Z-Werte mit Standardabweichung an den Korund gestrahlten Proben (N=10).

Gefüge- und Phasenanalyse nach abrasiver Korundstrahlung

Im Material C-ISO zeigen sich Körner mit größerem Durchmesser und klar definierter polygonaler Gestalt (Abb. 42). In MS-U finden sich gehäuft kleinere runde Körner. Größere poröse Bereiche oder Materialtrennungen werden in den untersuchten Schliffebenen nicht detektiert.

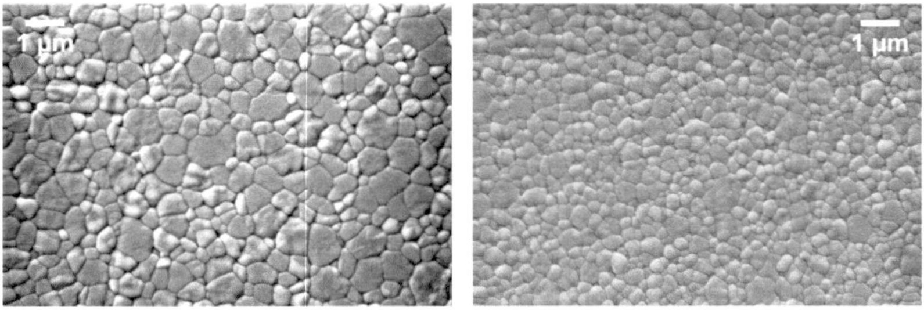

Abb. 42: Rasterelektronenmikroskopische Aufnahmen – Vergleich des Gefüges von C-ISO (links) und MS-U (rechts) am thermisch geätzten Schliff (Gerät 2: Auriga).

Während das Ergebnis der Korngrößenverteilung in Abb. 43 von MS-U eine schmale Verteilung beschreibt, ist die Verteilung am Material C-ISO deutlich flacher und breiter. Die mittleren Korngrößen liegen bei 360 bzw. 590 nm. Die Standardabweichung von der mittleren Korngröße liegt bei 152 nm bzw. 243 nm und beträgt bei beiden Serien somit näherungsweise 42 %.

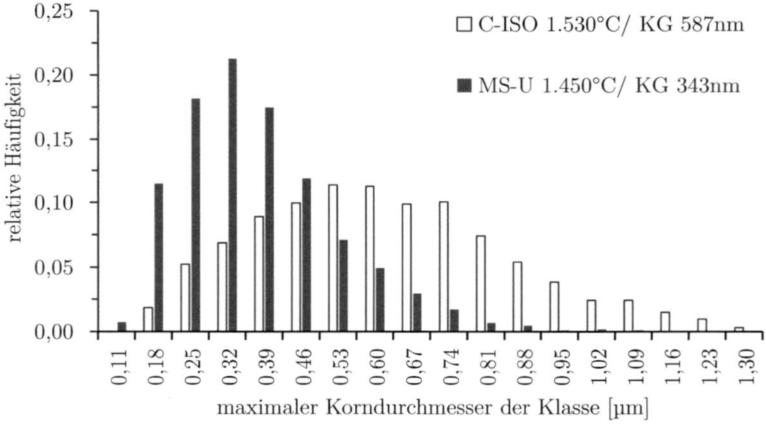

Abb. 43: Korngrößenverteilung der beiden Materialien; C-ISO – isostatisch gepresst (T_s 1.530 °C) und MS-U – uniaxial verdichtet (T_s 1.425 °C). Die mittlere Korngröße beträgt an MS-U 364 nm und C-ISO 587 nm. (N~2.000)

In der Übersicht in Abb. 45 sind Querschliffe der abrasiv behandelten Oberflächen zu sehen. Die resultierende Oberflächenstruktur, durch 50 µm Strahlung, ist bei beiden Materialien feiner. Bei Verwendung von 150 µm stellen sich die halbkreisförmigen Schalenbrüche größer dar. Subjektiv betrachtet scheint der Materialangriff am uniaxial verdichteten Material intensiver. Die Schädigungen der Oberfläche sind mit zunehmender Korngröße und Strahldruck größer. Abplatzungen und Rissstarter resultieren. Die Risse laufen teilweise orthogonal von der Oberfläche in das Material. Neben herausgeschlagenen Bereichen sind auch verdichtete Bereiche zu erkennen (Abb. 44).

Die Werte für HV10 sind vergleichbar und wurden an den polierten Oberflächen für MS-U mit 1.338 ± 12 HV10 und für C-ISO mit 1.348 ± 28 HV10 ermittelt.

Eine Ausschnitts-Vergrößerung des Schliffes am Kerbgrund ist in Abb. 44 gegeben. Neben interkristallin verlaufenden Mikrorissen sieht man aus der Schlifffläche heraustretende Körner. Besonders stark wird der Effekt im Grund von spitz zulaufenden Kerben sichtbar. Die ursprünglich nach dem Sintern erkennbare Kornstruktur an der „as-fired“ Oberfläche ist nach dem Strahlprozess nicht mehr sichtbar.

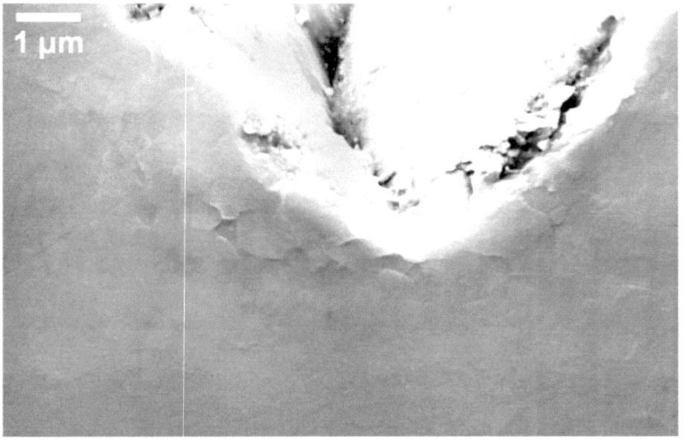

Abb. 44: Rasterelektronenmikroskopische Aufnahme – Vergrößerung eines Korneinwirkungsbereichs im Kerbgrundbereich im Schliff, Gerät 1: Evo MA 10.

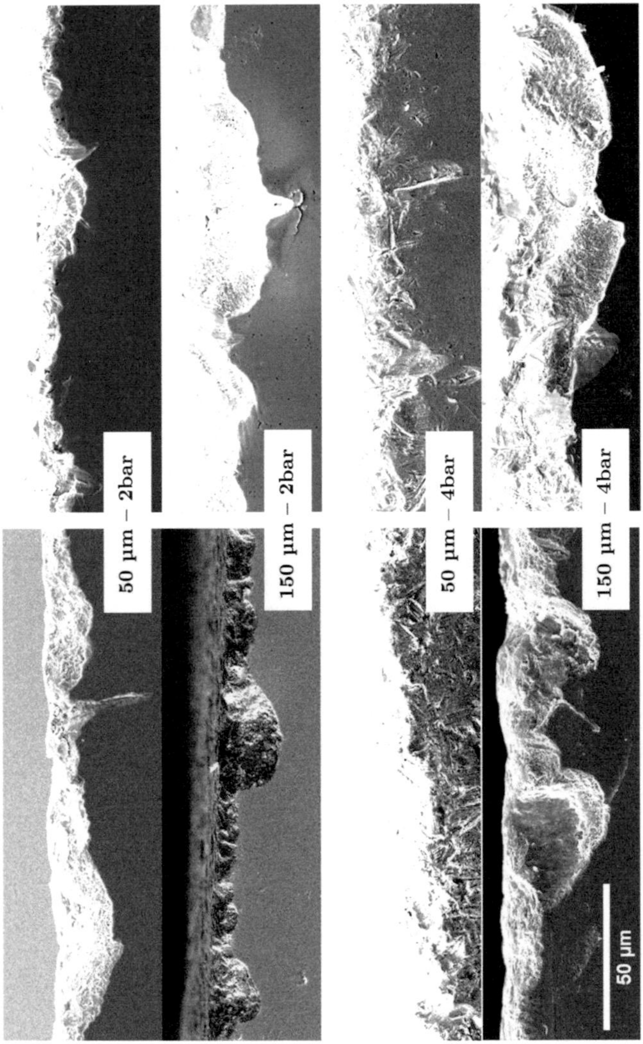

Abb. 45: REM-Abbildung der Oberflächenauswirkung der abrasiven Strahlung im Querschliff. Untere bzw. linke Reihe isostatisch verdichtete Proben C-ISO; Rechte bzw. obere Reihe uniaxial verdichtete Proben MS-U. (Gerät 1: Evo MA 10)

Abb. 46 zeigt die Beugungsdiagramme der beiden Prüfserien im „as-delivered“ Zustand. Während die C-ISO Probe (schwarz) einen geringen monoklinen Phasenanteil aufweist, zeigen sich im Diffraktogramm der MS-U Probe (rot) keine monoklinen Reflexe (Ausschnitts-Vergrößerung bei 30° 2θ). Des Weiteren weichen die Diffraktogramme im Bereich der t(004/220) Reflexe leicht voneinander ab (Marker „Fragezeichen“).

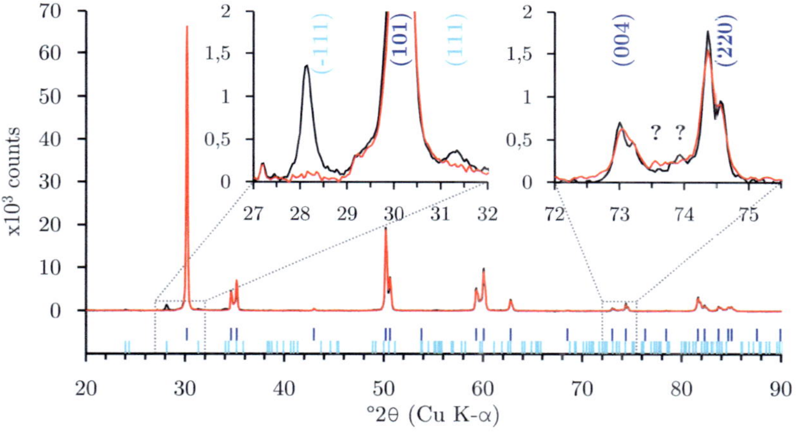

Abb. 46: Diffraktogramm (XRD Setup 1) der MS-U (rot) und C-ISO (schwarz) im Vergleich. C-ISO weist bereits im Ausgangszustand monokline Reflexe (Marker cyan) auf. Zwischen den tetragonalen Reflexen (Marker blau) t(004) und t(220) sind weitere Reflexe zu sehen.

In Abb. 47 ist das Beugungsdiagramm einer gestrahlten Probe (rot) gegenüber dem Ausgangszustand (schwarz) dargestellt. Deutlich ist zu erkennen, dass die tetragonalen Reflexe eine linksseitige, asymmetrische Aufweitung aufweisen. Die Reflexhöhen nehmen insgesamt gegenüber dem Ausgangszustand ab. Die Reflexe verbreitern sich. Ebenso bildet sich der monokline Hauptreflex m($\bar{1}$11) aus. Im Ausschnitt des Beugungsdiagramms ist zusätzlich der Bereich herausvergrößert, der die Reflexintensitätsumkehr t(002/110) zeigt.

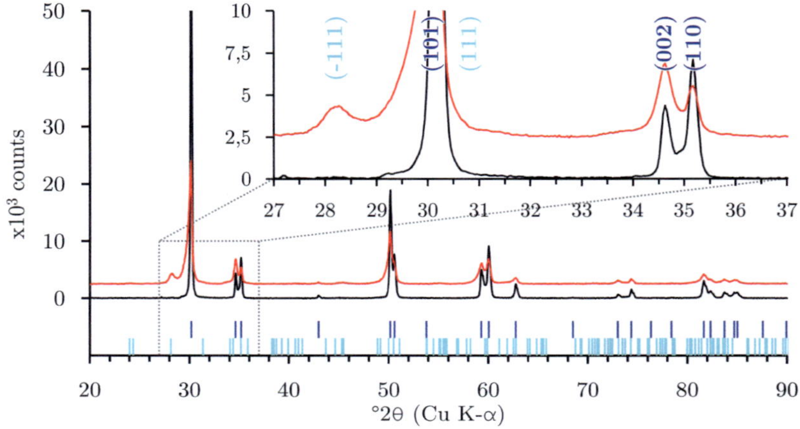

Abb. 47: Diffraktogramm (XRD Setup 1) der MS-U Prüfkörper - schwarz: Ausgangszustand rot: 50 µm 4 bar Korund gestrahlt. Marker der tetragonalen Phase blau, Marker der monoklinen Phase cyan.

Im Diagramm der Abb. 48 sind die Intensitäten der ferroelastische Domänenumkehr (FDS) am t(002/110) der tetragonalen Phase und X_m der Anteil der monoklinen Phase, hervorgerufen durch Korundstrahlung nach der Sinterung, vergleichend für die uniaxialen und isostatisch gepressten Prüfkörper gegenübergestellt.

Für die uniaxial gepressten Rohlinge gesintert bei 1.450 °C ergibt sich nur ein geringer Anteil (<2 %) an monokliner Phase an der „as-delivered" Oberfläche. An den „as-delivered" C-ISO Prüfkörpern beläuft sich der Anteil X_m auf 4 %. Mit dem 150 µm Strahlkorn unter 2 bar Druck werden geringere X_m (~7 - 8 %) erzeugt.

Die Strahlung mit 50 µm Strahlkorn bei 2 bar Druck erzeugt ~8 - 9 % monokline Phase. Die 4 bar Strahlung mit 50 und 150 µm Korund-Strahlkorn erzeugt an den Oberflächen der Proben 9,7 - 10,4 % monokline Phase. Der Anteil der monoklinen Phase an den verschieden gestrahlten Oberflächen ist durch die unterschiedlichen Strahlparameter größer als der Unterschied zwischen den beiden Verdichtungsmethoden „uniaxial und isostatisch".

Die Reflexintensitätsumkehr (RIU) steigt tendenziell mit X_m und der Intensität der Bearbeitung an (Abb. 48). Ausnahme bei beiden Materialien ist jedoch die Serie, die mit 150 µm Korn und 2 bar Druck gestrahlt wird. X_m ist an dieser Serie der geringste, die RIU ist jedoch vergleichbar (ggf. etwas erhöht) mit den Proben gestrahlt mit 50 µm und 2 bar. Ebenso nicht im Verhältnis steigend ist die RIU bei den isostatisch gepressten Proben 150 µm und 4 bar. Tendenziell ergibt sich eine bevorzugte Umwandlung, sowohl für die RIU als auch t→m Transformation für das isostatisch gepresste und bei 1.530 °C gesinterte Material C-ISO.

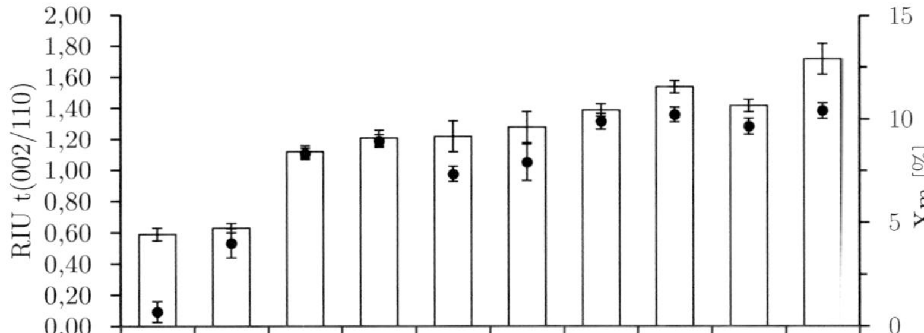

	MS-U	C-ISO	MS-U	C-ISO	MS-U	C-ISO	MS-U	C-ISO	MS-U	C-ISO
	as-delivered		50µm - 2bar		150µm - 2bar		50µm - 4bar		150µm - 4bar	
□ RIU	0,6	0,6	1,1	1,2	1,2	1,3	1,4	1,5	1,4	1,7
● Xm	1	4	8	9	7	8	10	10	10	10

Abb. 48: Diagramm des Reflexintensitätsverhältnis (RIU) t(002/110) und X_m (N=12) der „as-delivered“ und gestrahlten Oberflächen beider Materialien MS-U und C-ISO im Vergleich.

Nach der Prüfung der biaxialen Festigkeit wird der Anteil der monoklinen Phase an den Bruchflächen der Prüfkörper der Serien bestimmt (Abb. 49). Der Unterschied bezüglich X_m zwischen uniaxial (~10 %) und isostatisch gepressten Prüfkörpern (~20 %) ist signifikant. Die abrasive Oberflächenbehandlung wirkt sich nicht deutlich auf die Bildung der monoklinen Phase an der Bruchoberfläche aus.

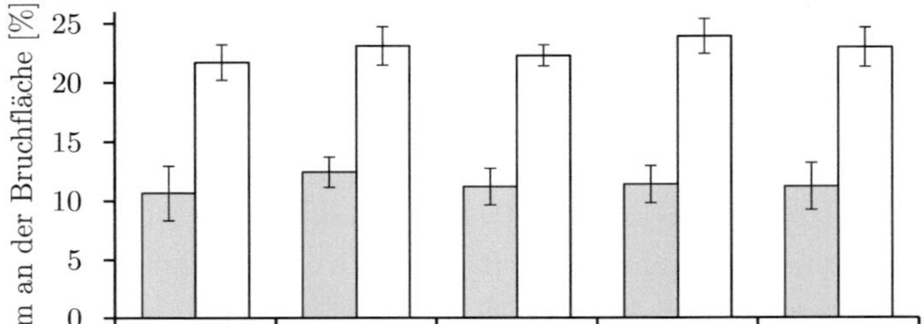

	as- fired	50µm-4bar	50µm-2bar	150µm-2bar	150µm-4bar
■ Xm - MS-U	11	12	11	11	11
□ Xm - C-ISO	22	23	22	24	23

Abb. 49: Diagramm von X_m an der Bruchoberfläche der uniaxial (MS-U) und isostatisch (C-ISO) gepressten Prüfkörper, nach unterschiedlicher Oberflächenbehandlung.

5.2.3. Festigkeitsstrahlung mit ZrO_2

Im folgenden Kapitel werden die Parameter zur Festigkeitsstrahlung (SP) erarbeitet. SP erfolgt im Anschluss an alle Temperprozesse im gesinterten Zustand. Diese Oberflächenbearbeitung hat geringeren Einfluss auf die vorhandene Topographie der feingestrahlten, rauen Probenoberfläche. Nach Vorversuchen fiel die Wahl auf Strahlung mit artgleichem Material aus der Produktion: ZrO_2 Partikeln mit polygonaler Strahlkorn-Morphologie in tetragonaler Struktur.

5.2.3.1. Festigkeits- und Rauheitsanalyse nach Festigkeitsstrahlung

Auswirkung des Strahldruckes:

Um zu prüfen, ob durch die Anpassung des Strahldrucks unter sonst gleichbleibenden Parametern Auswirkungen auf die Festigkeit resultieren, werden polierte Proben mittels 40 – 90 µm ZrO_2 Strahlkorn, einem Abstand von ~3 mm und 3 bzw. 5 bar für eine Minute gestrahlt. Die Ergebnisse der biaxialen Festigkeitsprüfung (Abb. 50 links) zeigen eine Steigerung der biaxialen Festigkeit (Turkey Test p<0,001) durch die Festigkeitsstrahlung mit 3 und 5 bar von 1.785 auf 2.003 bzw. 2.102 MPa. Zwischen der beiden Gruppen unterschiedlichen Strahldruckes liegt keine signifikante Steigerung der Festigkeit vor.

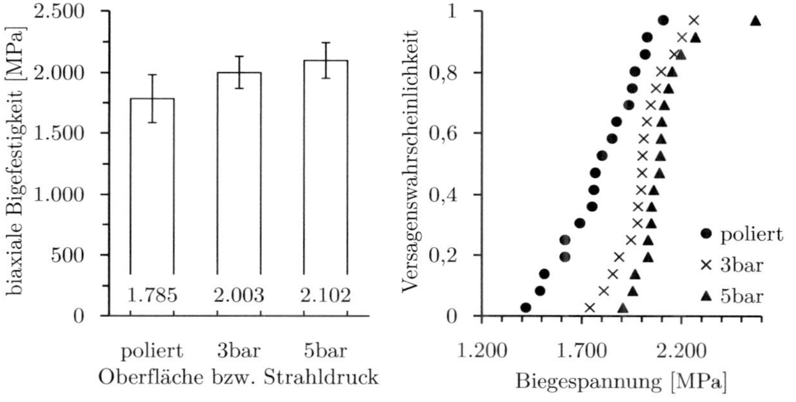

Abb. 50: Ergebnissdiagramme der biaxialen Festigkeit (links) und Versagenswahrscheinlichkeit über der entsprechenden Biegespannung für die polierten und poliert gestrahlten Proben (rechts).

Die Versagenswahrscheinlichkeit der Prüfkörper (Abb. 50 rechts) verlagert sich durch die Strahlung zu höheren Werten. Visuell betrachtet ergibt sich ausgehend von der polierten Oberfläche eine sichtbare Mattierung und „rosa“ Verfärbung der Oberfläche.

Die Mattierung kann durch eine leichte Oberflächen-Aufrauung erklärt werden (Tabelle 18). R_z steigt von <0,06 µm auf 0,41 µm.

Auf die Verfärbung, ausgelöst durch die Festigkeitsstrahlung, soll im späteren Verlauf der Arbeit eingegangen werden.

Tabelle 18: Ergebnis der Rauheitsmessung für polierte und SP Proben.

		R_a [µm]	R_z [µm]	R_{max} [µm]
poliert		< 0,01	< 0,06	< 0,07
3bar	Mittelwert	0,06	0,41	0,57
	SD	0,01	0,09	0,18
5bar	Mittelwert	0,05	0,41	0,59
	SD	0,01	0,07	0,15

Auswirkung der Festigkeitsstrahlung auf verschiedene Prüfkörper-Serien:

Im Zuge der Optimierung des Bulkmaterials für die Prüfkörper ist eine Anpassung des Strahlkorns (Partikelgröße und Strahldruck) für SP erforderlich. Wird der Strahldruck zu hoch gewählt, verklumpt das Strahlmaterial und der Strahldruck muss reduziert werden. Wird der Strahldruck zu niedrig gewählt, ist die Festigkeitsstrahlung nicht erfolgreich.

Die Festigkeiten verschieden rauer und festigkeitsgestrahlter Proben im Vergleich zeigt Abb. 51. Die as-fired Oberfläche mit CNC Fertigungsstruktur zeigt im Ausgangszustand die geringste biaxiale Festigkeit mit 600 MPa, nach dem SP (4 min) liegt die mittlere biaxiale Festigkeit bei 1.156 MPa (93 % Festigkeitssteigerung). Die Ausgangsfestigkeit (mittlere biaxiale Festigkeit) der im Weißzustand gestrahlten Proben (Bezeichnung rau) liegt bei 679 – 766 MPa. Durch das Festigkeitsstrahlen wird die Festigkeit der Serien auf Werte zwischen 903 – 1.041 MPa erhöht. Dies entspricht einer prozentualen Erhöhung der Festigkeit von 30 – 55 %.

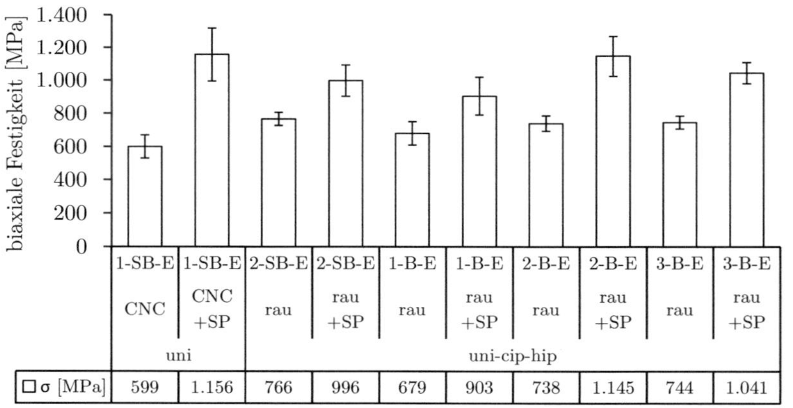

Abb. 51: Diagramm der biaxiale Festigkeit von as-fired (CNC bearbeiteten) und rau gestrahlten Proben, vor und nach dem Festigkeitsstrahlen (SP) im Vergleich.

Während sich der R_a –Wert (Abb. 52) nur für eine der geprüften Serien (2-B-E) signifikant reduziert (t-test), werden die R_z-Werte zusätzlich auch an Serie 3-B-E durch die Festigkeitsstrahlung reduziert. Tendenziell ergibt sich eine stärkere Beeinflussung der Rauheitsparameter durch feineres (40 - 90 µm) Strahlkorn (1 - 3-B-E).

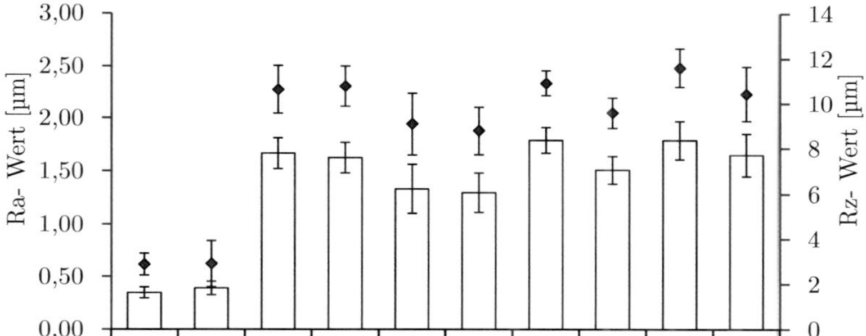

	1-SB-E	1-SB-E	2-SB-E	2-SB-E	1-B-E	1-B-E	2-B-E	2-B-E	3-B-E	3-B-E
	CNC	CNC +SP	rau	rau+ SP	rau	rau+ SP	rau	rau+ SP	rau	rau+ SP
	uni		uni-cip-hip							
□ Ra [µm]	0,35	0,39	1,67	1,63	1,33	1,30	1,79	1,51	1,79	1,65
◆ Rz [µm]	2,87	2,90	10,62	10,77	9,08	8,77	10,92	9,57	11,60	10,43

Abb. 52: Diagramm der Rauheitswerte der CNC bearbeiteten und rauen Oberflächen (Feinstrahlung) vor und nach dem Festigkeitsstrahlen im Vergleich (N=20).

5.2.3.2. Phasenanalyse nach Festigkeitsstrahlung

Auswirkung des Strahldruckes:

Im Beugungsdiagramm Abb. 53 kann ausgehend vom „as-delivered“ Zustand (schwarz) nach dem Festigkeitsstrahlen bei 3 bar (rot) und 5 bar (blau) Folgendes beobachtet werden: Die t-Reflexe (101), (112), (103), (202), (213), (114) sind an der linken Flanke verzerrt. Insbesondere am t(101) bildet sich eine Schulter. Zudem zeigt sich deutlich die Intensitätsumkehr am t(002) und t(110). Neben der Verbreiterung der Reflexe kommt es zu einer Abschwächung der maximalen Höhen der Reflexe. Reflexe der monoklinen Phase sind zwar in Ansätzen erkennbar, aber aufgrund starker Textur und des geringen Anteils nur unzureichend genau zu bestimmen. Der Anteil der monoklinen Phase ist <2 %.

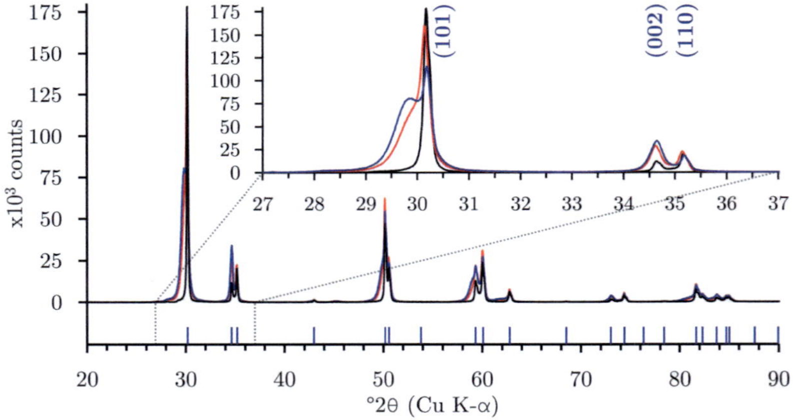

Abb. 53: Diffraktogram mit 3 (rot) und 5 bar (blau) SP-Strahlung im Vergleich. Die schwarz Kurve zeigt eine as-fired Probe; beschriftet sind relevante hkl der tetragonalen Phase im Ausschnitt (XRD Setup 1).

Das Festigkeitsstrahlen führt zum „ferroelastic domain switch“ (FDS), welcher anhand der Reflex-Intensitätsumkehr (RIU) der t(002/110) Reflexe erkennbar ist. Für die gestrahlten Proben beträgt die mittlere RIU bei 3 bar 1,27 ± 0,08 und für 5 bar 1,70 ± 0,07. Der Ausgangswert des Verhältnisses der Reflexintensitäten t(002/110) für unbearbeitetes ZrO_2 liegt bei ~0,6.

Abb. 54 zeigt die röntgenographische Quantifizierung der RIU ausgelöst durch variierten Druck (3 und 5 bar) beim Festigkeitsstrahlen an polierten Oberflächen. Die Ergebnisse werden mittels Messung im streifendem Einfall unter größer werdendem Einfallswinkel der Röntgenstrahlung (GI) erzeugt. Die Intensitätsverhältnisse zeigen einen in das Materialinnere abnehmenden Verlauf der RIU. Tendenziell ist der Effekt für alle Proben und Druckeinstellungen gegeben. Unter 1° ist die Reflextrennung nur ungenau zu vollziehen. Die Reduzierung der RIU von 1° gegenüber 2° könnte aufgrund von Messfehlern nicht gegeben sein. Ebenso werden verschieden zur Oberfläche geneigte Netzebenen betrachtet.

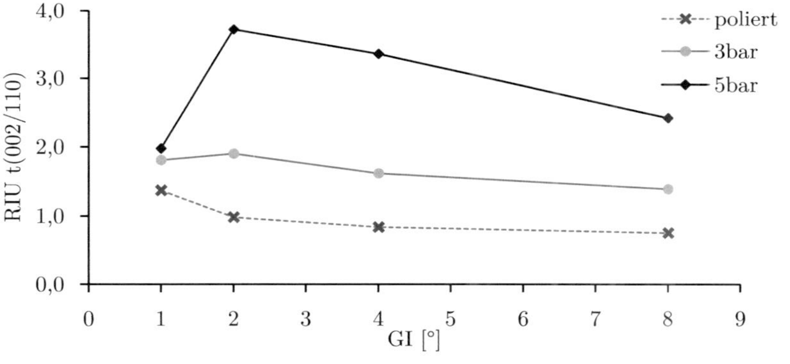

Abb. 54: Ergebnis der röntgenographisch mittels streifendem Einfall ermittelte FDS des t(002/110) – (XRD Setup 2).

<u>Auswirkung auf verschiedene Oberflächen:</u>

An den verschiedenen Versuchsserien, die sich durch unterschiedliche Herstellung und Oberflächenrauheit unterscheiden, lassen sich nach dem SP verschiedene RIUs nachweisen (Tabelle 19). Eigene Vorgaben auf rauen Proben eine RIU von mindestens 1,2 zu erreichen, führen zur serienweisen Anpassung der Strahlparameter. Durch SP mit 40 – 90 µm Strahlkorn lassen sich im Vergleich zu 150 µm Strahlkorn tendenziell höhere RIU bei gleichen Strahleinstellungen erzeugen. Ebenso wirkt sich die Strahlzeit auf die RIU aus.

Tabelle 19: RIU nach SP mit unterschiedlichen Parametern auf verschiedenen Oberflächen und Materialien (XRD Setup 1).

Material	1-SB-E	2-SB-E	1-B-E	2-B-E	3-B-E
Oberfläche	CNC	rau	rau	rau	rau
Korngröße [nm]	364	400	352	353	250
Strahlkorngröße	150 µm	150 µm	40 - 90 µm	40 - 90 µm	40 - 90 µm
Druck [bar]	5	4,5	4,5	4,5	4,5
Dauer [min]	4	2	2	3	2
RIU	2,08	1,18	1,29	2,1	1,28

Die maximal erreichte RIU am rauen Material beträgt nach 3 min Strahlzeit 2,1 (Serie 2-B-E). Nach einer Strahlzeit von 2 min konnte unter sonst vergleichbaren Bedingungen eine RIU von 1,3 erreicht werden.

5.2.4. Physikochemische Behandlung

Zur Beeinflussung der Benetzbarkeit werden die Proben UV-Strahlung, UV-Ozon und Kalt-Plasma ausgesetzt. In entsprechenden Vorversuchen werden die Zeiten für die Behandlungen ermittelt, die zur Etablierung des maximal reduzierten Wasserkontaktwinkels, für die entsprechende Behandlung führen. Diese Werte sind in Tabelle 20 aufgeführt.

Tabelle 20: Übersicht der Ergebnisse aus dem Vorversuch zur Festlegung der Behandlungsdauer und erreichter Wasserkontaktwinkel.

	Ausgang	UV	UV Ozon	Ar-Plasma
Behandlungsdauer	-	100 Joule (~ 10-14 h)	1 h	1 Minute
Wasserkontaktwinkel [°] polierte OF	~80	~ 44	~ 25	< 5
Wasserkontaktwinkel [°] raue OF	~65	~26	~10	n.m

Durch die Lagerung an Luft (im Exsikkator) stellt sich der Effekt der Hydrophilierung in jedem der drei Fälle, in unterschiedlicher Geschwindigkeit, innerhalb weniger Tage wieder zurück. Folgend werden Möglichkeiten zur Aufrechterhaltung der Hydrophilierung durch Veränderung der Lagerungsumgebung geprüft.

Hydrophilierungserhalt:

Die UV-Behandlung am BLX-Crosslinker (100 Joule) (Abb. 55) führt zu einem Wasserkontaktwinkel von 44°, direkt nach der Behandlung.

Bei Trockenlagerung steigt der Wert nach der Behandlung auf etwa 60° und pendelt sich dort ein. Für die Lagerung in destilliertem Wasser bleibt der leicht reduzierte Ausgangswert, der nach der Behandlung vorliegt (40 – 50°), in etwa erhalten. Die Werte streuen jedoch stark von Probe zu Probe. Auffällig ist ebenso der abweichende Startwert nach der Behandlung in beiden Serien.

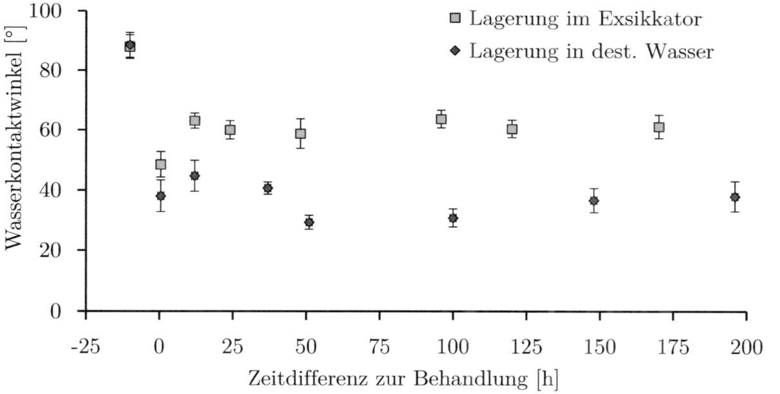

Abb. 55: Diagramm zum Wasserkontaktwinkel zur Lagerung der Proben nach UV-Behandlung (100 Joule). Geprüft wurden polierte Oberflächen (OF) - trocken im Exsikkator und in destilliertem Wasser gelagert.

Nach der UV-Ozon Behandlung (Abb. 56) lässt sich auf den polierten Oberflächen ein Wasserkontaktwinkel von ~25° messen. Innerhalb von einer Woche steigen die Werte bei Trockenlagerung annähernd auf den Ausgangswert an. Die Lagerung in destilliertem Wasser verzögert den Effekt. Nach acht Tagen lässt sich ein Kontaktwinkel von ~30° feststellen.

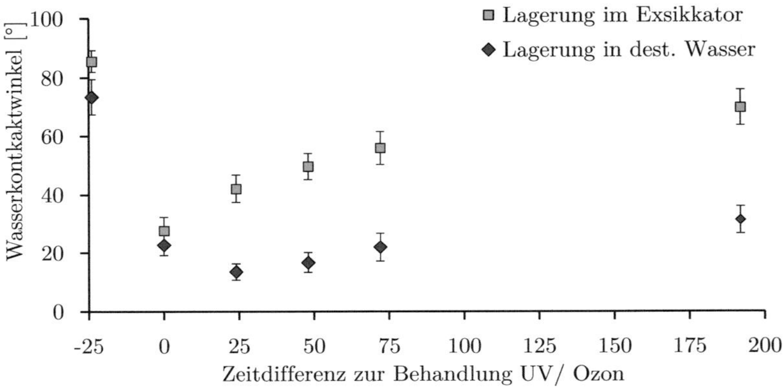

Abb. 56: Diagramm des Wasserkontaktwinkel zur Lagerung der Proben nach UV-Ozon Behandlung. Geprüft wurden polierte OF - trocken im Exsikkator und in destilliertem Wasser gelagert.

Am Stärksten ist der Effekt der Reduzierung des Kontaktwinkels mittels Plasmabehandlung (Abb. 57). Nach zehn Tagen ist noch ein deutlich reduzierter Kontaktwinkel von ~30° messbar. Die Lagerung in dest. Wasser wirkt ähnlich wie in den Versuchen zuvor. Die Zunahme des Kontaktwinkels geht langsamer voran im Vergleich zu den vorhergehenden Versuchen, ein endgültiger Zustand ist jedoch noch nicht erreicht.

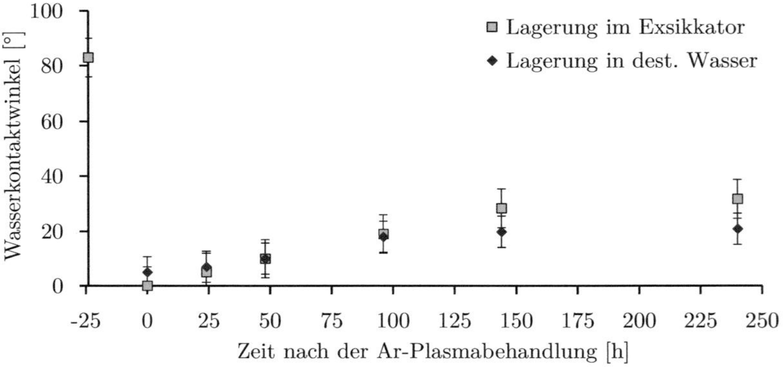

Abb. 57: Diagramm des Wasserkontaktwinkels zur Lagerung der Proben nach Plasmabehandlung. Geprüft wurden polierte OF - trocken im Exsikkator und in destilliertem Wasser gelagert.

Die Lagerungsstabilität wird in ausgewählten Medien exemplarisch an polierten und UV-Ozon behandelten Prüfkörpern überprüft (Abb. 58). Als Lagerungsmedien werden 0,9 % NaCl, Isopropanol 70 %, und Reinstwasser bestimmt. Im Vergleich zur Trockenlagerung führt die Lagerung in definierten Medien zum längeren Erhalt des reduzierten Wasserkontaktwinkels (geprüft bis 14 Tage).

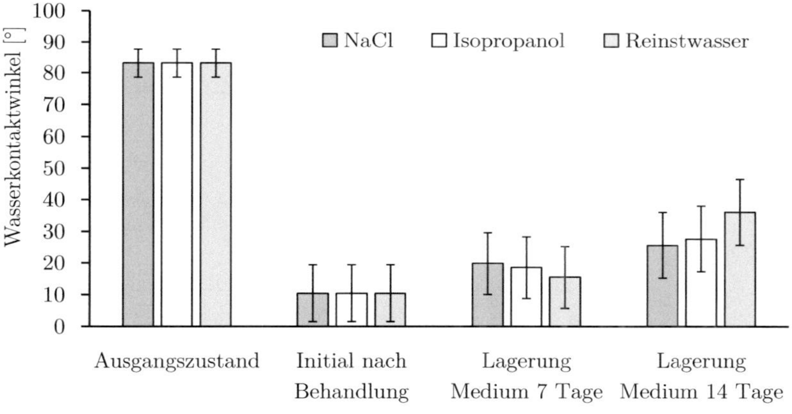

Abb. 58: Diagramm des Wasserkontaktwinkels zur Lagerung polierter Proben nach UV-Ozon Behandlung in verschiedenen Medien.

Abschließend werden an den polierten Prüfkörpern die Oberflächenenergie (SFE) (Abb. 59) und die Polarität, hervorgerufen durch die verschiedenen Behandlungen (UV, UV-Ozon, Plasma), berechnet. Die SFE steigt ausgehend von 39 mN/m (Y-TZP poliert) über 53 mN/m durch die UV-Behandlung, zu 61 mN/m durch die UV-Ozon-Behandlung auf schlussendlich 65 mN/m durch die Plasmabehandlung.

Die Polarität der Oberflächen steigt von 12 % auf 37 – 47 %. Die höchste Polarität weist die plasmabehandelte Oberfläche auf.

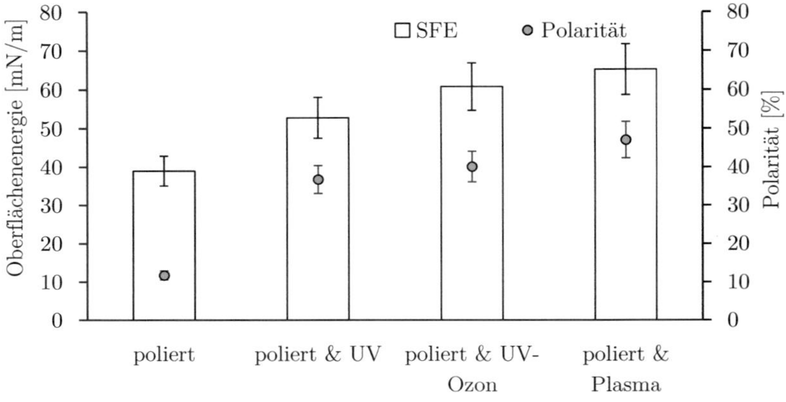

Abb. 59: Oberflächenenergie und Polarität am Y-TZP hervorgerufen durch die UV, UV-Ozon und Plasmabehandlung.Physikochemie für die *in vitro* Prüfung an polierten Materialoberflächen.

Im Vorfeld der zellbiologischen Prüfung wird die Oberflächenenergie der Materialien Y-TZP und Titan im polierten Zustand bestimmt (Seite - 71 -). Abb. 60 zeigt die Oberflächenenergie und Polarität für die beiden verschiedenen Materialien (Y-TZP, Titan) und Behandlungszustände (festigkeitsgestrahlt, poliert).

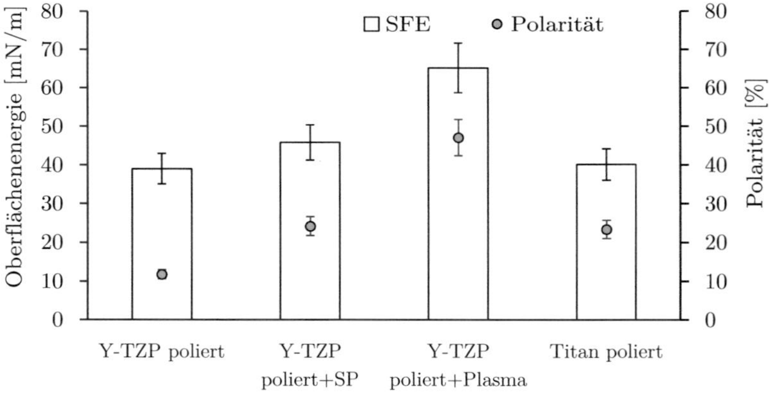

Abb. 60: Oberflächenenergie und Polarität der Materialien im polierten bzw. festigkeitsgestrahlten Zustand, die im zellbiologischen Versuch betrachtet werden.

Die Oberflächenenergie von poliertem ZrO_2 und Titan ist vergleichbar (39 und 40 mN/m), jedoch weist Titan eine doppelt so hohe Polarität (23 %) im Vergleich zum polierten Y-TZP (12 %) auf. Durch die Festigkeitsstrahlung steigt die Oberflächenenergie auf 46 mN/m, dabei erhöht sich die Polarität auf 24 %. Die mit Abstand höchsten Werte erreicht die plasmabehandelte Y-TZP-Oberfläche, mit einer Oberflächenenergie von 65 mN/m und einer Polarität von 47 %. Die dispersen Anteile für die Y-TZP Proben liegen bei 34 – 35 mN/m, Titan bei 31 mN/m.
Die Wasserkontaktwinkel der Prüfkörperoberflächen, welche für die zellbiologische Prüfung verwendet werden, sind in Abb. 61 gegenübergestellt.

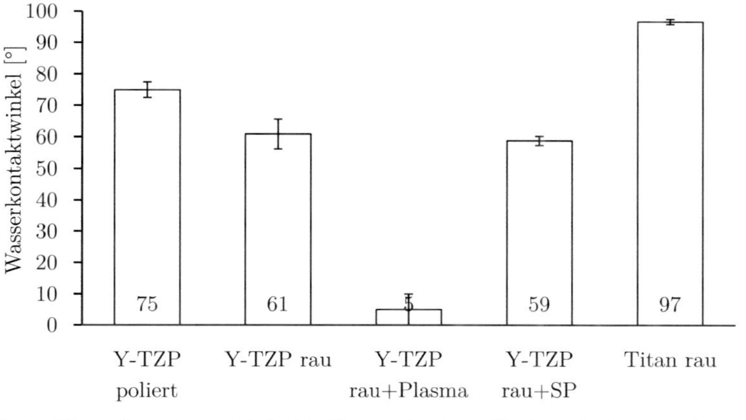

Abb. 61: Wasserkontaktwinkel der Prüfkörper für die zellbiologische Untersuchung. An den plasmabehandelten Proben kann kein Wasserkontaktwinkel ermittelt werden – komplette Benetzung liegt vor.

Die Prüfkörper wurden mit Ausnahme der mit Plasma behandelten Probe vor der Messung sterilisiert. Die geringste Benetzbarkeit weist Titan auf (97°), gefolgt von dem poliertem Y-TZP (75°) und den beiden rauen Y-TZP Oberflächen (61° und 59°). Der Wassertropfen auf der plasmabehandelten Y-TZP-Oberfläche spreitet nahezu vollständig. Es liegt komplette Benetzbarkeit vor.

5.2.5. Hydrothermale Alterung

Als eine der wichtigsten Materialcharakteristiken für Körperimplantate wird der Widerstand des Materials gegenüber hydrothermaler Alterung nach DIN EN ISO 13.356 geprüft. Im gealterten Zustand nach 5h darf nach der Normvorgabe die Abnahme der biaxialen Festigkeit nicht mehr als 20 % betragen. Der relative Anteil der monoklinen Phase an der Oberfläche muss $< 0{,}25$ sein.

Gefüge- und Phasenanalyse nach hydrothermaler Alterung

Zur Charakterisierung der Umwandlungseigenschaften werden verschiedene Prüfserien im Autoklaven bei 134 °C und 2,1 bar Druck in Wasserdampfatmosphäre gealtert (Tabelle 21). Keine der geprüften Serien überschreitet die Grenze der Zunahme von 0,25 relativem monoklinem Phasenanteil nach der simulierten Alterung (0,20, 0,16; 0,03 und ~0,01). Nach den Vorgaben der Norm haben somit alle geprüften Serien den Test der hydrothermalen Alterung bestanden. Das Alterungsbestreben nimmt mit abnehmender Korngröße und mit zunehmender Prozessierung (uni→iso→hip) ab. Den geringsten Anteil an monokliner Phase weist MS25 auf. Die stärkste Alterung findet an C-ISO statt.

Tabelle 21: Übersicht der Herstellungsparameter und Ergebnisse der mittleren Korngröße (MK) gegenüber dem Alterungsverhalten (XRD-Setup 1).

Granulat/ Serie	Herstellungsparameter	MK [nm] N> 2.000	X_m SOLL <0,25	monokliner Phasenanteil V_m [%]
TZ-3YSB-E MS-U	uniaxiale Vorverdichtung, Sinterung 1.450 °C	360	0,16	20
TZ-3YSB-E MS3	uniaxial & cip Sinterung bei 1.425 °C	345	0,03	4
TZ-3YB-E MS25	uniaxial & cip, Sinterung & heißisostatische Verdichtung 1.350 °C	250	0,01	< 2
TZ-3YB-E C-ISO	cip, Sinterung bei 1.530 °C	590	0,20	25

Zudem wird die Auswirkung des Festigkeitsstrahlens auf das hydrothermale Alterungsbestreben an rauen Proben mittels XRD nach 5 h geprüft. Durch die fünfstündige hydrothermale Alterung steigt an beiden Oberflächen der monokline Anteil X_m auf 3,2 – 3,5 % (Tabelle 22).

Tabelle 22: Übersicht V_m [%] vor und nach Alterung an rauen und SP Oberflächen (XRD Setup 1).

Oberflächenzustand	rau as-fired		Festigkeitsstrahlung	
LTD [h]	0	5	0	5
V_m [%] N=7	<0,5	3,2	<0,5	3,5
SD	n.e.	0,42	n.e.	0,37

Den monoklinen Phasenanteil an der Oberfläche der Proben nach 5 h, 20 h, 40 h, 60 h, 80 h LTD an MS-U und MS25 zeigt Abb. 62. Bei MS-U stellt sich eine Sättigung des monoklinen Phasenanteils bei knapp 80 % monokline Phase, am Messpunkt nach 40 h ein. MS25 erreicht nach 80 h maximal 63 % monokline Phase, wobei noch keine Sättigung erreicht zu sein scheint.

Die Ausgangsserie (TZ-3YSB-E MS-U), bei uniaxialer Verdichtung und Sinterung bei 1.450 °C hergestellt, zeigt stärkere Alterung im Vergleich zu der Serie MS25 (TZ-3YB-E und nachgeschaltetem HIP-Prozess bei 1.350 °C).

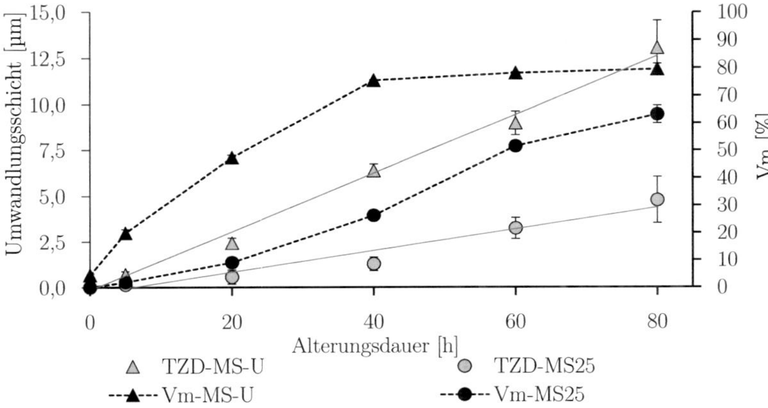

Abb. 62: Darstellung des monoklinen Phasenanteils V_m [%] über der Alterungsdauer in [h] am optimierten Material (MS25) und MS-U (XRD-Setup 1). Ebenso ist Umwandlungsschichthöhe (TZD) ermittelt am REM (Gerät 1) aufgetragen.

Im Beugungsdiagramm (Abb. 63) nach 80 h Alterung zeigen sich an Serie MS-U (rot) dominierende monokline Reflexe (Marker cyan) und minimierte tetragonale Reflexe (blaue Marker). Die Verhältnisse der monoklinen Hauptreflexe m($\bar{1}$11) und m(111) stimmen nicht mit den Verhältnissen des theoretischen Beugungsmuster, entsprechend einer untexturierten polykristallinen Phase, überein (Umwandlungstextur). Die Reflexform der verbleibenden Reflexe der tetragonalen Phase ist verändert. Es zeigen sich verbreiterte Reflexe mit asymmetrisch (linksseitig) ausgeweiteter Flanke und eine unklare Reflexdefinition im Bereich von 35° 2θ (graue Markierung im oberen Diagrammausschnitt). An Serie MS25 zeigen sich nach 80 h Alterung ausgeprägt Reflexe der monoklinen Phase, jedoch ist die tetragonale Phase parallel noch identifizierbar. Die Reflexform des tetragonalen Hauptreflexes zeigt ebenso eine linksseitig gewichtete Asymmetrie.

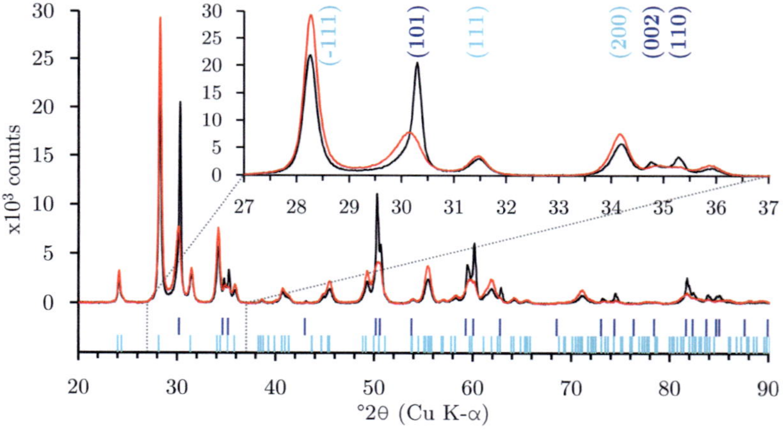

Abb. 63: Beugungsdiagramme der 80 h gealterten Prüfkörper MS25 (schwarz) und MS-U (rot). Signifikant erhöhte Reflexe der monoklinen Phase für MS-U. Cyan Marker monokline Reflexe, blaue Marker tetragonale Phase des ZrO_2 (XRD-Setup 1).

Eine Auftragung der ausgemessenen Umwandlungsschicht über der Alterungszeit (Abb. 62) zeigt ein annährend lineares Wachstum der monoklinen Schicht an beiden Materialien, wobei die Umwandlung an MS-U deutlich schneller voranschreitet. Im Vergleich zu MS25 ist nach 80 h die umgewandelte Schicht an MS-U etwa 2,7x dicker.

An der Bruchfläche der gealterten Proben zeigt sich von der Oberfläche ausgehend eine Schicht (Abb. 64). Diese hebt sich insbesondere durch den rein interkristallinen Bruchverlauf und die Kornmorphologie vom Bulkmaterial ab. Bei geringerer Umwandlung zeigen sich vereinzelt Risse zwischen Bulk und Schicht. Mit zunehmender Alterungsdauer nimmt die Schichtdicke zu. Teilweise sind parallel zur Oberfläche laufende Risse zu erkennen. Nach 80 h Alterung sind auch senkrecht zur Oberfläche, bzw. Umwandlungsschicht in das Material hineinlaufende Risse zu erkennen.

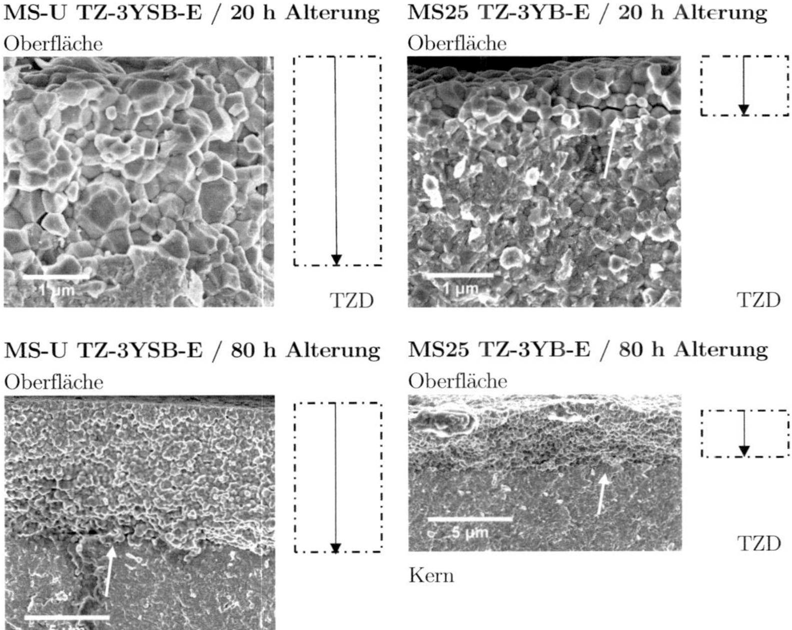

Abb. 64: Gegenüberstellung der REM-Aufnahmen (Gerät 2: Auriga) von gealterten Proben im Bruch. TZ-3YSB-E links und TZ-3YB-E rechts. Alterungsdauer 20 h bei 20.000x Vergrößerung – oben; Alterungsdauer 80 h bei 5.000x Vergrößerung unten. Weiße Pfeile markieren Risse parallel und orthogonal zur Oberfläche.

Festigkeitsprüfung nach hydrothermaler Alterung

Die Festigkeitsprüfung der gealterten Proben wird im Oberflächen-Einsatzzustand der Implantate (as-fired und rau) nach Norm für 5 h und erweitert auf 20 h, an ausgewählten Serien, durchgeführt (Abb. 65). Im optimierten Endzustand beträgt die Festigkeit (as-fired) 1.350 MPa. An den gealterten Serien beträgt die Festigkeit mittelwertig 1.290 MPa. Auch wenn die Mittelwerte sich unterscheiden, sind zwischen den Serien (N=15) keine signifikanten Unterschiede nachzuweisen (One way Anova, α=0,050). Die rauen Proben aus TZ-3YB-E werden ebenso der Alterung nach Norm unterzogen. Auch an diesen Prüfkörpern wird keine signifikante Abnahme der Festigkeit durch die 5 h Alterung hervorgerufen (680 bzw. 690 MPa). Es werden an dieser Serie zusätzlich die Einflüsse des Alterns in Kombination mit dem Festigkeitsstrahlen (SP) geprüft. Durch die Festigkeitsstrahlung kommt es auch an dieser Serie insgesamt zu einer signifikanten Erhöhung der Festigkeit von 680 auf 900 MPa. Die fünfstündige hydrothermale Alterung reduziert die Festigkeit an den festigkeitsgestrahlten Proben nicht (900 bzw. 920 MPa).

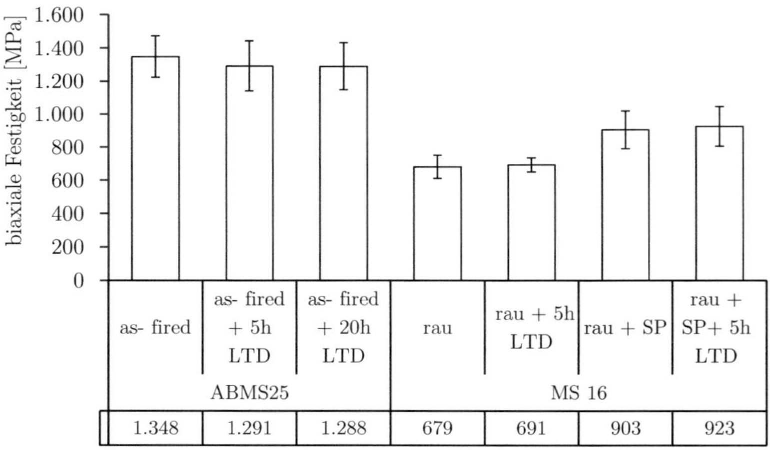

Abb. 65: Diagramm der biaxialen Festigkeit mit Standardabweichung an unterschiedlich oberflächenmodifiziertem TZ-3YB-E und Alterungsstufen (N=15).

5.3. Produktprüfung

Die Übertragung der bisherigen Ergebnisse zur Materialoptimierung und Oberflächenmodifizierung auf die Implantate (Endproduktprüfung), die Grenzflächen- und zellbiologische Prüfung und vertiefende Oberflächenanalyse sind Inhalt dieses Kapitels.

5.3.1. Dynamische Prüfung am Endprodukt

Es erfolgt die Charakterisierung der maximal auszuhaltenden Lasten durch Modifizierung der Oberfläche (SP), Veränderung des Implantattyps und Kippwinkels unter dem die Prüfung stattfindet. Tabelle 23 zeigt Aufbau und Ergebnisse des Stufenversuchs mit 50 N Laststufen am Beispiel der Implantatserie MSI_1a und 1b (SP), mit Versagenslast (F), mittlerer Versagenslast (Fm) und dem resultierenden Biegemoment M. Das Festigkeitsstrahlen wird zunächst an einem einfachen, stilisierten Implantattyp geprüft.

Tabelle 23: Ergebnisse der Implantatprüfung nach DIN EN ISO 14.801. Links - Ausgangsoberflächen gegenüber rechts - Implantaten mit festigkeitsgestrahlter Oberfläche (L=22 mm; Ø 4,3 mm; N=8).

Ausgangsoberfläche

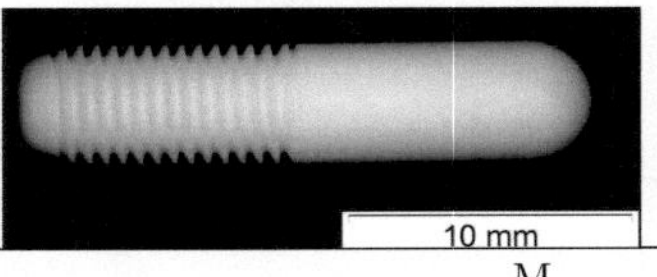

	F [N]	M [Nmm]
	370	1.665
	420	1.890
	420	1.890
	420	1.890
	420	1.890
	470	2.115
	420	1.890
	420	1.890
Fm	**420**	**1.890**
SD	25	

SP-gestrahlt

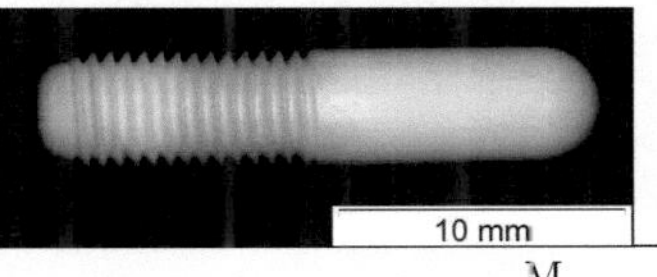

	F [N]	M [Nmm]
	420	1.890
	520	2.340
	520	2.340
	520	2.340
	620	2.790
	620	2.790
	520	2.340
	370	1.665
Fm	**520**	**2.340**
SD	75	

Durch das Festigkeitsstrahlen (Tabelle 23) entsteht ein „rosa“ gefärbter Saum im Bearbeitungsbereich. Die Prüfung ergibt eine Steigerung der mittleren Versagenslast (Fm) von 420 auf 520 N.
Desweiteren wird mit Implantattyp MSI_3 eine andere Implantatgeometrie und die Auswirkung der Veränderung des Kippwinkels, ausgehend vom Worst-Case Fall (30° zur Belastungskraft) auf die dynamische Festigkeit geprüft (Tabelle 24). Unter entsprechender Variation des Kippwinkels zur Belastungskraft zeigt sich eine Abnahme der mittleren Versagenskraft auf 246 N unter 40° und eine Steigerung der mittleren Versagenskraft auf 494 N unter 20°.

Tabelle 24: links: Ergebnisse der dynamischen Belastungsprüfung nach DIN EN ISO 14.801. MSI_3b Implantatlänge: 18,2 mm; Ø 3,8 mm N=7, rechts: Diagramm der Auswirkung des Kippwinkels auf die mittlere Versagenslast (Fm) des Implantattyp MSI_3 (N=7).

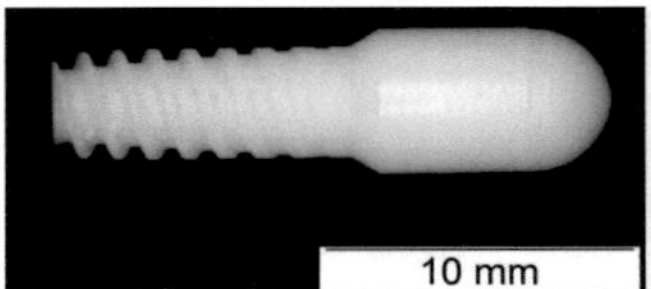

	F [N]	M [Nmm]
MSI_3b_1	320	1.760
MSI_3b_2	400	2.200
MSI_3b_3	260	1.430
MSI_3b_4	290	1.595
MSI_3b_5	250	1.375
MSI_3b_6	310	1.705
MSI_3b_7	310	1.705
Fm	**306**	**1.681**
SD	46	

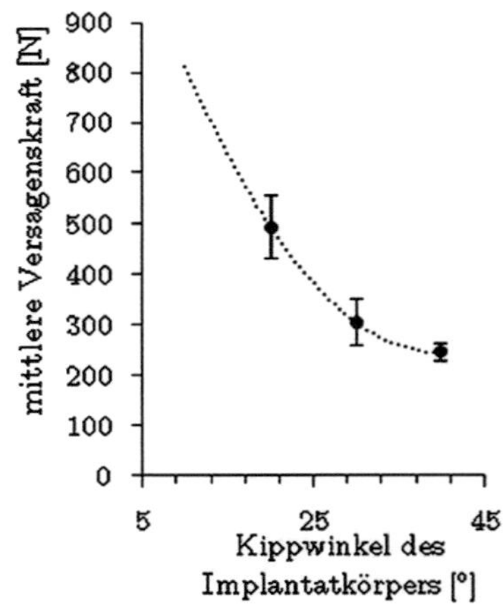

Abschließend wird, unter Worst-Case Bedingungen erneut die Auswirkung des Festigkeitsstrahlens auf ein zweiteiliges Implantat mit optimiertem Material und anschließendem HIP-Prozess untersucht (Tabelle 25). SP wird über etwa 50 % des enossalen Anteils angewendet (verfärbter Bereich).

SP führt an diesem Implantattyp zu einer Erhöhung der dynamischen Festigkeit von etwa 30 % (von ~400 auf 530 N). Das erreichte Biegemoment liegt nach Optimierung und SP bei 2.891 Nmm.

Tabelle 25: Ergebnisse der dynamischen Belastungsprüfung nach DIN EN ISO 14801. Links: Standardoberfläche; rechts: SP-Oberflächen. Implantatlänge: 22 mm; enossaler Außendurchmesser 3,84 mm, Kerndurchmesser: 3,82 mm; (N=7).

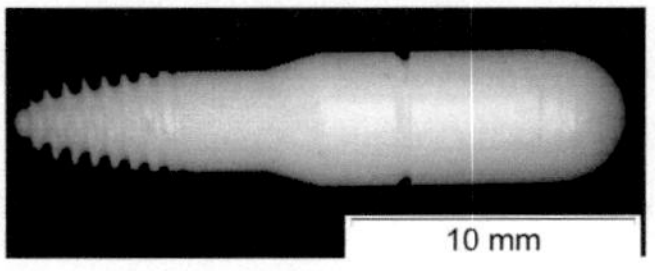

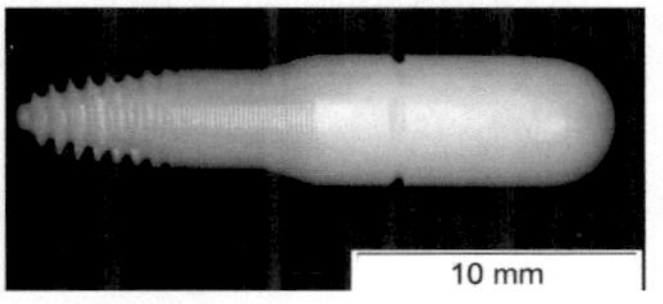

MSI_4a	F[N]	M [Nmm]
1	300	1.650
2	480	2.640
3	440	2.420
4	440	2.420
5	440	2.420
6	340	1870
7	340	1.870
Fm	**397**	**2.184**
SD	63	

MSI_4b	F [N]	M [Nmm]
F1	460	2.530
F2	560	3.080
F3	600	3.300
F4	420	2.310
F5	540	2.970
F6	560	3.080
F7	540	2.970
Fm	**526**	**2.891**
SD	58	

5.3.2. Grenzflächen- und zellbiologische Charakterisierung

Physikochemische Optimierungen von Oberflächen sollen eine beschleunigte Osseointegration fördern. Eine möglichst effiziente Methode zur Verbesserung der Benetzbarkeit soll gefunden werden. Diese soll für die zellbiologische Charakterisierung auf eine Standardoberfläche umgesetzt werden. Parallel zur zellbiologischen Prüfung erfolgt eine topographische Charakterisierung der Implantatoberflächen mit verschiedenen Abbildungstechniken. Abschließend soll die zellbiologische Prüfung dazu dienen, sowohl die grundsätzliche Eignung der Oberflächen als auch deren Modifizierung (physikochemisch und festigkeitssteigernd) einzuordnen.

5.3.2.1. Topographische Charakterisierung

Für die zellbiologische Untersuchung werden die rauen Proben auf die Serien ZM1, ZM2 und ZM3 aufgeteilt (Abb. 66).

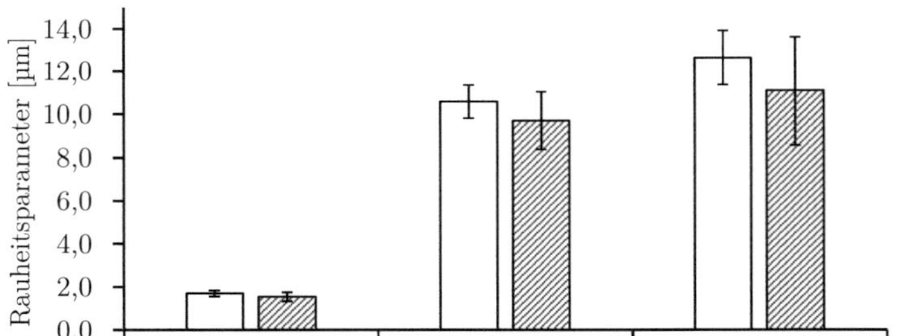

	Ra	Rz	Rmax
□ vor SP [µm]	1,69	10,57	12,62
▨ nach SP [µm]	1,54	9,69	11,08

Abb. 66: Rauheitsparameter taktil ermittelt vor und nach dem Festigkeitsstrahlen (SP), vermessen wurden exakt die gleichen Probenbereiche (N=30).

Der R_a-Wert der ausgewählten Proben für die Serie ZM2 beträgt vor Festigkeitsstrahlung 1,69 µm und wird durch das Festigkeitsstrahlen auf 1,54 µm reduziert. Ebenso nehmen die Werte für R_z und R_{max} leicht ab. Die

Abnahme der Werte R_a, R_z, R_{max} durch die Strahlung ist signifikant (t-test, $\alpha=0{,}05$; $p<0{,}001$) (Abb. 66).

Für die rauen Keramikproben (ZM1, ZM2, ZM3) ergeben sich nach Zuordnung zu den Gruppen und SP R_a-Werte von 1,53 bzw. 1,54 µm (Abb. 67). Die Proben mit polierter Oberfläche (ZM4) lassen sich aufgrund der niedrigen Rauheit mit dem taktilen Messsystem nicht ausreichend quantifizieren (Messgrenze des Messsystems ~0,2 µm). Die Titanoberfläche (ZM5) weist mit R_a~ 3 µm eine signifikant höhere Rauheit im Vergleich zu den rauen Keramikoberflächen auf (Abb. 67).

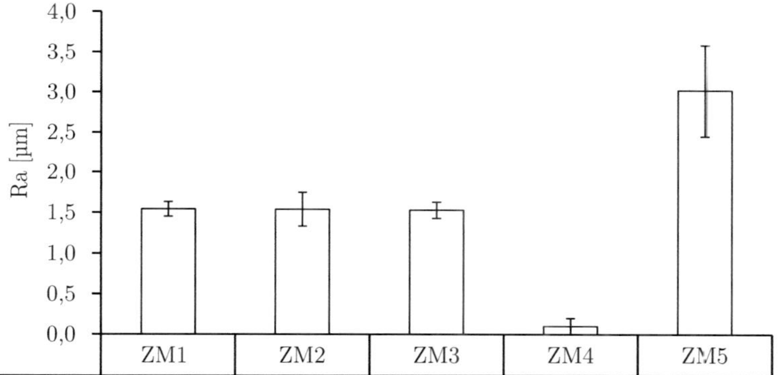

	ZM1	ZM2	ZM3	ZM4	ZM5
□ Ra [µm]	1,54	1,54	1,53	0,1	3,03

Abb. 67: Ergebnisse der taktilen Profilometrie ZM1 – 3 (N=80); Titan/ZM5 (N=20); Lt=5,6mm λc=800 µm.

Deutlich präziser im Vergleich zur taktilen Messung, jedoch nicht grundsätzlich für umfangreiche Serienmessungen geeignet, ist eine Oberflächenvermessung mittels Weißlichtinterferometer (Abb. 68). Für die Rauheitsmessung wurde durch Zusammensetzen einzelner Bilder Probenbereiche von 0,5x2 mm aufgenommen und ausgewertet. Die S_a-Werte für die rauen Keramikprüfkörper betragen 1,59 µm (ZM1-raue Ausgangsoberfläche) bzw. 1,54 µm (ZM2-Festigkeitsgestrahlt). Der arithmetische Mittelwert der Höhe der Oberfläche (S_a) an den Titanproben beträgt 3,42 µm. Der S_a-Wert der polierten Proben kann mit ~0,01 µm quantifiziert werden. Das Messsystem erlaubt zudem die Auswertung von Flächenrauheitswerten und sehr ebenen Oberflächen, wobei insbesondere der Flächenmehrwert (S_{dr}-Wert) im Zusammenspiel mit der zellbiologischen Charakterisierung aufschlussreich sein kann.

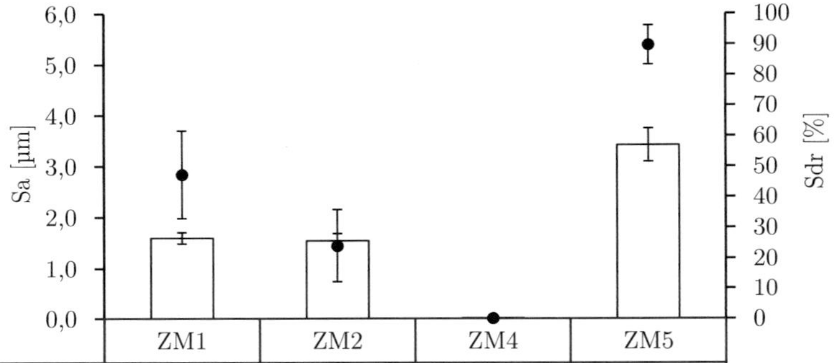

	ZM1	ZM2	ZM4	ZM5
□ Sa [µm]	1,59	1,54	0,01	3,42
• Sdr [%]	47	24	0	90

Abb. 68: S_a und S_{dr}-Werte für die *in vitro* Proben, ermittelt über Weißlichtinterferometrie (N=15), Messbereich 0,5x2 mm; λc=500 µm.

Der S_{dr}-Wert steigt von der polierten Oberfläche (ZM4) - mit dem Wert ~0, zu der festigkeitsgestrahlten Oberfläche mit 24 %, der rauen Ausgangsoberfläche mit 47 % und schließt mit einem sehr hohen Wert von 90 % für die Titanoberfläche ab. ZM1 und ZM3 weisen identische S_{dr}-Werte auf. Anhand von polierten Proben wird nachgewiesen, dass mit den gewählten Einstellungen durch die Plasmabehandlung keine Veränderung der Topographie (Daten nicht dargestellt) resultiert.

Die Topographie der vier verschiedenen Oberflächen aufgenommen mittels Weißlichtinterferometer in höherer Vergrößerung (50x Objektiv) ist in Abb. 69 gegenübergestellt. Die konvexen Strukturen dominieren auf den beiden keramischen Oberflächen, während die Titanoberfläche überwiegend konkave Strukturen aufweist. Die Topographie auf ZM2 (festigkeitsgestrahlt) wirkt gegenüber ZM1 (Ausgangoberfläche) „verwaschen". Auf der polierten Keramikoberfläche lassen sich typische Polierspuren erkennen.

Weitere Charakterisierung der Probentopographie gelingt mittels Stereorasterelektronenmikroskopie. Diese Methode eignet sich nicht für polierte Oberflächen. Daher zeigen die 3D-Abbildungen in Abb. 70 die Oberflächen der Y-TZP Proben im rauen Ausgangszustand (ZM1) und festigkeitsgestrahlten Zustand (ZM2) sowie der rauen Titanprobe (ZM5). Die unterschiedlichen lateralen Messfelder (siehe Anhang C) ermöglichen es, die topographischen Gegebenheiten bei unterschiedlicher Vergrößerung differenziert wahrzunehmen. Bei 250 x-Vergrößerung wird deutlich, dass ZM5 sowohl sehr feine, als auch grobe Strukturen aufweist (Anhang C Abb. 116). Die SP-Oberfläche wirkt in feinen Bereichen ebener und etwas grobstrukturierter, als ZM1. Bei 500 x-Vergrößerung verstärkt sich der gewonnene Eindruck (Anhang C Abb. 115). Der Detailgrad, die Filigranität, der Oberflächen steigt begonnen von ZM2 zu ZM1 zu ZM5 an.

Bei 2.000 x-Vergrößerung werden an der ZM5 immer feinere Details sichtbar (Abb. 70). Am DOM von ZM1 sind bereits einzelne Körner zu erkennen. An ZM2 werden durch die höhere 2.000 x-Vergrößerung (im Vergleich zur 500 x) zusätzlich keine wesentlichen Detailinformationen erkennbar (Abb. 70). Insgesamt ist die Oberfläche von ZM5 sehr scharfkantig, konkave Strukturen dominieren. Gröbere längliche Strukturen mit Muldengrößen von etwa 100x30 µm^2 bis 50 – 10 µm^2 werden von Ätzstrukturen (Pits) ausgekleidet, die etwa im Größenbereich von 2 µm liegen (subzellulär). Die Oberflächen von ZM1 ist überwiegend konvex gestaltet und weist mit etwa 10x20 µm^2 weniger grobe Strukturen auf. Die feinsten Details dieser Oberfläche sind die einzelnen Körner, die eine Größe von etwa 300 nm aufweisen. Grundsätzlich verfügt ZM2, die festigkeitsgestrahlte Oberfläche, über eine vergleichbare Grundstruktur, jedoch sind nach dem SP die Korngrenzen „verwischt“. Die Nanostruktur der Oberfläche ist überwiegend eingeebnet.

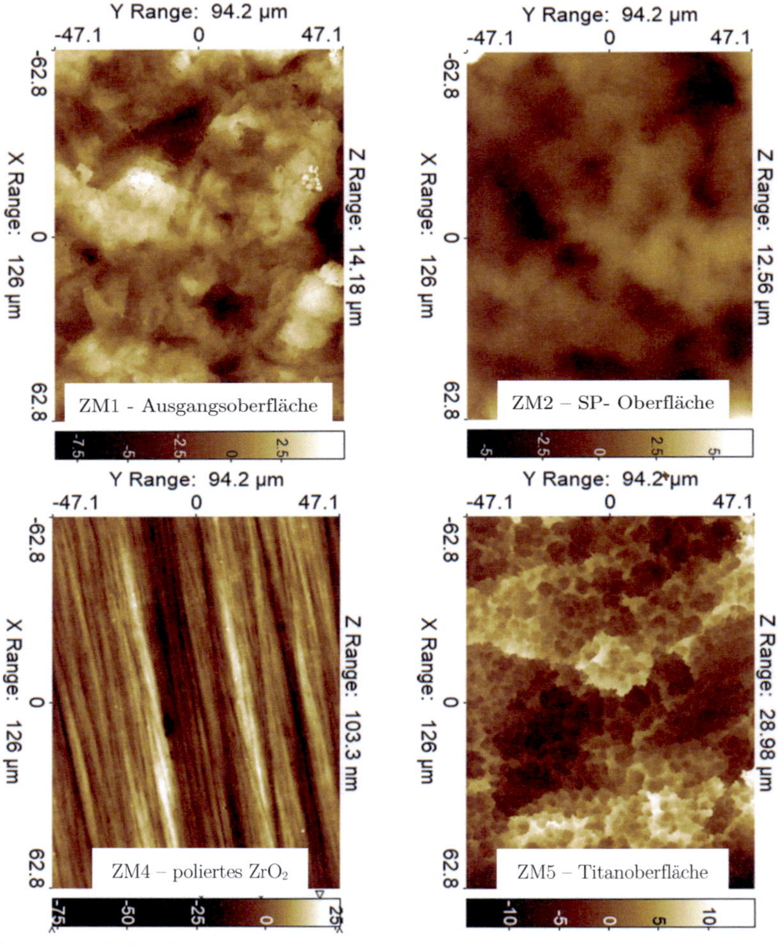

Abb. 69: CLSM-Aufnahmen der Topographie der Prüfkörperoberflächen für die zellbiologischen Untersuchungen (50x Objektiv).

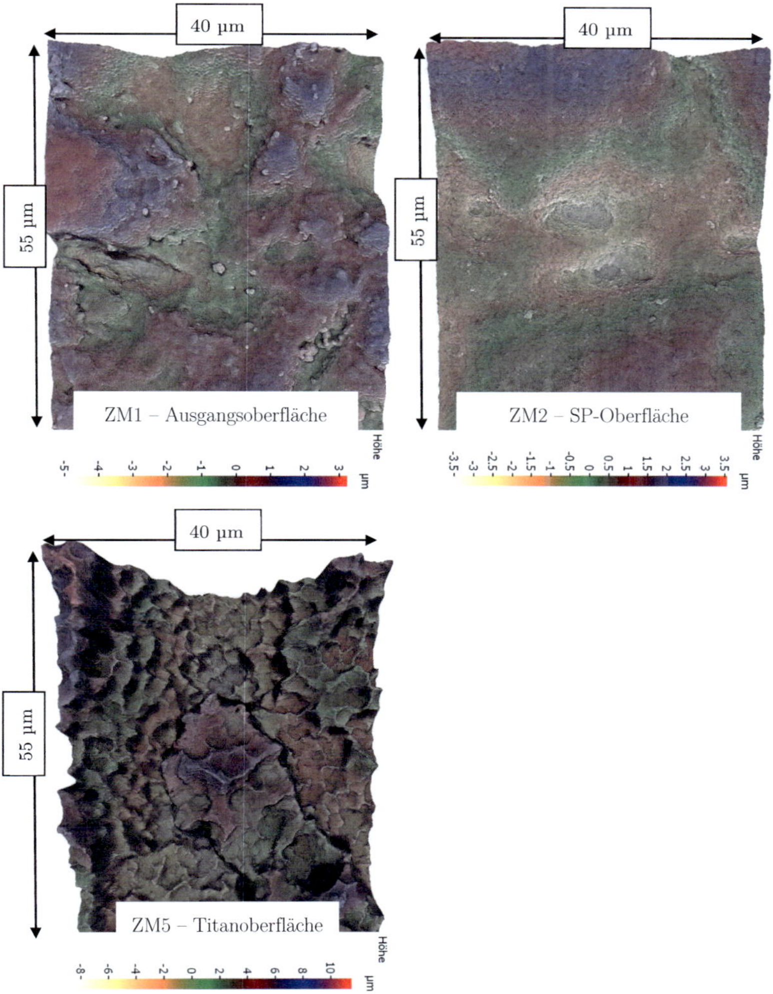

Abb. 70: DOMe der verschiedenen Oberflächen für die Zellbiologie, gewonnen aus REM-Bildern bei 2.000x Vergrößerung - laterales Messfeld 55 µm x 40 µm, Auflösung 56nm/ Pixel.

Die Abb. 71 zeigt die Ergebnisse für den S_a-Wert, S_{10z} und S_{dr}-Wert gewonnen aus den DOMen bei unterschiedlichen Vergrößerungen. Die Ergebnisse für die Sa- Werte bei gleicher Vergrößerung weichen für die Keramikproben kaum voneinander ab (1,7 – 1,9 µm bzw. 1,2 µm). An ZM5 werden, vergrößerungsabhängig, etwa doppelt so hohe Rauheitswerte ermittelt: 4,5 µm, 3,9 µm und 2,9 µm. Der S_{10z}-Wert ist für die beiden Keramikoberflächen in den unterschiedlichen Messfeldern wiederum vergleichbar. Der S_{10z}-Wert der Titanoberfläche ist etwa doppelt so hoch, im Vergleich zu den Keramikoberflächen.

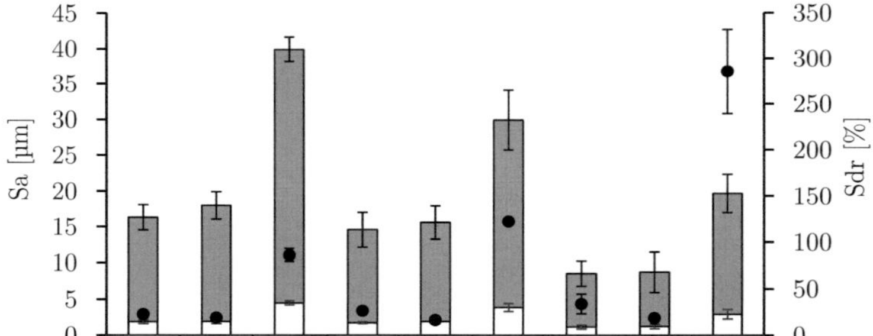

	ZM1	ZM2	ZM5	ZM1	ZM2	ZM5	ZM1	ZM2	ZM5
	250 x			500 x			2.000 x		
■ S10z [µm]	16,3	18,0	39,9	14,6	15,6	29,9	8,5	8,7	19,6
□ Sa [µm]	1,9	1,9	4,5	1,7	1,9	3,9	1,2	1,2	2,9
● Sdr [%]	23	19	86	26	17	122	34	19	286

Abb. 71: Auswertung der REM DOMe - aufgenommen bei 250 x, 500 x und 2.000 x Vergrößerung; S_a , S_{10z} und S_{dr}-Wert ermittelt aus Primärmodellen auf den verschiedenen Materialien ZM1 - raue Keramik, ZM2 - festigkeitsgestrahlte Keramik, ZM5 - Titan (N=6).

Während für ZM1 der S_{dr}-Wert mit zunehmender Vergrößerung leicht steigt, bleibt der Wert für die festigkeitsgestrahlte Oberfläche nahezu konstant. Die feine Strukturierung der Titanoberfläche wird durch das starke Ansteigen des S_{dr}-Wertes im Verlauf mit zunehmender Vergrößerung deutlich. Die filigranen Strukturen werden aufgrund der begrenzten Auflösung der Messgeräte erst bei hoher Vergrößerung erfasst. Nach Erzeugung von Rauheitsmodellen aus den Primärmodellen und Einschränkung der lateralen Messfelder auf Größen von 300 µm^2, 150 µm^2 und 38 µm^2, ergibt sich eine deutliche Reduzierung (ca. 30 %, 40 – 50 % und 55 – 75 %) der Rauheitswerte Abb. 72. Die Tendenzen der Ergebnisse der zuvor erstellten DOMe bleiben jedoch erhalten. ZM2 differenziert sich stärker gegenüber ZM1, bei hoher Vergrößerung. Unterschiede zwischen den keramischen Oberflächen (ZM1 und ZM2) ergeben sich für den Flächenmehrwert (14 – 15 % bzw. 21 – 31 %), die Titanprobe ist deutlich zerklüfteter (doppelt bis vierfach, im Vergleich zu Keramiken), der Oberflächenmehrwert vervielfacht sich (74 – 250 %).

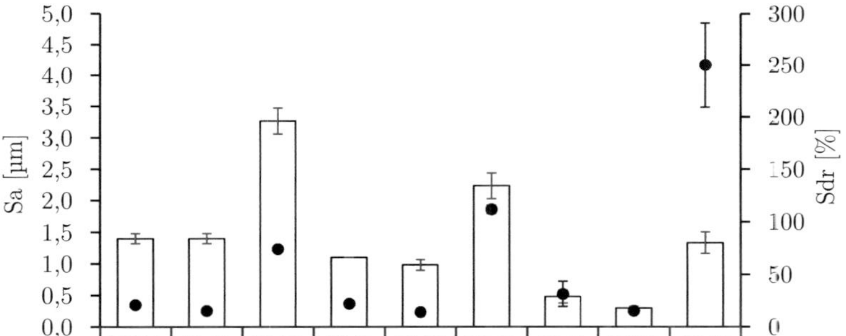

	ZM1	ZM2	ZM5	ZM1	ZM2	ZM5	ZM1	ZM2	ZM5
	300x300 µm^2			150x150 µm^2			38x38 µm^2		
□ Sa [µm]	1,40	1,40	3,27	1,10	0,98	2,23	0,48	0,30	1,33
● Sdr [%]	21	15	74	22	14	112	31	15	250

Abb. 72: Auswertung der reduzierten DOMe, laterale Messfelder 300 µm^2 150 µm^2 und 38 µm^2, Sa und Sdr-Wert, ermittelt aus den Rauheitsmodellen auf den verschiedenen Materialien ZM1 – raue Keramik, ZM2 – festigkeitsgestrahlte Keramik, ZM5 – Titan (N=6).

Zusammenfassung bisheriger Ergebnisse in Vorbereitung auf die zellbiologische Prüfung:

In der physikochemischen Prüfung zeigt die Serie ZM3 mittels Ar-Kalt-Plasma behandelt, komplette Benetzbarkeit bei hoher Oberflächenenergie. Es folgen die Keramikproben (ZM2 festigkeitsgestrahlt und ZM1 Ausgangszustand) mit etwa vergleichbaren Werten. Die polierte Keramikoberfläche (ZM4) weist die geringste Polarität der Oberfläche auf, während Titan (ZM5) den höchsten Wasserkontaktwinkel zeigt. Auf ZM1, ZM2, (ZM3) und ZM5 liegen ungerichtete Strukturen vor. Die polierte Keramikoberfläche (ZM1) weist kaum Oberflächenstruktur, nur leichte gerichtete Polierspuren, auf. Die Rauheit der Titanprobe ist am höchsten, gefolgt von den Keramikoberflächen (ZM1 und ZM3). Durch die Festigkeitsstrahlung (ZM2) wird insbesondere der Oberflächenmehranteil reduziert.

5.3.2.2. Initialadhäsion

In der Gesamtbetrachtung des Verlaufs der quantifizierten Initialadhäsion (Abb. 73) zeigt sich tendenziell eine Zunahme der Zellzahlen von 20 auf 60 min. Von 60 min zu 180 min ergibt sich keine weitere deutliche Steigerung.

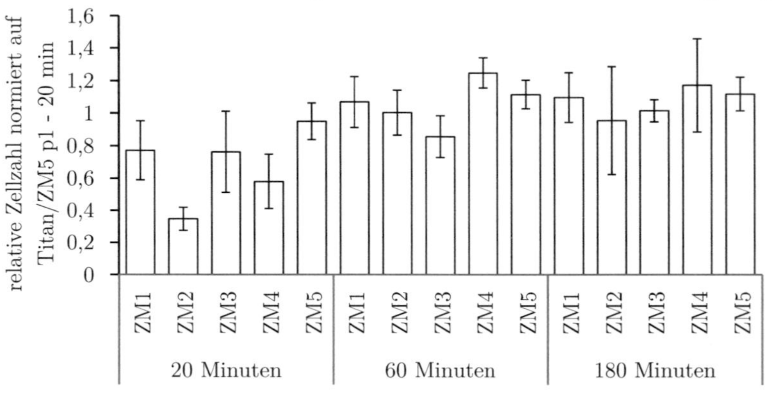

Abb. 73: Verlauf der Initialadhäsion nach 20, 60 und 180 min für die verschiedenen Oberflächen (N=6). ZM1 – rau, ZM2 – rau+SP, ZM3 – rau+Plasma, ZM4 – poliert, ZM5 – Titan rau.

Die festigkeitsgestrahlten (ZM2) und polierten Prüfkörper (ZM4) zeigen nach 20 min Initialadhäsion die geringsten Werte. Es ergeben sich signifikante Unterschiede (Tukey-Test; p=<0,001, α=0,05) von festigkeitsgestrahlten Oberfläche (ZM2) zu der rauen Ausgangsoberfläche (ZM1), der plasmabehandelten Probe (ZM3), Titan (ZM5) und von der polierten Oberfläche (ZM4) zu Titan (ZM5). Nach 60 min sind die Zellzahlen auf ZM2 und ZM3 gegenüber ZM4 reduziert. Von 60 min auf 180 min ist keine deutliche Zunahme der Zellzahlen auf den Oberflächen mehr auszumachen. Nach 180 min zeigen sich zwischen den verschiedenen Oberflächen in Bezug auf die erreichte Zellzahl keine signifikanten Unterschiede.

Initialadhäsion nach 20 Minuten Inkubation

Nach 20 min Inkubationszeit (Abb. 74) ist mittels CLSM eine morphologisch diverse Spreitung der Zellen zu erkennen. Die Aktinfasern des Zytoskeletts sind rot eingefärbt. Paxillin (grün) befindet sich in der Zellperipherie, als Teil eines „Focal Adhesion Complex", nahe der Zellmembran. Das Vinculin (der Zellkern) ist cyan eingefärbt.

Die Zellen bilden je nach besiedelter Oberfläche runde bis spindelförmige Zellformen. Auf der polierten Oberfläche (ZM4) sind die Zellen am Stärksten gespreitet, gefolgt von ZM2 und den gestrahlten Oberflächen ZM1 und ZM3. Die Zellen aus ZM5 zeigen kurze, durchbrochene Aktinfasern, die Zellform ist weitestgehend regellos, Paxillin (grün) ist kaum nachweisbar. Paxillin ist nach 20 min bereits auf allen keramischen Oberflächen zu erkennen. Auf der polierten Y-TZP Oberfläche zeigt sich überwiegend eine zirkuläre Anordnung dieser fokalen Kontaktpunkte. Auf den rauen Y-TZP Oberflächen (ZM1, ZM3) sind die Zellen teilweise spindelförmig ausgebildet und polarisiert. Allerdings lässt sich anhand der Bilder keine Korrelation zwischen der Ausprägung der Fokalkontakte und den Oberflächentopographien oder den Zellformen ableiten.

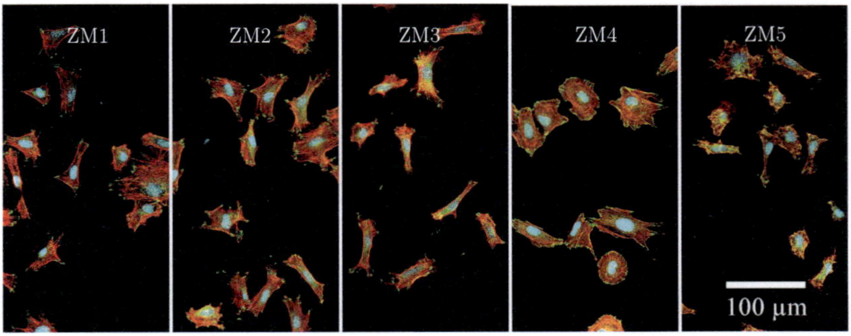

Abb. 74: CLSM Aufnahmen der Initialadhäsion nach 20 min; rot - Aktin, cyan - Vinculin und grün - Paxillin, Maßstabsbalken 100 µm. ZM1 – rau, ZM2 – rau+SP, ZM3 – rau+Plasma, ZM4 – poliert, ZM5 – Titan rau. (Größere Abbildung siehe Anhang C - 290 -)

Mittels Rasterelektronenmikroskopie wird neben der Verteilung der Zellen (Abb. 75) auf den Oberflächen auch die Interaktion dieser mit der entsprechenden Topographie dargestellt. Die Zellen sind auf allen Oberflächen statistisch verteilt (ebenso Anhang C Abb. 117). Eine bevorzugte Besiedlung von topographiebildenden Tälern oder Erhebungen der Oberfläche ist nicht deutlich ersichtlich. Da die Zellen im Tropfen ausgesiedelt wurden, überwiegt auf den Oberflächen eine konvektionsabhängige Anhäufung von Zellen am ehemaligen Tropfenrand. Auf ZM4 nehmen die Zellen überwiegend eine unpolare Zellausrichtung ein. Im Schnitt ist die Zellfläche größer (Abb. 75). Auf ZM1 und ZM3 werden bevorzugt Vorsprünge, Kanten und Erhebungen zur Adhäsion des Zellkörpers auf der Oberfläche genutzt. Hierbei bildet die Zelle ausgeprägte Fortsätze über Täler hinweg und bildet längere Filopodien. Im Besiedlungsverhalten der Zellen lässt sich anhand der REM Bilder durch die Plasmabehandlung (ZM3) keine Veränderung im Vergleich zur rauen Ausgangsoberfläche (ZM1) nachweisen. Auf der festigkeitsgestrahlten Oberfläche (ZM2), auf der die Nanotopographie eingeebnet ist, sind die Zelladhäsionsbereiche homogener und breitflächiger ausgebildet, im Vergleich zu den nur gestrahlten Ausgangsoberflächen.

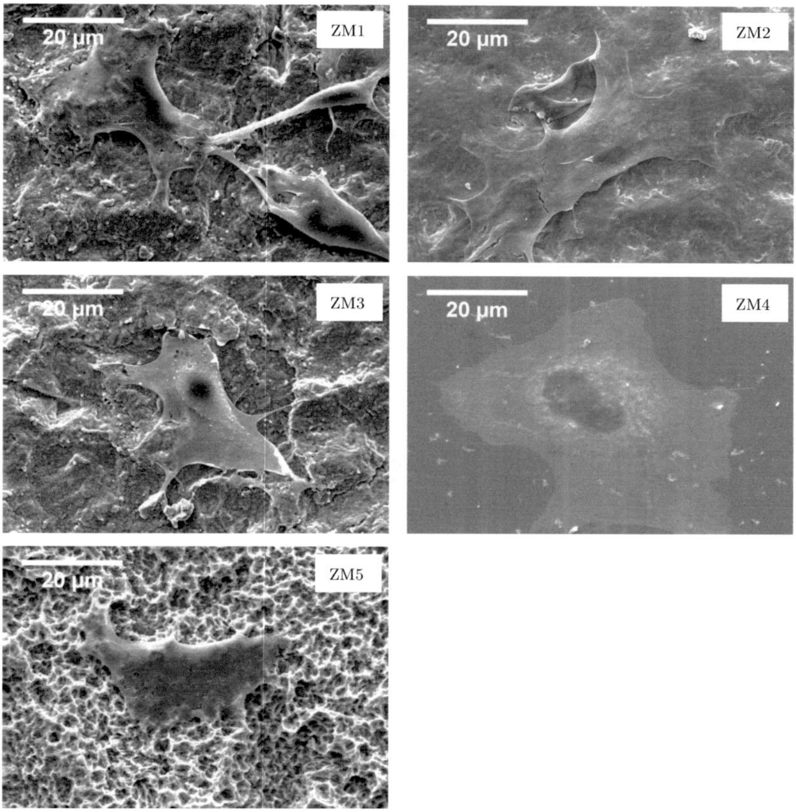

Abb. 75: Rasterelektronenmikroskopische Bilder einzelner Zellen nach 20 min Inkubationszeit, auf den Oberflächen im SE-Kontrast (Gerät 1: Evo MA 10). ZM1 – rau, ZM2 – rau+SP, ZM3 – rau+Plasma, ZM4 – poliert, ZM5 – Titan rau.

Initialadhäsion nach 60 Minuten Inkubation:

In den CLSM Aufnahmen zeigt sich (Abb. 76) nach 60 min gute Zellspreitung, wobei sich die Zellform auf allen Y-TZP Oberflächen gleichermaßen inhomogen, mit einem erhöhten Anteil an Filopodien, darstellt.
Unabhängig von der Oberflächentopographie kann festgestellt werden: Je ebener der Bereich der Oberfläche ist auf dem die Zelle adhäriert, desto höher ist die Ausdehnung der Zelle. Die Zytoskelettausbildung ist wiederum deutlich abweichend auf der Titanoberfläche. Die Zellen sind in der 2D-Darstellung nach wie vor etwas kleiner mit unterbrochenem Zytoskelett. Paxillin ist auf ebeneren OF an mehr Punkten vorhanden. Subjektiv betrachtet sind auf ZM2 gegenüber ZM1 trotz vergleichbarer makroskaliger Rauheit mehr Fokalkontakte vorhanden.

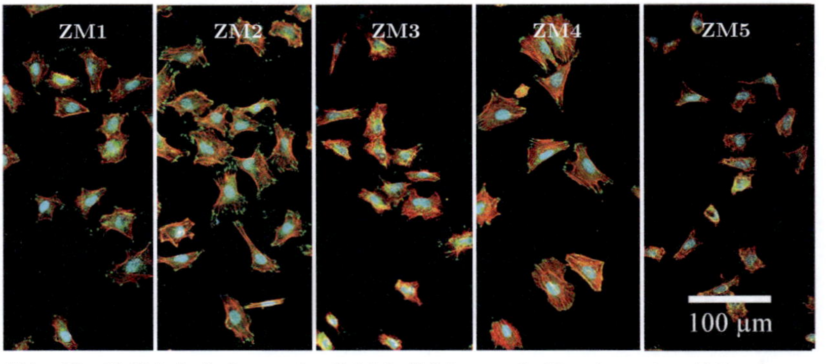

Abb. 76: CLSM Aufnahmen der Initialadhäsion nach 60 min; rot - Aktin, cyan - Vinculin und grün - Paxillin, Maßstabsbalken 100 µm. ZM1 – rau, ZM2 – rau+SP, ZM3 – rau+Plasma, ZM4 – poliert, ZM5 – Titan rau. (Größere Abbildung siehe Anhang C - 291 -)

In den REM Bildern (Abb. 77) bestätigt sich die höhere Anzahl an Filopodien nach 60 min. Die Zellen ziehen sich an den Rändern dünn über die Oberfläche, sind schwerer vom Untergrund zu differenzieren und weisen einen niedrigeren Kontrast auf. Das deutet darauf hin, dass die Zellen stärker an den Untergrund adhärieren und morphologisch stark abgeflacht sind.

Auf ZM3 sind im CLSM und REM teilweise abgelöste Zellen bzw. Zellbereiche, insbesondere der Peripherie zu erkennen. Die Zellen verändern ihre Form, sie werden länglicher. Es zeigt sich eine deutliche Polarisation der Zelle. Paxillin ist nun klarer auf jeweils zwei Seiten nachweisbar.

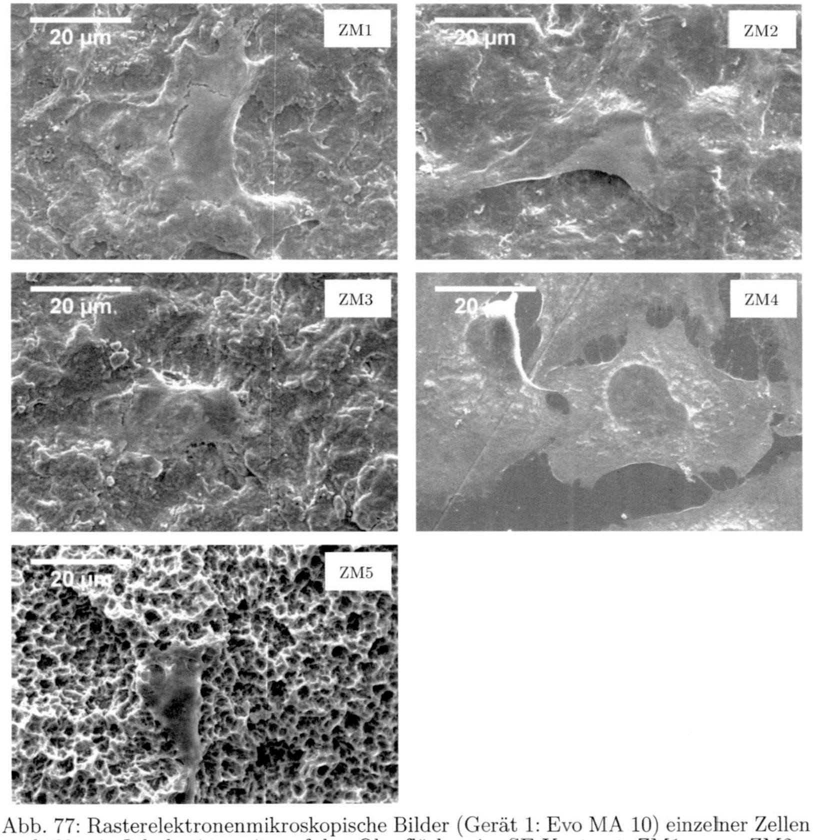

Abb. 77: Rasterelektronenmikroskopische Bilder (Gerät 1: Evo MA 10) einzelner Zellen nach 60 min Inkubationszeit, auf den Oberflächen im SE-Kontrast. ZM1 – rau, ZM2 – rau+SP, ZM3 – rau+Plasma, ZM4 – poliert, ZM5 – Titan rau.

Inititaladhäsion nach 180 Minuten:

Nach 180 min Inkubation kann man im CLSM vermehrt von der Oberfläche gelöste Zellränder und gut polarisierte Zellen (Abb. 78) beobachten. Während die Zellen auf ZM4 (poliert) und insbesondere auch auf ZM2 (SP) weiter an Zellfläche zulegen, stagniert die Zellspreitung auf ZM1 (rau) und ZM3 (Plasma). Die Zellform auf der Ausgangsoberfläche ZM1 und plasmabehandelten Oberfläche ZM3 verändert sich in Richtung Spindelform. Die Zellform auf ZM3 ist vergleichsweise gering. Auf ZM5 (Titan) ist die Zellgröße über die beobachteten drei Zeiten annähernd stabil.

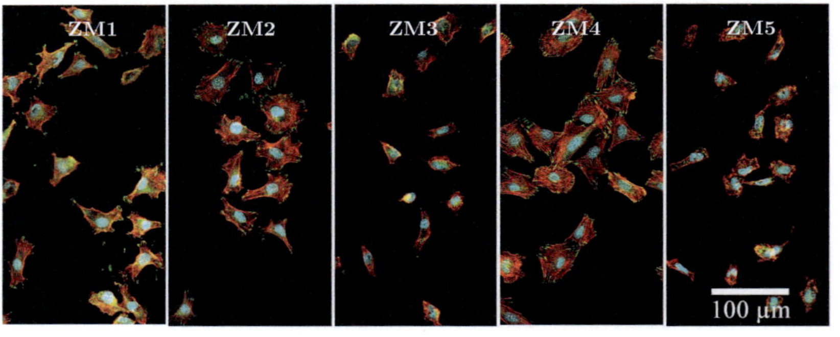

Abb. 78: CLSM Aufnahmen der Initialadhäsion nach 180 min; rot - Aktin, cyan - Vinculin und grün -Paxillin. ZM1 – rau, ZM2 – rau+SP, ZM3 – rau+Plasma, ZM4 – poliert, ZM5 – Titan rau. (Größere Abbildung siehe Anhang C - 292 -)

Die rasterelektronenmikroskopischen Aufnahmen zeigen, dass der enge Verbund der Zellen mit der Oberfläche weiter abnimmt (Abb. 79). Die Zellen spannen sich überwiegend von markanten Punkten an der Oberfläche, die mit Ankerpunkten an den Zellrändern oder Filopodien verknüpft sind, über Täler der Oberfläche. Auf der rauen Titanoberfläche ist ihr Zytoskelett teilweise von Spitzen der Oberfläche durchbrochen. An anderer Stelle spannen sich die Zellen von den höchsten Punkten der Oberfläche über die Krater auf, ohne die Oberfläche mit dem Zellkörper zu berühren (Abb. 79 - ZM5 linker Bildbereich). In den rasterelektronischen Übersichtsaufnahmen (Anhang C Abb. 118 - linke Teilbilder SE, rechte Teilbilder RE) zeigen sich nach 180 min auf allen Probenoberflächen eine höhere Anzahl an Zellen. Es zeigt sich an den Bildern, dass noch viel Raum zwischen den Zellen existiert. Die Besiedlung ist inhomogen.

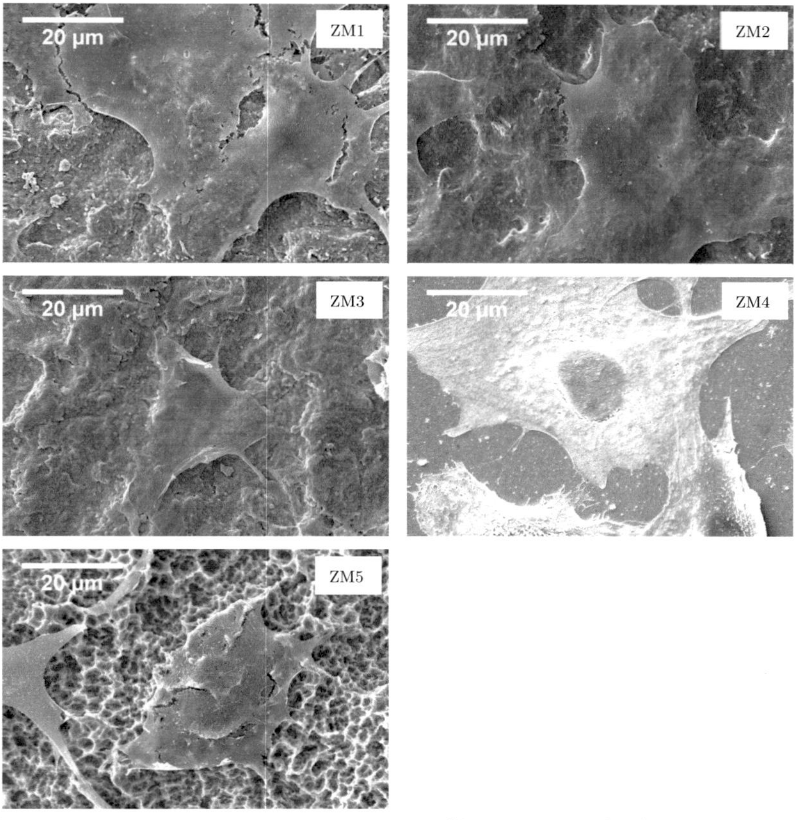

Abb. 79: Rasterelektronenmikroskopische Bilder (Gerät 1: Evo MA 10) einzelner Zellen nach 180 min Inkubationszeit, auf den Oberflächen im SE-Kontrast. ZM1 – rau, ZM2 – rau+SP, ZM3 – rau+Plasma, ZM4 – poliert, ZM5 – Titan rau.

Die Zellen auf den polierten Oberflächen nehmen größere Ausdehnung an und zeigen keine auffällige Anordnung. Die Interpretation der Abbildungen auf ZM5 ist aufgrund der hohen Oberflächenrauheit auch im Materialkontrast nur eingeschränkt möglich. Grundsätzlich sind die Zellen kleiner und länglicher ausgebildet. Die Zellen liegen in den Vertiefungen und an den Flanken der Rauheit, was die Differenzierung über die gewählte Bildgebung weiter erschwert.

5.3.2.3. Stoffwechselaktivität und Proliferation

Im Folgenden sind die Ergebnisse der Zellzählung, des XTT Test und des Kollagennachweises nach drei und sieben Tagen gegenübergestellt.

<u>XTT-Ergebnisse nach drei und sieben Tagen Inkubation</u>

Im XTT Test (Abb. 80), der die Stoffwechselaktivität bzw. Proliferation quantifiziert, werden an Titan die geringsten Werte, gefolgt von ZM3 (Plasma behandelt) ermittelt.

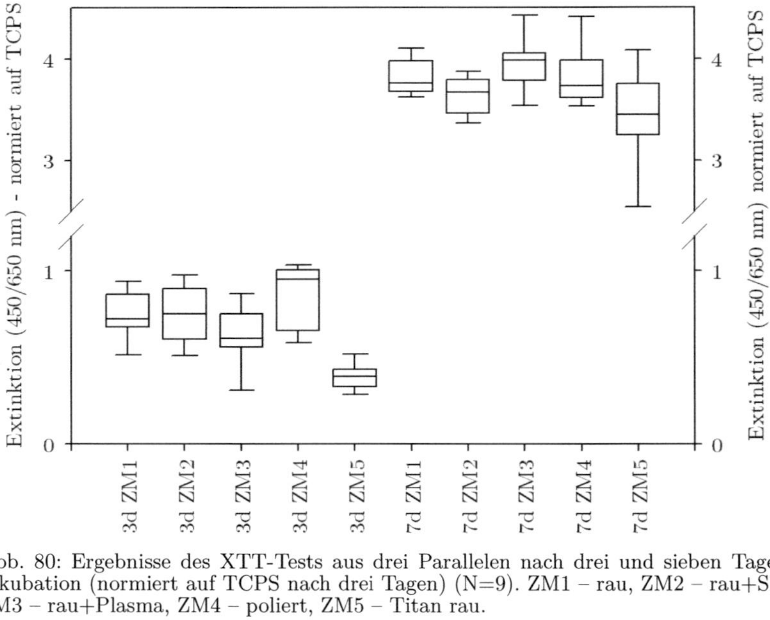

Abb. 80: Ergebnisse des XTT-Tests aus drei Parallelen nach drei und sieben Tagen Inkubation (normiert auf TCPS nach drei Tagen) (N=9). ZM1 – rau, ZM2 – rau+SP, ZM3 – rau+Plasma, ZM4 – poliert, ZM5 – Titan rau.

Die Zellvitalität (N=9), ermittelt über Lebend-Tot-Färbung, liegt für alle Prüfkörper nach drei Tagen über 99 %: ZM1: 99,92 %, ZM2: 99,31 %, ZM3: 99,25 %, ZM4: 99,74 %, ZM5: 99,68 %.

Auch nach sieben Tagen werden auf allen Oberflächen über 99 % erreicht: ZM1: 99,26 %, ZM2: 99,15 %, ZM3: 99,39 %, ZM4 99,27 %, ZM5: 99,33 %. Alle keramischen Oberflächen erreichen signifikant höhere Werte im Vergleich zu Titan (Tukey-Test; $p=<0{,}001$, $\alpha=0{,}05$). Die Stoffwechselaktivität ist nach sieben Tagen auf den keramischen Oberflächen 5 – 6x und auf ZM5 9x erhöht. Nach sieben Tagen sind über alle Serien keine signifikanten Unterschiede erkennbar.

Morphologie:

In den CLSM-Bildern zeigen die Zellen nach drei Tagen Inkubationszeit längliche Form (Abb. 81). Mit langen Zellausläufern werden Zell-zu-Zell Kontakte insbesondere auf den Oberflächen Ausgangsoberfläche (rau) ZM1 und der plasmabehandelten Oberfläche ZM3 und partiell an Titan (ZM5) etabliert. Auf ZM2, der festigkeitsgestrahlten rauen Oberfläche, zeigt sich ein inhomogenes Zellverhalten. Zusammen mit der polierten Oberfläche ist die Zellspreitung ausgeprägter gegenüber den weiteren Oberflächen. Die Bildung der Zell-zu-Zell Kontakte scheint ausgeprägter. Paxillin ist dagegen kaum noch nachweisbar.

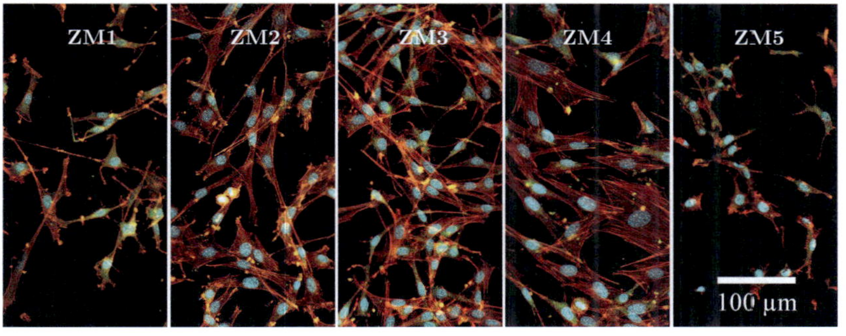

Abb. 81: CLSM Aufnahmen nach 3 Tagen inkubation; rot-Aktin, cyan-Vinculin, grün-Paxillin, Maßstabsbalken 100 µm. ZM1 – rau, ZM2 – rau+SP, ZM3 – rau+Plasma, ZM4 – poliert, ZM5 – Titan rau. (Größere Abbildung Anhang C - 293 -)

Des Weiteren belegt die Aktinfärbung die deutliche Ausbildung von „Stressfibres“ mit einer ausgeprägten und gerichteten Orientierung in den Zellen auf den polierten Oberflächen. Die größten Ausdehnungen nehmen die Zellen auf ZM4, gefolgt von ZM2, dann ZM1 und ZM3 ein, während die Zellen auf ZM5 eine geringere Ausdehnung aufweisen.

Nach sieben Tagen lässt sich anhand der CLSM Aufnahmen (Abb. 82) ein konfluenter Zellrasen auf allen Keramikoberflächen nachweisen. Die Zellen liegen mehrlagig übereinander. Lediglich auf Titan (ZM5) kann man noch kleine unbesiedelte Bereiche (schwarz) erkennen. Die Zellform ist entsprechend des fibroblastenähnlichen Phänotyps langgestreckt. Auf ZM5 hat die Zellform ein leicht abweichendes morphologisches Erscheinungsbild. Hier ähneln die Zellen dem Erscheinungsbild nach Tag 3.

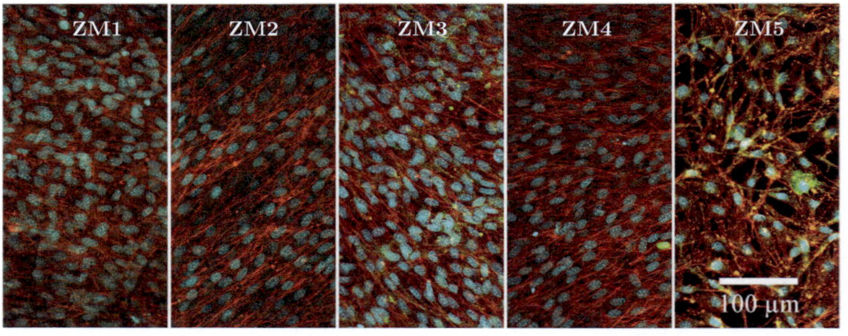

Abb. 82: CLSM Aufnahmen des Zellwachstums nach 7 Tagen; rot-Aktin, cyan-Vinculin und grün-Paxillin, Maßstab 100 µm. ZM1 – rau, ZM2 – rau+SP, ZM3 – rau+Plasma, ZM4 – poliert, ZM5 – Titan rau. (Größere Abbildung siehe Anhang C - 294 -)

In den rasterelektronischen Übersichtaufnahmen (siehe Anhang C Abb. 119 linke Teilbilder jeweils Topographiekontrast, rechte Teilbilder jeweils Materialkontrast) zeigt sich nach drei Tagen insgesamt eine deutliche Zunahme der Anzahl der Zellen und Verdichtung der Zellbesiedlung gegenüber den Ergebnissen nach 180 min. Auf der polierten Oberfläche ZM4 erkennt man dies besonders deutlich. Die Zellen auf der polierten Oberfläche formen sich gegenüber 180 min länglich ein. Die Besiedlung ist auf den rauen Oberflächen inhomogen, stellenweise existieren Bereiche, die keine Zellen aufweisen (ZM3 - Plasma). Die Interpretation der RE-Abbildungen auf ZM5 ist aufgrund der hohen Oberflächenrauheit und des veränderten Materialkontrastes schwierig. Die Zellen sind überwiegend spindelförmig. Die Details der Zellmorphologie werden bei höherer Vergrößerung im SE-Kontrast sichtbar (Abb. 83).

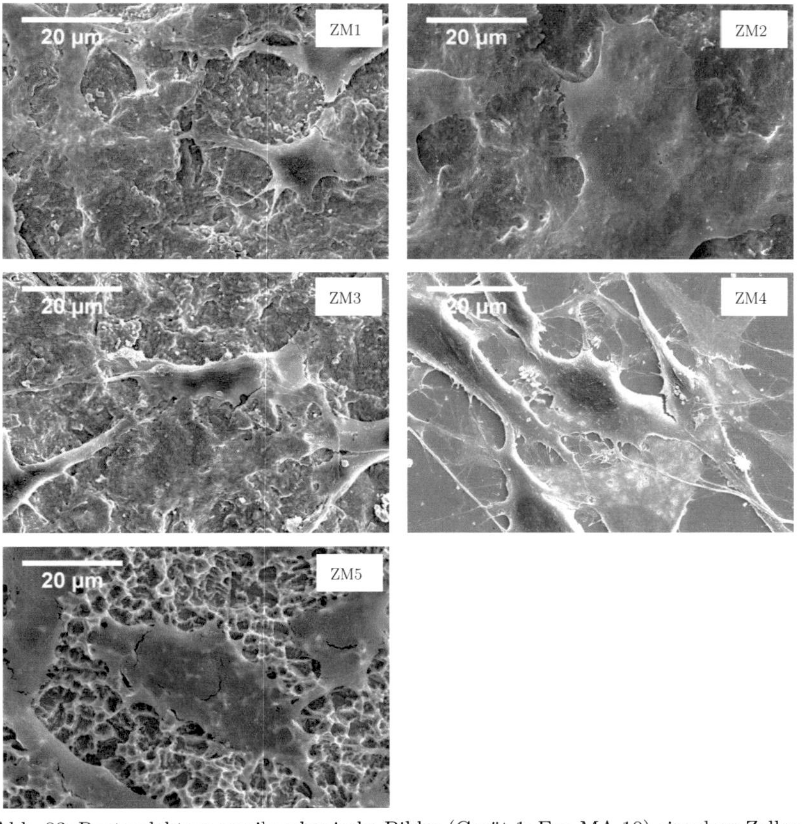

Abb. 83: Rasterelektronenmikroskopische Bilder (Gerät 1: Evo MA 10) einzelner Zellen nach 3 Tagen Inkubationszeit, auf den Oberflächen im SE-Kontrast. ZM1 – rau, ZM2 – rau+SP, ZM3 – rau+Plasma, ZM4 – poliert, ZM5 – Titan rau.

Auf den Oberflächen ZM2 und ZM4 sind die Zellen flächiger gespreitet und zeigen einen engen Oberflächenverbund. Auf allen Oberflächen stellt sich die Zellspreitung sowohl spindelförmig als auch rund/polymorph, mit teilweise über Vertiefungen oder andere Zellen aufgespannten Bereichen, dar. Die Zellen auf ZM5 liegen auf den spitzen Erhebungen der Oberfläche auf und spannen sich über die Vertiefungen. Rasterelektronenmikroskopisch lassen sich die CLSM Befunde nach sieben Tagen bestätigen (Abb. 84).

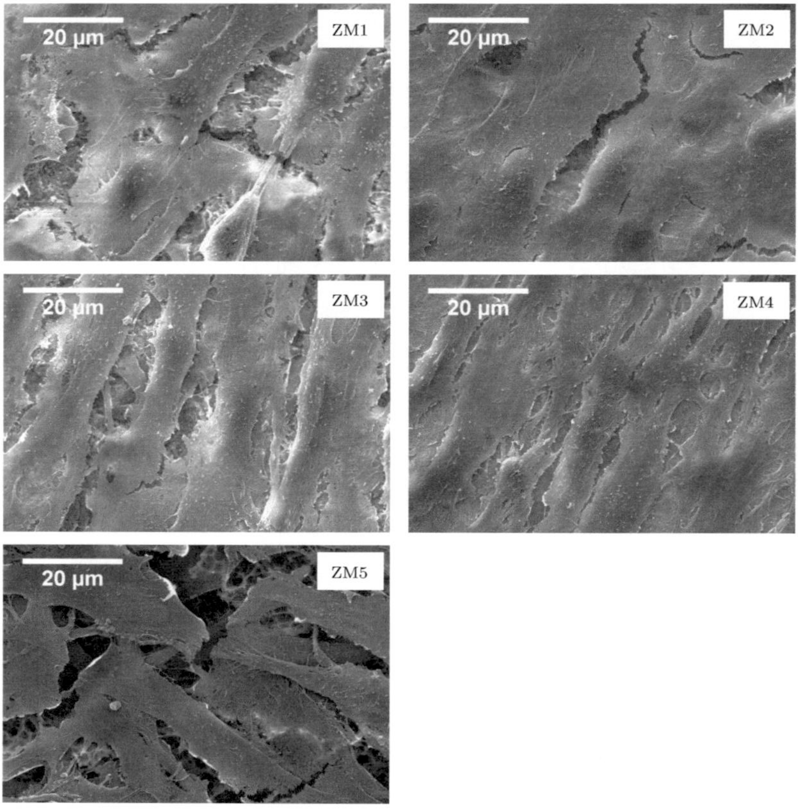

Abb. 84: Rasterelektronenmikroskopische Bilder (Gerät 1: Evo MA 10) des Zellrasens nach 7 Tagen Inkubationszeit, auf den Oberflächen im SE-Kontrast. ZM1 – rau, ZM2 – rau+SP, ZM3 – rau+Plasma, ZM4 – poliert, ZM5 – Titan rau.

Grundsätzlich ist ein mehrlagiger Zellteppich auf allen Probenoberflächen vorhanden. Die Zellen sind langgestreckt. Partiell ist an übereinanderliegenden Zellrändern der darunterliegende Prüfkörperoberfläche erkennbar. Hierbei könnte es sich auch um trocknungsbedingte Artefakte handeln. Am deutlichsten erkennt man die Prüfkörperoberfläche an ZM5.

Kollagen

Die Kollagenkonzentration (Sirius Red) ist nach sieben Tagen Inkubation besonders hoch auf der polierten Oberfläche ZM4 (Abb. 85). Die rauen Keramikoberflächen (ZM1, ZM2, ZM3) liegen etwa im gleichen Bereich. ZM3 zeigt insbesondere nach drei Tagen die geringsten Werte auf den keramischen Oberflächen. Die geringste Kollagenkonzentration liegt insgesamt auf Titan vor. Selbst nach sieben Tagen liegt der Wert noch unter der mittleren Konzentration des Kollagens auf den Keramikproben nach drei Tagen Inkubation.

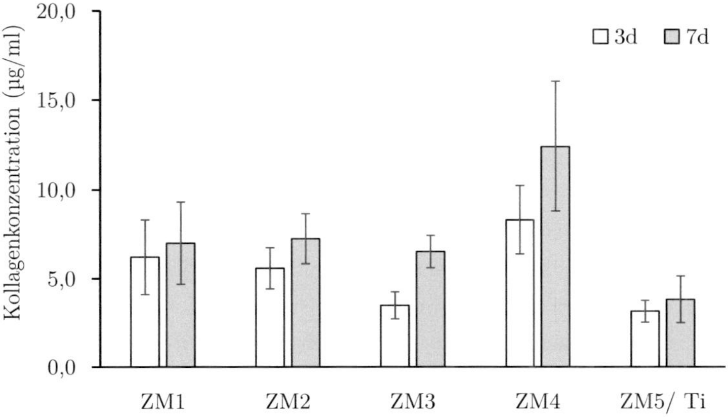

Abb. 85: Kollagenkonzentration auf den verschiedenen Oberflächen nach 3 und 7 Tagen. ZM1 – rau, ZM2 – rau+SP, ZM3 – rau+Plasma, ZM4 – poliert, ZM5 – Titan rau.

5.3.3. Vertiefte Oberflächencharakterisierung

Die durch die Festigkeitsstrahlung an der Oberfläche entstandene Struktur lässt weiterführende Fragen offen. Was passiert mit der Oberflächenschicht und wodurch entsteht die Festigkeitserhöhung im Detail? Wie stabil ist die Oberflächenmodifizierung und wodurch entsteht der veränderte Farbeindruck im festigkeitsgestrahlten Bereich? Diese Fragen werden im folgenden Kapitel aufgegriffen.

5.3.3.1. Rietveld-Analyse

Zur Charakterisierung der durch das Festigkeitsstrahlen hervorgerufenen Oberflächenschicht ist zunächst erweiterte Kenntnis über die im Bulk-Material vorliegenden Strukturen des ZrO_2 notwendig. Bislang beschränken sich Vorgaben von Normen lediglich auf die qualitative Ermittlung und Quantifizierung der monoklinen Phase. Nach [102] ist in konventionellem 3Y-TZP neben tetragonaler Phase auch mit einem gewissen Anteil an kubischer Phase zu rechnen.

Das Ergebnis der Rietveldsimulation basierend auf einem zweiphasigen Startmodell mit einer tetragonalen „t" (blau), kubischen „c" (rot) zeigt Abb. 86 oben. Die Detailbetrachtung ermöglicht die Differenzierung der Auffälligkeiten. Der c(111) „sitzt" mittig im t(101). Jedoch zeigt sich zwischen den t(002) und t(110) Reflexen nicht die notwendige Profilergänzung durch die Profilanpassung unter Verwendung der kubischen Phase. Auf der linken Seite des c(200) fehlt es der rechnerischen Lösung an Intensität. Noch deutlicher wird das Fehlen der Intensität bei höherer Beugungsordnung der eben bezeichneten Reflexe. Das Ergebnis des zweiten Startmodells, basierend auf der Verwendung von zwei tetragonalen Phasen (t blau und t‘ rot), mit unterschiedlichen Gitterparametern bzw. Tetragonalitätsfaktoren ist in Abb. 86 unten dargestellt. Auffällig ist zunächst die bessere Übereinstimmung von Fit (rot) und Messung (schwarz). Der bessere Fit zwischen den t(002/110) Reflexen wird deutlicher im Ausschnitt der höheren Beugungsordnung der entsprechenden Reflexe t(004/220) dargestellt.

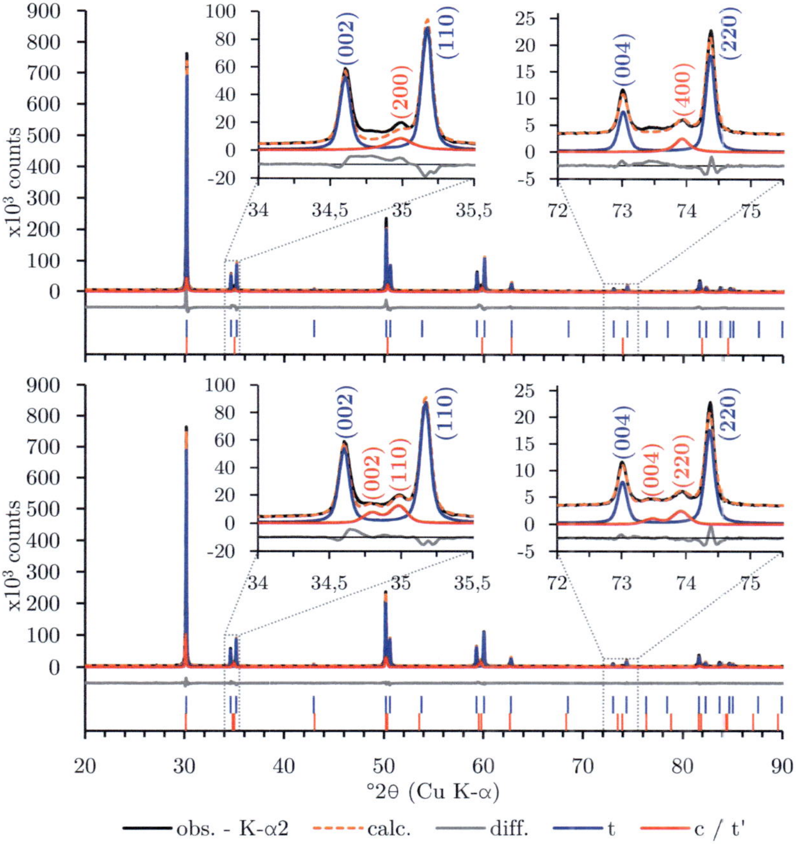

Abb. 86: Exemplarische Rietveldsimulation des Beugungsdiagramms mit Detailausschnitten. Das gemessene Beugungsdiagramm nach K-α_2 Abzug (obs.-K-α_2) – schwarz; das simulierte Beugungsdiagramm (calc.) – orange Punktlinie; die Differenzskurve (diff.) –simulierte tetragonale Phase (t) – blaue Linie und Indices; simulierte kubische (c) bzw. t‘ Phase (t‘) – rote Linie und Indices. Oben: Fit mit der tetragonalen und kubischen Phase (t blau und c rot). Unten: Fit mit zwei tetragonalen Phasen (t blau und t‘ rot), XRD Setup 1.

Die Ergebnistabelle (Tabelle 26) gibt eine Übersicht über die Ergebnisse der Phasenzusammensetzung an den Probenoberflächen an ausgewählten Prüfkörperserien.

Der Anteil der nicht umwandelbaren t‘ Phase bleibt für MS-U und den Ausgangszustand annähernd konstant. C-ISO weist den höchsten Anteil an t‘ auf, das Optimierte den geringsten. Der Tetragonalitätsfaktor für die umwandelbare tetragonale Phase t liegt bei 1,015 (optimiertes Material) bzw. 1,016 (C-ISO). Die Kristallitgröße der t-Phase sinkt in der Reihenfolge von C-ISO→ MS-U→ Ausgangszustand→ optimiertes Material. Eine belastbare Bestimmung von Gitter- und Mikrostrukturparameter der t‘-Phase ist bei geringen Anteilen und niedrigen Kristallitgrößen oft nicht möglich. In diesen Fällen wird der Tetragonalitätsfaktor auf den Wert von 1,006 festgelegt (bestimmt an Proben mit günstigeren Kristallitgrößen).

Tabelle 26: Übersicht über die mittels Rietveld bestimmte Zusammensetzung (wt%) der Phasen t und t', Zellvolumen (Vuc) sowie die aus den a und c Werten berechnete Tetragonalität. Rest ist Anteil der monoklinen Phase.

	optimiertes Material		Ausgangs-zustand		MS-U		C-ISO	
Phase	t	t‘	t	t‘	t	t‘	t	t‘
wt%	85,5	14,4	76,0	22,5	76,1	22,5	73,8	25,1
a [Å]	3,6056	3,626	3,6046	3,624	3,6048	3,623	3,6044	3,623
c [Å]	5,1762	5,160	5,1774	5,155	5,1772	5,155	5,1786	5,157
Tetra-gonalität	1,015	1,006	1,016	1,006	1,016	1,006	1,016	1,006
Kristallit-größe L_{VOL}_IB [nm]	90	45	139	34	152	32	209	46

Phasen an der Oberfläche der festigkeitsgestrahlten Proben

Mittels Rietveldsimulation wird der Versuch unternommen, die Oberflächenphase, die sich als Aufweitung aller tetragonaler Reflexe zeigt, (nun kurz „Hump“ genannt) strukturell zu identifizieren. Mögliche Startmodelle für den Hump wurden aus der Literatur entnommen (Kapitel 2.2.3.3) bzw.

basieren auf der qualitativen Analyse mittels pdf-Datenbank (Anhang C Tabelle 35). Als Startmodell dient die Zusammenstellung von umwandelbarer tetragonaler Phase, in Kombination mit der nicht umwandelbaren t‘-Phase und der monoklinen Phase. Dazu werden die zusätzlichen Strukturmodelle einer kubischen Phase oder rhomboedrischen Phase bzw. feinen tetragonalen eingefügt und verfeinert (Abb. 87).

Keines der für den Hump verwendeten Modelle (Abb. 87) liefert eine zufriedenstellende Erklärung aller Veränderungen im Beugungsdiagramm. Die zusätzlich auftretende ferroelastische Domänenumkehr ist nur ungenügend über Texturmodelle anzupassen. Alle verwendeten Strukturmodelle zeigen grundsätzliche Übereinstimmungen und Abweichungen zum „Hump“. Insbesondere die anisotrope Verbreiterung der Reflexe ist nur ungenügend berücksichtigt. Die Verzerrung des t(102) Reflexes (siehe Abbildung $2\theta \sim 43°$) berücksichtigt jedoch von den möglichen Strukturen nur die t-Hump Struktur (grün).

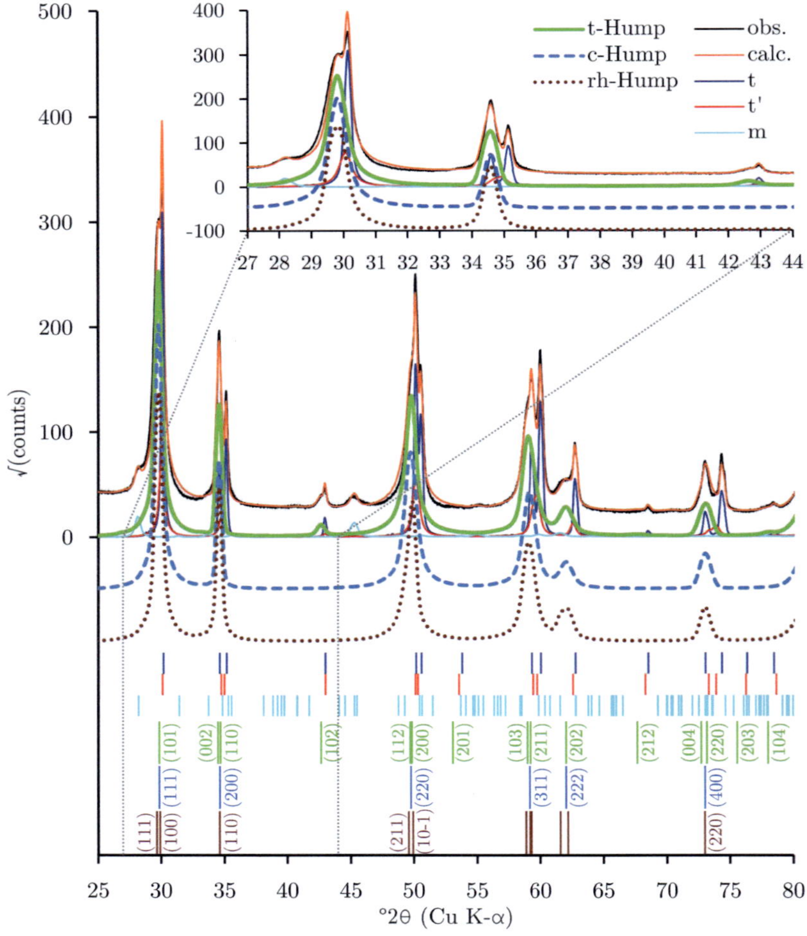

Abb. 87: Rietveldsimulation einer SP-Probe (XRD Setup 1). Das gemessene Beugungsdiagramm (obs.) – schwarz; das simulierte Beugungsdiagramm (calc.) – orange Linie. Zusätzlich zu den bekannten Phasen (t (blau) und t‘ (rot)), wird eine feine tetragonale Phase (t-Hump (grün)) und eine monokline Phase (cyan) zur Simulation des gemessenen Diffraktogramms verwendet. Die rhomboedrische Phase (rh-Hump (braun gepunktet), und kubische (c-Hump (blau gestrichelt)) sind als alternative Lösungen eingeblendet.

5.3.3.2. Schichtcharakterisierung XRD-Messung

Aufbauend auf den Diffraktogrammen aus Abb. 53 (Proben SP-5bar) werden XRD-Messungen im streifenden Einfall durchgeführt. Die Informationstiefe (90 %) entspricht für Theta 0,5° - 0,3 µm, 1° - 0,6 µm, 5° - 2,7 µm, 15° - 4,8 µm bei Verwendung von Cu K-α Strahlung. Das Beugungsdiagramm (Abb. 88) aufgezeichnet unter 0,5° erfasst somit etwa eine Kornlage der obersten Materialschicht. Die Beugungsreflexe sind breit und unsymmetrisch. Die für tetragonale Phase charakteristischen Doppelreflexe sind nicht klar erkennbar. Unter 1°, es werden etwa zwei Kornlagen erfasst, zeigen sich rechtsseitige Schultern an den Reflexen, die sich zu 5° verdeutlichen.

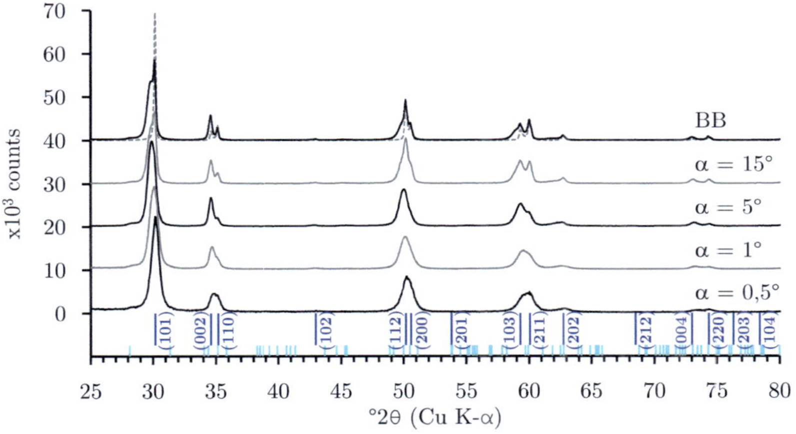

Abb. 88: Beugungsdiagramm aus GI-XRD Messung am 5bar gestrahlten Y-TZP mit 0,5°, 1°, 5°, 15° (XRD Setup 2). Die Informationstiefe entspricht etwa 0,3 µm, 0,6 µm, 2,7 µm, 4,8 µm. Oberes Beugungsdiagramm Bragg-Brentano Geometrie (BB). Die gestrichelte Linie (grau) entspricht dem Beugungsdiagramm im unbearbeiteten Zustand. Benannt sind die hkl der tetragonalen Phase (blau). Unkommentiert sind die Netzebenenlagen der monoklinen Phase (cyan).

Unter 15° werden aus den „Schultern“ wieder separierte Doppelreflexe. Der t(101), t(112) und t(103) weisen eine erkennbare linksseitige Schulter auf. In Bragg-Brentano Geometrie (BB) zeigt sich durch SP die linksseitige Schulter an den tetragonalen Reflexen und eine RIU an (002/110) und

(004/220). Zur weiteren Klärung der Struktur der Oberflächenschicht werden XRD-Messungen an festigkeitsgestrahlten Proben (SP – 5 bar) unter verschiedenen Psi-Winkeln über Verkippung der Probe mittels Eulerwiege aufgenommen. Das Beugungsdiagramm (Abb. 89) ermöglicht die Betrachtung der Netzebenen, deren Normalen nicht senkrecht zur Oberfläche stehen. Die Informationstiefe (90 %) beträgt im Messbereich bei Ψ=0: 2,2 – 5,8 µm. Bei Betrachtung der ausgewählten Ψ-Winkel (20°, 40°, 60°) wird eine Orientierung der tetragonalen Einheitszellen sichtbar. Dies ist besonders deutlich an den zunehmenden Intensitäten der entsprechenden Doppelreflexe t(002/110) und t(004/220) zu erkennen.
Bereits unter Bragg-Bedingung wurde dieser Effekt erkannt und als FDS bestimmt und über die RIU quantifiziert (Abb. 54 und Tabelle 19).

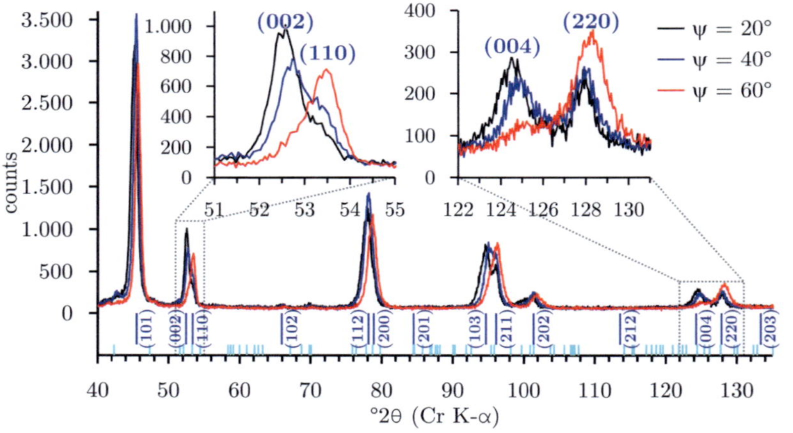

Abb. 89: Beugungsdiagramm einer SP Probe, Messung mit Cr k-α. Tilt Ψ: schwarz – 20°, blau – 40°, rot – 60°, Indices & hkl-Marker t-Phase –blau, hkl-Marker der m-Phase – cyan (XRD Setup 4).

Feingesetzte Ψ - Schritte (Δ 10°), zeigen in Abb. 90 unter sukzessiver Verkippung die tetragonale Elementarzelle in der SP-Oberfläche, mit der Ausrichtung der c-Achse orthogonal zur Oberfläche. Während unter Ψ - 0° der t(002) dominierend in Erscheinung tritt, reduziert sich dieser ab Ψ - 40°.

Bei Ψ - 70° hingegen ist fast nur noch der t(110) des Reflexdubletts erkennbar. Es zeigt sich eine Verschiebung der Reflexe, insbesondere des tetragonalen Hauptreflexes t(101), was auf Verzerrung der Elementarzelle, bzw. hohe Spannungen hinweist.

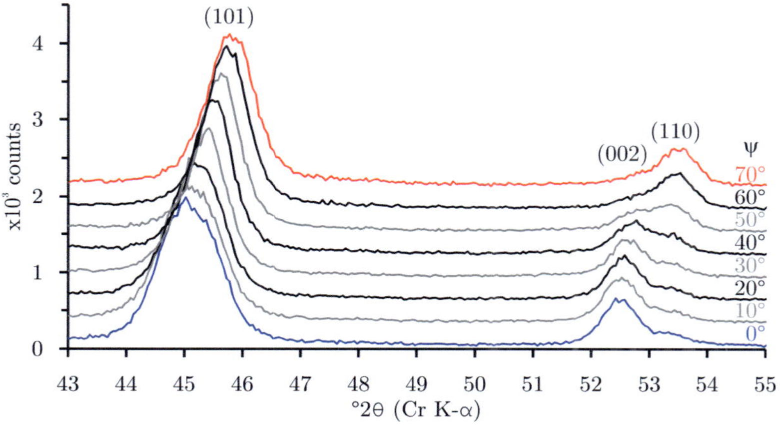

Abb. 90: Beugungsdiagramm aufgenommen mit Cr k-α Strahlung – Codierung der Ψ-Positionen: rechts, notiert sind die hkl der tetragonalen Phase (XRD Setup 4).

5.3.3.3. Hochtemperaturdiffraktometrie

Zur Prüfung der Einflussgröße „Zeit und Haltedauer" während HT-XRD werden drei festigkeitsgestrahlte Proben unterschiedlich schnell erwärmt und die Haltestufen variiert. In Abb. 91 sind die Messergebnisse der Halbwertsbreite des t(101) in % bezogen auf den maximalen Ausgangswert für drei festigkeitsgestrahlte Proben über der Temperatur aufgetragen (zum besseren Verständnis siehe Abb. 92). Die Anzahl der Temperaturschritte und Dauer der Haltezeit ist für HT3_g und HT3_7 mit einer Gesamtversuchszeit von etwa 2.500 min vergleichbar. Die Probe HT3_8 wurde bei geringerer Anzahl an Temperaturstufen getempert (Haltestufen bei 250 °C, 500 °C, 750 °C und 1.000 °C, nur 1,5 h Haltezeit je Stufe, Gesamtversuchszeit 1.100 min.). Obwohl die einzelnen Proben unterschiedlichen Temperaturstufen und Haltezeiten ausgesetzt wurden, findet die Abnahme der Halbwertsbreite (FWHM) des t(101), ausgehend von vergleichbarer Oberflächenbearbeitung in gleichem Maße und reproduzierbar statt. Nach Versuchsablauf liegt bei RT eine stark reduzierte Halbwertsbreite vor (Wert im Kästchen).

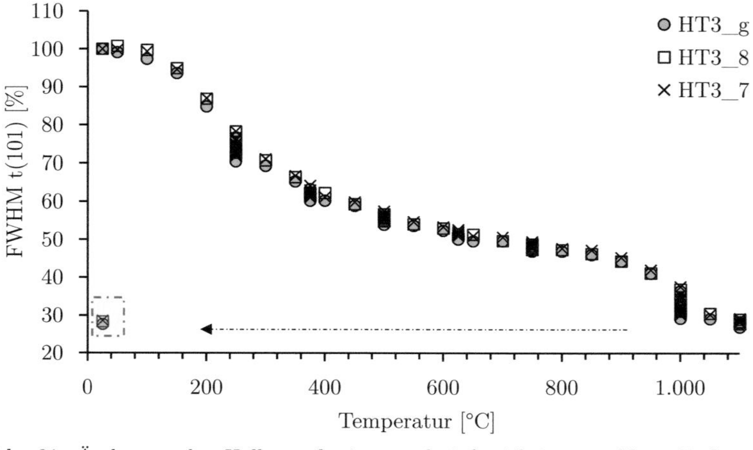

Abb. 91: Änderung der Halbwertsbreite an drei festigkeitsgestrahlten Proben zur Prüfung der Reproduzierbarkeit. Messpunkte im Kasten wurden nach Versuchsablauf und Abkühlung der Proben bei RT aufgenommen.

An drei ausgewählten Proben (SP (HT3_g), SP und LTD (HT3_ga) und nur LTD (HT3_a), wird die Temperaturbeständigkeit der entstandenen Oberflächenschicht anhand der Hochtemperaturdiffraktometrie untersucht. Der Ausschnitt ausgewählter Beugungsdiagramme einer festigkeitsgestrahlten Probe (Abb. 92) zeigt eine mit der Temperatur von RT bis 1.100 °C zunehmende Intensität bei gleichzeitiger Abnahme der Breite des t(101)bei 30° 2θ.

Das Beugungsdiagramm der festigkeitsgestrahlten und hydrothermal gealterten Probe Abb. 93 (40 h) weist bei RT neben der tetragonalen Phase „mit Hump“ deutliche Reflexe der monoklinen Phase auf (V_m etwa 25 %). Ab 300 °C nimmt die Reflexintensität des monoklinen Hauptreflexes (ca. 28 °2θ) mit zunehmender Temperatur kontinuierlich ab (insbesondere im Temperaturbereich 300 – 700 °C).

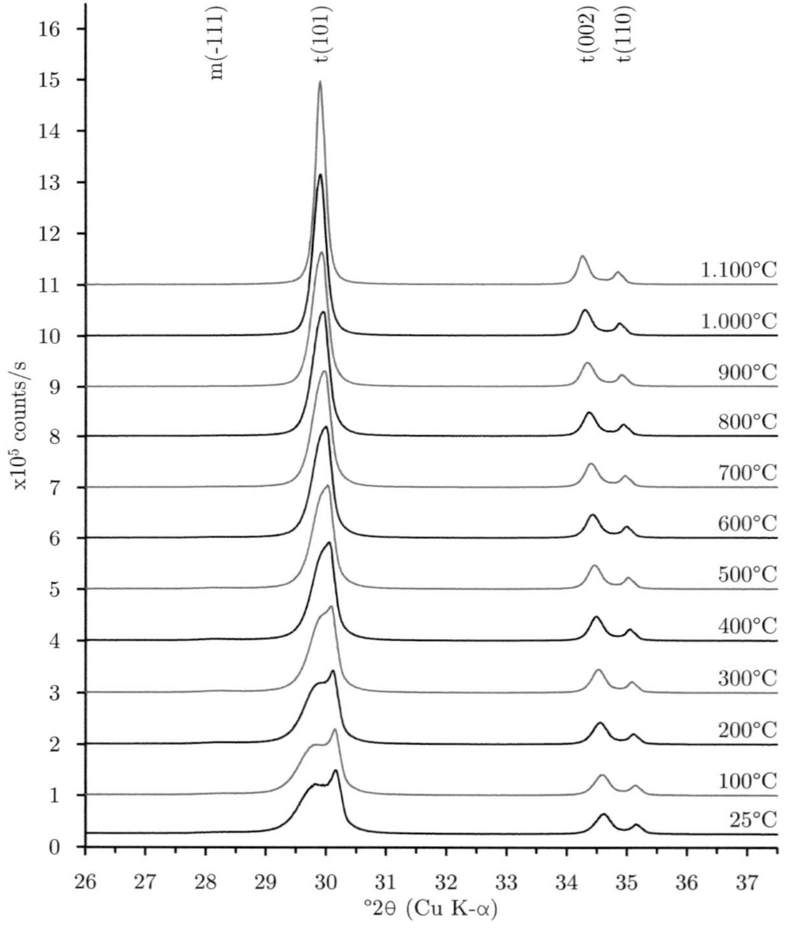

Abb. 92: Ausschnitt ausgewählter HT-Diffraktogramme der SP Probe (HT3_g) im Hochtemperaturversuch, Temperaturschritte 100 °C, Offset 1.000 Counts/s (XRD Setup 3).

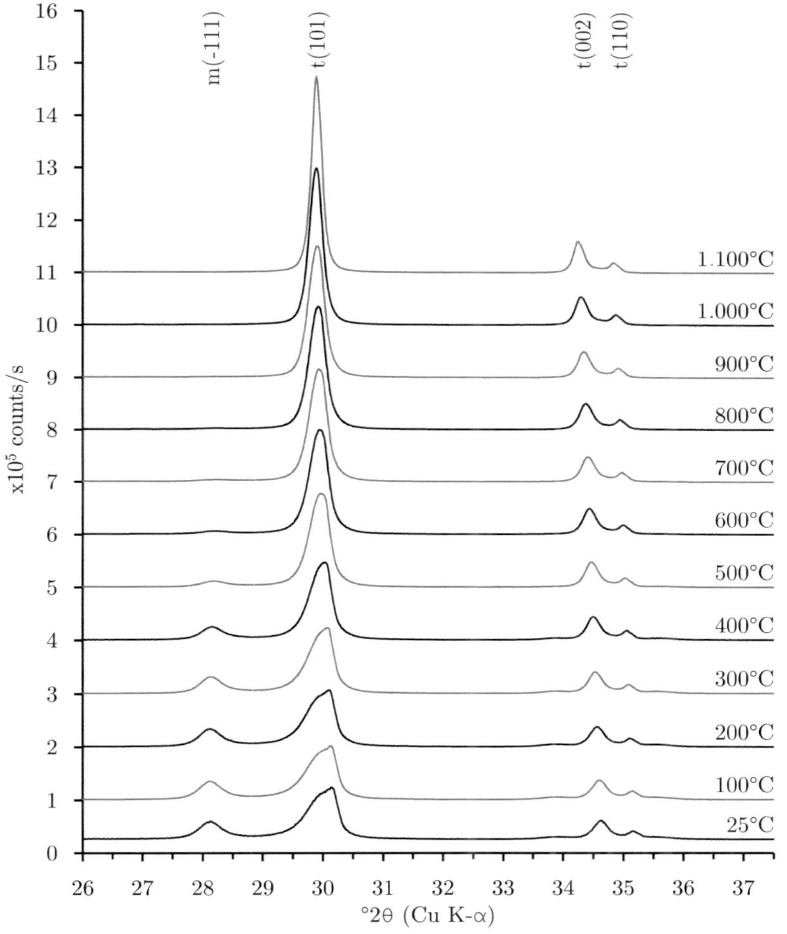

Abb. 93: Ausschnitt ausgewählter HT-Diffraktogramme der SP+LTD Probe (HT3_ga) im Hochtemperaturversuch, Temperaturschritte 100 °C, 1.000 Counts/s (XRD Setup 3).

Trägt man zur Bewertung des Temperatureinflusses die Rückstellung der Halbwertsbreite des t(101) Reflexbereiches bei 30° 2θ über der Messzeit während Temperaturerhöhung auf, ergibt sich Abb. 94. Besonders stark ist die Abnahme der FWHM (Rückstellung) des tetragonalen Reflexbereiches mit 40 % bereits im Temperaturbereich bis 250 °C. Innerhalb dieser Temperaturstufe ist auch die Rückstellung über die Haltezeit von 5 h noch deutlich zu erkennen. Bei 375 °C beträgt die Abnahme der FWHM 54 %. Ab dieser Temperatur verlangsamt sich die Abnahme der Halbwertsbreite mit zunehmender Temperatur zunächst bis 750 °C und liegt dann bei 73 % Rückstellung. Bis 1.000 °C stellt sich über 96 % (bezogen auf 100 % bei 1.100 °C) zurück. Innerhalb der Haltestufen im mittleren Temperaturbereich ändert sich die Reflexbreite nur noch marginal. Im Vergleich mit HT3-g (festigkeitsgestrahlt) ist die FWHM (Abb. 94) bereits zu Beginn des Versuches reduziert. Vor hydrothermaler Alterung (direkt nach der Strahlung) wiesen beide Proben (HT3_g und HT3_ga) vergleichbare Halbwertsbreite auf. Die beobachtete Rückstellung trat also bereits während der hydrothermalen Alterung auf. Die Rückstellung des t(101) in gleichen Temperatursteigerungsintervallen ist gleichmäßiger (Abb. 94).

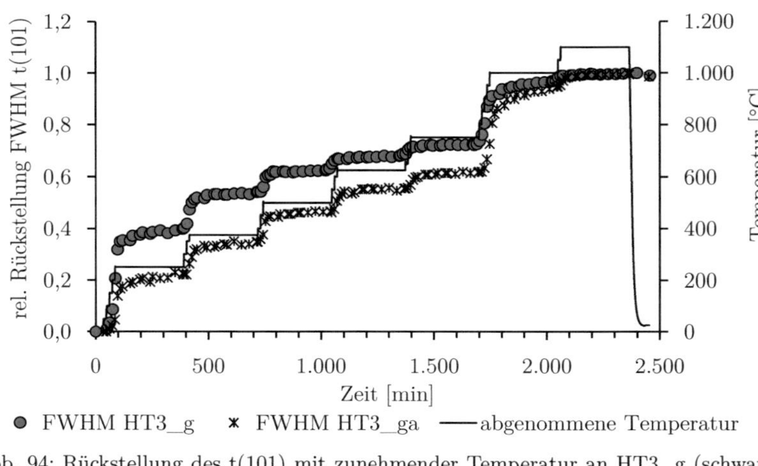

Abb. 94: Rückstellung des t(101) mit zunehmender Temperatur an HT3_g (schwarz) und HT3_ga (grau) über der Zeit. In schwarz ist die entsprechende Temperatur aufgetragen.

Die HT-Beugungsdiagramme der Probe HT3_a (hydrothermal gealtert, nicht festigkeitsgestrahlt) sind in Abb. 95 dargestellt. Die Höhe der tetragonalen Reflexe nimmt in den gleichen Temperaturstufen zu, in denen die Rückbildung der monoklinen Phase erfolgt (300 – 500 °C).

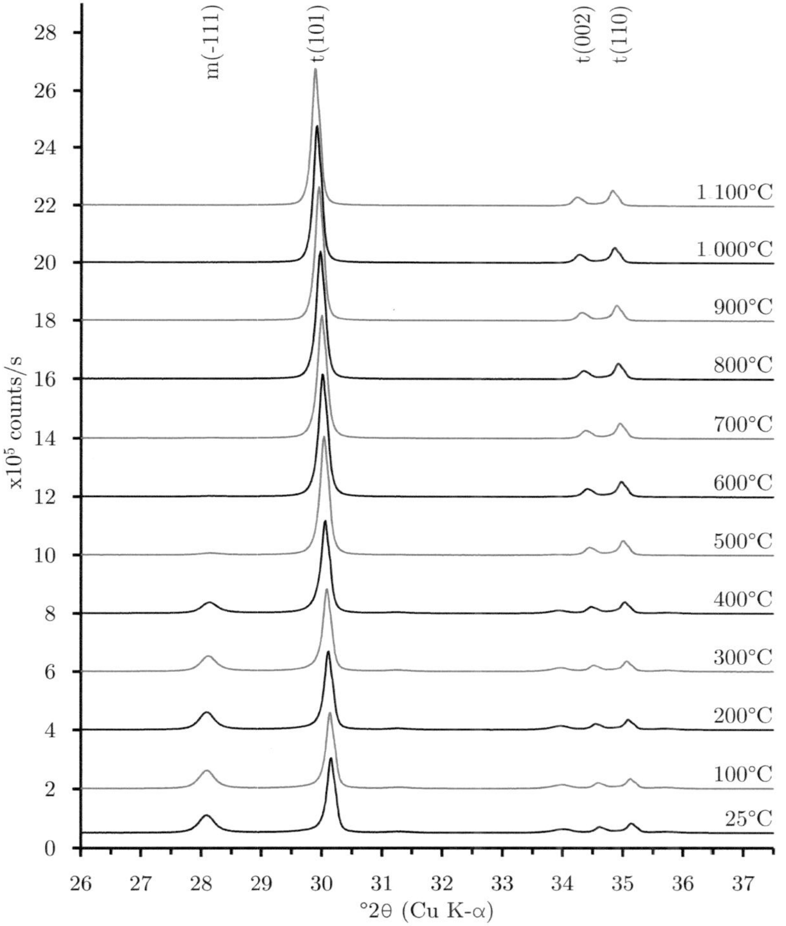

Abb. 95: Ausschnitt ausgewählter HT-Diffraktogramme der gealterten LTD Probe (HT3_a) im Hochtemperaturversuch, Temperaturschritte 100 °C, die Haltestufen sind jeweils schwarz hervorgehoben Offset 2.000 Counts/s (XRD Setup 3).

Der Vergleich der gemessenen Halbwertsbreiten des Reflexbereiches bei ca. 30° 2θ (tetragonaler Hauptreflex) über der Temperatur der drei vorgestellten Prüfkörper, ist in Abb. 96 dargestellt.
Die Veränderung der Halbwertsbreite der gestrahlten Probe weist einen umgekehrten doppel-s-förmigen Verlauf auf. Es zeigen sich zwei Temperaturbereiche deutlicher Rückstellung: Nr.1 bei 150 – 250 °C und Nr. 2 bei 1.000 °C. Durch die hydrothermale Alterung ist die Halbwertsbreite bereits zu Beginn des Versuches reduziert. Am Ende der Haltezeit bei 250 °C bzw. bei 300 °C gleicht sich die Veränderung der Halbwertsbreite an den Verlauf der Rückstellung der gestrahlten Probe an. Die Halbwertsbreite des tetragonalen Hauptreflexes der gealterten Probe ändert sich nur marginal im Laufe der Temperaturerhöhung.

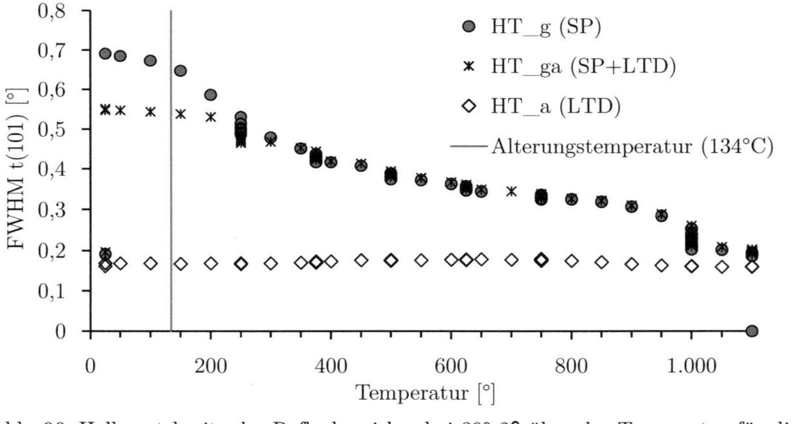

Abb. 96: Halbwertsbreite des Reflexbereiches bei 30° 2θ über der Temperatur für die drei Proben. Eingezeichnet ist die Temperatur (134 °C) der simulierten hydrothermalen Alterung.

Den Anteil des monoklinen Phasenanteils (V_m) in Abhängigkeit von der Temperatur zeigt Abb. 97. Bis 375 °C baut sich vergleichbar viel monokline Phase bei beiden gealterten Proben ab. Ab 375 °C wird der Abbau der verbleibenden monoklinen Phase an HT3_ga (gestrahlt & gealterte Probe) gehemmt. Aufgrund des geringen Anteils der monoklinen Phase an der

HT3_g (SP) vor der HT-Diffraktometrie sind quantitative Aussagen nicht möglich.

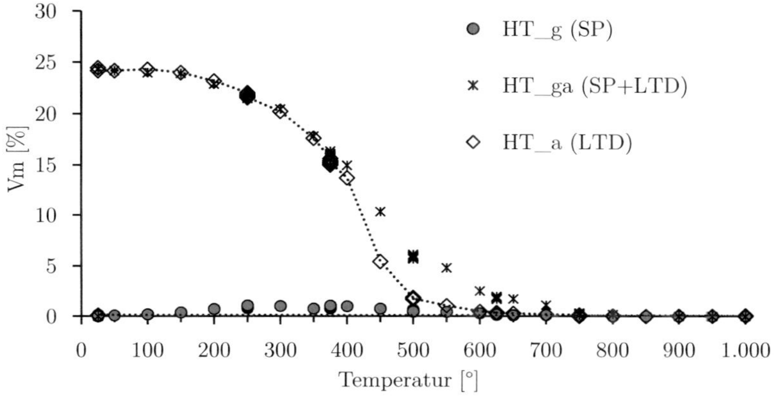

Abb. 97: Volumenanteil der monoklinen Phase über der Temperatur nach Garvie-Nicholson mod. Toraya für die drei Proben HT_g, HT_ga, HT_a.

5.3.3.4. Spannungsmessung

Die Messung der Spannung erfolgt röntgenographisch bei RT am t(101) und t(202) nach SP und nach Tempern bei 250 °C und 500 °C. Die beiden Reflexe zeigen die stärkste Verschiebung bzw. Auslenkung im Beugungsdiagramm. In Abb. 98 sind die Netzebenenabstände über $\sin^2$(Psi) aufgetragen.

Im Ausgangszustand belaufen sich die Spannungswerte ermittelt an der t(101) und t(202) auf 3,1 GPa. Durch das Tempern bei 250 °C für 5 h sinken die Spannungen bereits auf etwa 73 % des Ausgangszustandes. Nach 500 °C sinken die Spannungen auf etwa 54 %, während nach 1.100 °C und Abkühlung auf RT lediglich geringe verbleibende Restspannungen zu messen sind (<3 %).

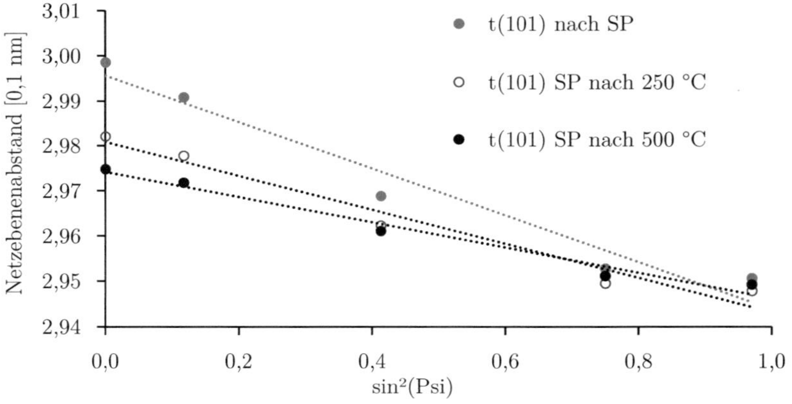

Abb. 98: Darstellung des Netzebenenabstandes für t(101) über $\sin^2$Psi für die SP-Probe direkt nach SP und Temperung bei 250 °C und 500 °C.

Um herauszuarbeiten wie die Abnahme der Halbwertsbreite des t(101) mit der Spannungsabnahme zusammenhängt, ist in (Abb. 99) das Diagramm der Halbwertsbreite t(101) über der Temperatur für diese Probe abgebildet.

Die Halbwertsbreite nimmt ab dem Erreichen der Temperaturstufe von 100 °C kontinuierlich ab. Bei 250 °C wird die Probe für fünf Stunden getempert. Die Abnahme der Halbwertbreite schreitet innerhalb der Haltestufe fort, nimmt jedoch mit zunehmender Haltezeit ab. Die Probe wird abgekühlt und die verbliebenen Spannungen gemessen.
Es folgt eine Wiederholung mit Erhöhung der Temperatur auf 500 °C. Die Halbwertsbreite ändert sich bei erneuter Erwärmung der Probe bis zum bereits erreichten Haltepunkt bei 250 °C nicht. Ab 275 °C nimmt die FWHM weiter ab. Die Rückstellung in der Temperaturstufe von 500 °C fällt bei gleicher Haltedauer geringer aus. Die Halbwertsbreite des t(101) beläuft sich bei Abschluss der Haltezeit bei 250 °C auf 73 % und nach 500 °C auf 56 % von dem Ausgangswert. Bei annähernd kompletter Rückstellung der FWHM, nach Tempern bei 1.100 °C, beträgt die Halbwertsbreite etwa 20 % ausgehend von der FWHM direkt nach dem Strahlen (~5 % Verbreiterung der FWHM im Vergleich zum as-fired Zustand).

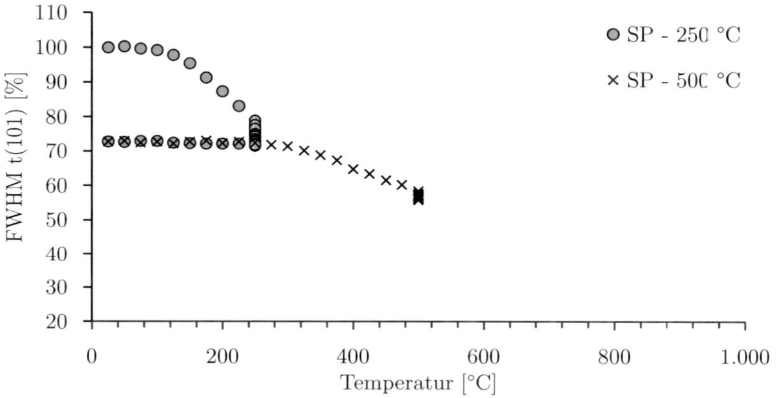

Abb. 99: Abnahme der Halbwertsbreite des t(101) in den verschiedenen Temperaturstufen, ausgehend von der max. FWHM direkt nach SP. Die Spannungsmessung erfolgt nach den Haltestufen bei 250 °C und 500 °C.

5.3.3.5. Oberflächendarstellung

Die REM Bilder der SP Proben zeigen (Abb. 100 - links) inhomogene Veränderungen der Oberflächenschicht. Im oberen Bereich des Bildes ist überwiegend eine Materialverdichtung, partiell leichte Oberflächenaufrauung, jedoch kein Materialabtrag als Solches zu erkennen. Im Streifen, der von links unten nach rechts oben im Bild verläuft, zeigt sich Materialverschiebung und „mikroplastische“ (Materialabscherung).

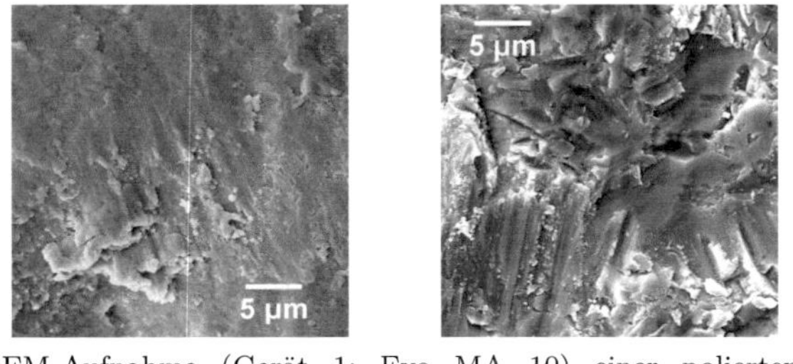

Abb. 100: REM-Aufnahme (Gerät 1: Evo MA 10) einer polierten und dann festigkeitsgestrahlten Oberfläche links, rechts eine mit Aluminiumoxid gestrahlte Probenoberfläche bei gleicher Vergrößerung.

In der Abbildung im rechten Bild ist zum Vergleich eine mit Korund gestrahlte Probe zu sehen. Die Topographie ist deutlich scharfkantiger, die Vertiefungen durch die Strahlkorneinschläge markanter. Jedoch gibt es auch zerkratzte und deformierte Oberflächenbereiche. Es überwiegt Materialabtrag und Oberflächenaufrauung.
Hohe Vergrößerung der SP Oberfläche zeigen „verschmierte" Bereiche (Abb. 101 links). Nach thermischer Ätzung der Probe (Abb. 101 rechts) bei 1.200 °C zeigt sich ein extrem feines, homogenes Korn an der Oberfläche. In manchen Bereichen zeichnen sich in regelmäßigen Abständen (Materialtrennungen) ab. Der sichtbare „Subkorn" Durchmesser beläuft sich nach der Festigkeitsstrahlung und Regeneration auf < 50 nm.

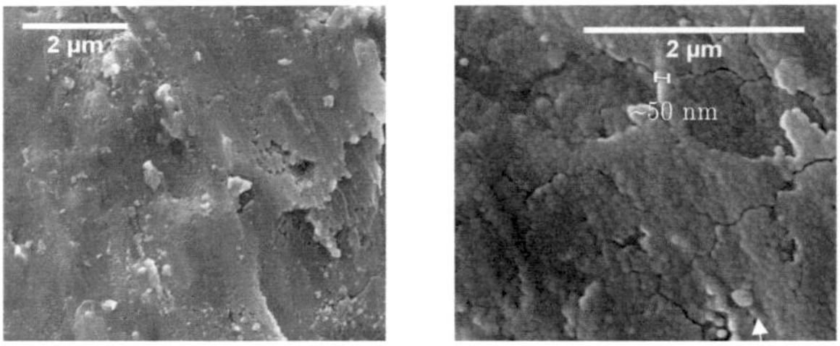

Abb. 101: Rasterelektronenmikroskopische Aufnahme – Links Detailsvergrößerung eines markanten Bereiches aus Abb.101 der festigkeitsgestrahlten Oberfläche. Rechts rasterelektronenmikroskopische Aufnahme der SP Oberfläche nach thermischer Ätzung bei 1.200 °C. Mit Pfeilen sind Materialtrennungen markiert (Gerät 1: Evo MA 10).

5.3.3.6. Optische Spektroskopie

Die Oberfläche ist nach der Festigkeitsstrahlung leicht verfärbt. Je stärker die Beeinflussung des Gefüges, desto intensiver ist dieser Effekt. Die Färbung der Probe kommt in etwa einer mit Zahnfleisch bedeckten Zahnwurzel gleich (rosa/braun). Nach Regeneration im Ofen (im zahntechnischen Bereich üblich bei 1.050 °C) ist visuell kein Farbunterschied mehr erkennbar. Dass die Farbänderung reversibel ist, wurde auch bei niedrigeren Temperaturen (~250 °C, wenige Minuten) beobachtet. Nachdem EDS-Analysen (Ergebnisse nicht gezeigt) keine Verunreinigungen aufzeigten, stellt sich die Frage nach der Ursache für die Verfärbung an der Oberfläche. Zur klareren

Umschreibung der Farbänderung an der Oberfläche werden UV-Vis Messungen an einer polierten, poliert und festigkeitsgestrahlten Probe (SP) und einer poliert, festigkeitsgestrahlten, und regenerierten Probe (SP&reg) in Reflexion durchgeführt (Abb. 102).

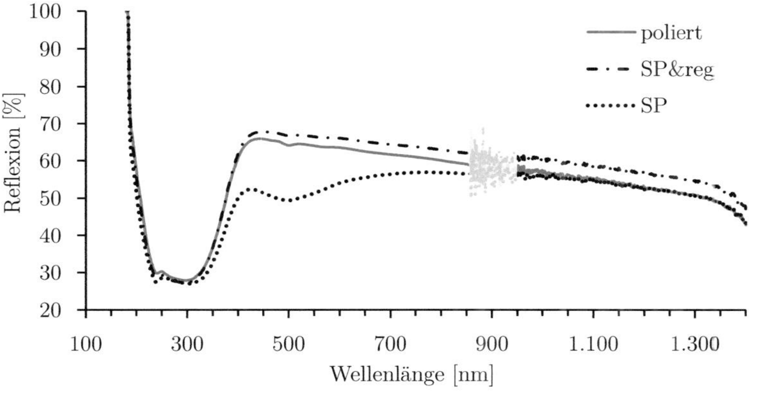

Abb. 102: Reflexion der Y-TZP Probenoberfläche über der Wellenlänge im polierten, festigkeitsgestrahlten (SP) und festigkeitsgestrahlt und regenerierten (SP&reg) Zustand.

Die drei Messspektren verlaufen im gemessenen Wellenlängenbereich in etwa parallel zueinander. Zwischen 400 und 800 nm weicht die SP-Probe von den anderen beiden ab, mit einem Minimum bei 500 nm. Ausgedrückt als Energie bedeutet das verminderte Reflexion von ca. 2 bis ca. 3 eV, mit einem Minimum von 2,5 eV. (Zwischen 820 und 960 nm nimmt die Streuung der Messpunkte aufgrund eines Detektorwechsels zu, der Bereich wurde mattiert, da er nicht interpretiert werden sollte.)

6. Diskussion

Die Diskussion wird entsprechend der dreiteiligen Ergebnisgliederung vollzogen und umfasst die Ergebnisbesprechung durch Beeinflussung der Material- und Verfahrensparameter, Modifizierung der Oberflächen sowie die abschließende die Produktprüfung.

6.1. Material- und Verfahrensparameter

Aus schutzrechtlichen Gründen können nicht alle relevanten Eckpunkte der Herstellung in dieser Arbeit offengelegt und betrachtet werden.

6.1.1. Werkzeug-, Material- und Prozesseinfluss

Der Weißling liegt im vorgesinterten Zustand (ca. 900 – 1.200 °C) vor und verfügt über ausreichende Bearbeitungsfestigkeit, hat jedoch die Festigkeit und Härte des Endproduktes noch nicht erreicht (ca. 1/20). Somit ist reine Weißbearbeitung zwar werkzeug- und ressourcenschonend, jedoch reagiert der Weißling auch empfindlich auf Prozessfehler. Zudem ist zu beachten, dass während der abschließenden Sinterung oder des HIP-Prozesses die Proben schrumpfen und so hohe Qualitätsansprüche an die Homogenität des Weißlings gestellt werden.
Die Weißbearbeitung hat Auswirkungen auf die Oberfläche im Sinne von Verdichtung, Aufrauung bzw. Einbringung von Rissstartern. Die verschiedenen Werkzeuge führen durch ihre spezifische Form bzw. Arbeitsweise zu variierender Oberflächenmorphologie (Kapitel 5.1.1). Die Oberflächenrauheitswerte und mittlere Biegefestigkeit (Tabelle 15) korrelieren nicht direkt miteinander. So wird deutlich, dass weitere Prozessparameter Auswirkungen auf die Prüfkörper haben müssen. Auf den REM-Bildern ist eine Kompaktierung der Oberfläche zu erkennen, die sich nicht aus den Rauheitsmessungen ableiten lässt (Abb. 25). Der 0,2 mm Meißelradius führt in Kombination mit höherer Vorsintertemperatur (Abb. 25c 1.175 °C) zu sauberen,

kompakten Oberflächen, trotz gut erkennbarer Rillenstruktur. Auf den anderen Oberflächen sind häufiger Materialausbrüche und locker aufgesinterte Partikel (Reste von Frässtaub) erkennbar. Grundsätzlich könnte Frässtaub mittels Druckluft entfernt werden. Effizientere Reinigungsmethoden, beispielsweise in wässrigen Medien mit Ultraschall, führten in entsprechenden Versuchsreihen zu unkontrollierter Festigkeitsbeeinflussung. Die Gefahr der Bildung von Abbruchkanten kann durch regelmäßigen Werkzeugwechsel vermieden werden. Ein stumpfes Werkzeug oder grober Werkzeugvorschub kann Material an der Oberfläche stauchen und verschieben. Unter der Oberfläche resultiert hierdurch Materialtrennung. Durch optische Oberflächenkontrollen können Werkzeugwechselintervalle festgelegt werden, so dass weniger Ausbrüche erfolgen. Analytisch von hoher Relevanz ist das Abstechen der Norm-Prüfkörper. Der mittig verbleibende Überstand (Abb. 25) kann unkontrolliert nach Ausdünnung an- oder abbrechen. So können durch das Abstechen mit Meißel beim Werkzeugansatz Querkräfte in das Material eingebracht werden, die zu Materialtrennung oder Anrissen führen. Wird das angebrochene Materialstück nicht herausgelöst oder wieder in das Gefüge eingebracht, kann es im folgenden Sinterprozess zum lockeren Aufsintern kommen, so dass der Fehler von außen nicht mehr sichtbar ist. Im Materialinneren jedoch ergibt sich nun ein Rissstarter (Abb. 103).

Abb. 103: Ausschnitt einer REM-Aufnahme einer polierten Probe mit 670 MPa im Bruchausgangsbereich (zum Vergleich Mittelwert der Festigkeit der Serie ~1.490 MPa).

Trotz abschließender Qualitätskontrolle mittels Sichtprüfung können solche versteckten Fehler erst beim Versagen des Materials und anschließender Schadenanalyse entdeckt werden. Selbst an polierten Prüfkörpern wurde dieser versteckte Materialfehler (an Prüfkörper mit niedriger Festigkeit) nachträglich festgestellt (Abb. 103). Eine Farbeindringprüfung kann helfen, solche Fehler frühzeitig zu erkennen. Selbst wenn Oberflächenpolitur oder Nachbearbeitung wie abrasives Feinstrahlen noch angewendet wird, ergibt sich aus den hier dargestellten Ergebnissen für die finale Oberflächenbearbeitung im Weißzustand folgende Empfehlung: Abschließendes Feinst-Schlichten mit möglichst geringem Meißelradius bei minimalem Vorschub. Eine Materialverdichtung der oberen Schicht ist gegenüber einer Materialauflockerung vorteilhaft. Eine Überarbeitung im dichtgesinterten Zustand (Schleifen) verspricht höhere Festigkeit und Dimensionsstabilität und sollte für Präzisionspassung und Normprüfkörper für die Charakterisierung der Bulkfestigkeit angewendet werden. Dies ist bspw. sichtbar an den auf Maß gepressten Biegebalken. An diesen Probekörpern kommt es aufgrund der weiteren Verdichtung durch den HIP-Prozess zu einem Verzug. Das macht eine Nachbearbeitung im gesinterten Zustand notwendig.

Die Ergebnisse aus Kapitel 5.1.2 zeigen, dass Dichte und Festigkeit durch Umstellung des Granulats TZ-3YSB-E auf TZ-3YB-E unter ansonsten gleich gehaltenen Herstellungsparametern erhöht werden können. Jedoch deutet die zunehmende Streuung der Dichte auf geringere Prozessstabilität hin (Abb. 26). Ebenso wurde seitens der Firma Moje von einem steigenden Verzug der Prüfkörper berichtet. Dies ist mit der höheren spezifischen Oberfläche des Materials TZ-3YB-E zu erklären. Im mechanischen Pressprozess kommt es somit zur höheren Reibung der Pulverteilchen aneinander, was einen stabilen Pressvorgang bei höherem Druck, längerer Presszeit und darauf abgestimmter Sinterung erforderlich macht [239]. Der Vergleich der Prüfserien unterschiedlicher Geometrie ist durch den beobachteten Prüfkörperverzug und unterschiedliches Probevolumen nicht direkt möglich. So nimmt bspw. die Wahrscheinlichkeit eines kritischen Fehlers mit steigendem Prüfkörpervolumen zu [91]. Insgesamt ist jedoch das Potential vorhanden, die Festigkeit des Materials bei niedrigerer Sintertemperatur durch den nachgeschalteten HIP-Vorgang zu verbessern und den Porenanteil zu reduzieren (Tabelle 16). Die größere spezifische Oberfläche beeinflusst neben dem Pressvorgang insbesondere das initiale Sinterstadium, welches von

Oberflächendiffusion beherrscht wird. Der Pressvorgang wird aufgrund höherer Partikelreibung schwieriger. Die bessere Reaktivität während des Sinterns führt zu höherer Verdichtung bei niedrigerer Sintertemperatur [99, 240]. Jedoch sind für beste Festigkeiten sehr hohe, stabile Presskräfte oder idealerweise ein HIP-Prozess notwendig. Die Anpassung von Sinter- zu HIP-Temperatur zeigt ein Optimum in Verdichtung und Festigkeit bei Sintertemperaturen von 1.315 °C und 1.335 °C in Kombination mit der HIP-Temperatur von 1.350 °C. In der Praxis jedoch führt die Anwendung dieser Sintertemperaturen zu größeren Passungsproblemen bei zweiteiligen Implantaten. Dies spricht für ungleichmäßige Vorverdichtung. In offene Poren eindringendes HIP-Gas kann die Verdichtung reduzieren. Daher werden die Sintertemperatur und HIP-Temperatur auf 1.350 °C eingestellt, um den Verzug zu minimieren. Durch die Reduzierung der Sinter- und HIP-Temperatur von 1.425 °C auf 1.350 °C lässt sich die Streuung der Korngrößenverteilung von 44 % auf etwa 40 %, bei mittleren Korngrößen von 340 nm auf 250 nm, senken (Abb. 29).

Zusammenfassung:
Eine Abstimmung der Werkzeuge und Vorsintertemperatur auf die notwendigen Schritte der form- und topographiegebenden Weißbearbeitung ist ebenso relevant wie der weiterführende Prozess. Für uniaxiales Pressen ist TZ-3YSB-E aufgrund leichterer Verdichtung empfohlen. In Kombination mit einem HIP-Prozess und gesenkter Sinter- und HIP-Temperatur (1.350 °C) kann mit dem Granulat TZ-3YB-E die Festigkeit um 30 – 40 % gesteigert werden. Nach der Optimierung liegt eine homogenere Gefügeausbildung bei engerer Korngrößenverteilung und kleinerem mittleren Korndurchmesser vor.

6.1.2. Materialauswahl in Hinblick auf hydrothermale Alterung

Besonders anschaulich zeigt sich die erhöhte Materialqualität im Widerstand gegen die hydrothermale Alterung (LTD) (Kapitel 5.2.5).
Bei LTD handelt es sich um einen katalytischen Effekt der kontinuierlichen t→m Umwandlung, der durch Volumenvergrößerung eines umgewandelten Kornes zu einer Übertragung der Expansionskräfte auf die Nachbarkörner und so zur fortschreitenden Alterung führt [153]. Durch Volumen- und Spannungszunahme werden schließlich einzelne Körner aus dem Material heraus gepresst [147].
Nicht zuletzt aus Angst vor dem erneuten serienweisen Versagen von keramischen Implantaten, wie in den Jahren 1990 – 2010 geschehen, werden Bemühungen unternommen Materialien zu konzipieren, welche keinerlei Alterungserscheinungen zeigen [240].
Die Intensität der Alterung nimmt von C-ISO (T_s-1.530 °C) über MS-U (T_s-1.450 °C) zu MS3 (T_s-1.425 °C) und MS25 (T_s-1.350 °C) hin ab (Kapitel 5.2.5). Auch wenn das Material bereits im Ausgangszustand die Normforderung nach DIN EN ISO 13356 von <25 % monokliner Phase an der Oberfläche erfüllt, ist die Alterungsstabilität nach Umstellung auf das Material TZ-3YB-E und Prozessoptimierung verbessert (Abb. 64). Die Festigkeit wird in den geprüften Fällen unter Alterung nach Norm für 5 h und auch verstärkter simulierter Alterung, nach 20 h im Autoklaven nicht negativ beeinflusst (Abb. 65). Somit sind die klinischen Auswirkungen der im Folgenden diskutierten Ergebnisse als gering einzustufen.
Von ausgehenden V_m~20 % (bei einer KG von 360 nm) sinkt der monokline Phasenanteil auf < 2 % am optimierten Material nach 5h Alterung (KG 250 nm). Die vorgestellten LTD Ergebnisse (Tabelle 21) sind in Abb. 104 mit Daten gleichem Studiendesigns zur LTD Prüfung (Medium, Druck, Temperatur, uniaxiale Verdichtung, 2h Sinterung) aus [148, 240] gegenüber-

gestellt. In der Legende sind mittlere Korngröße (MK) (*Linienschnittverfahren, abgenommen aus dem Diagramm in [240]), Granulat (TZ-3YSB-E und TZ-3YB-E) und Sintertemperatur vermerkt.

Die eigenen Ergebnisse fügen sich in die Literaturergebnisse ein. Die Alterung aller Serien nimmt zunächst deutlich mit der Sintertemperatur und natürlich Alterungsdauer zu. Dabei hat die resultierende Korngröße einen stärkeren Effekt auf die Alterungsbeständigkeit als die ursprüngliche Granulatkörnung. Zusätzlich sind die positiven Auswirkungen des Verdichtungs-Prozesses (uni gegenüber iso und hip) und der niedrigen Sintertemperatur zu erkennen.

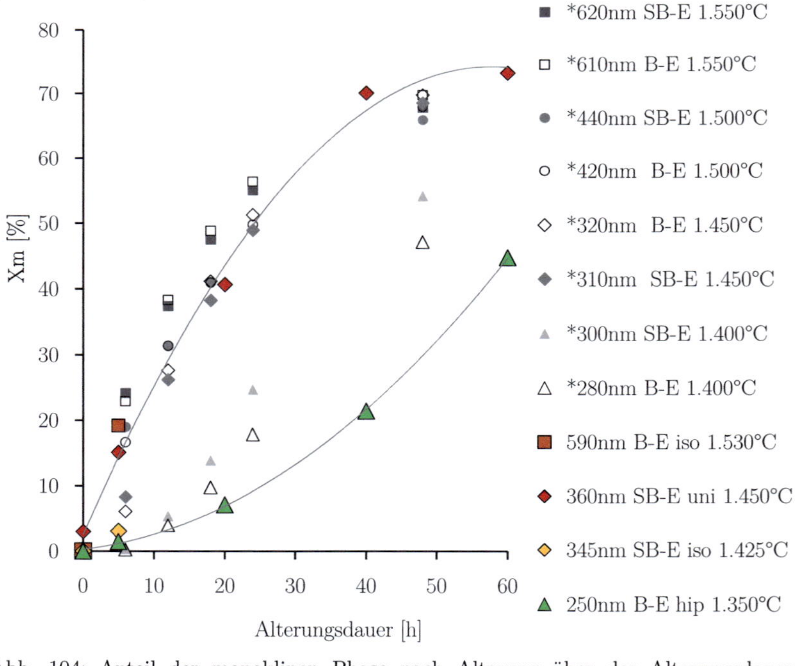

Abb. 104: Anteil der monoklinen Phase nach Alterung über der Alterungsdauer. Einordnung der eigenen LTD-Ergebnisse (farbige Marker) in die Ergebnisse der Literatur (schwarze/graue Marker) [148]. Die Daten der Literatur beruhen auf uniaxialer Verdichtung und 2h Sinterung.

Der Korngrößeneffekt zeigt sich deutlich. Lucas et al. [173] stellen ebenso eine Korrelation zwischen der Korngröße (350 nm – 580 nm) und der Neigung zur hydrothermalen Alterung (<0,5 % – ca. 7 %) fest. Paul et al. [241] weisen nach, dass bei erhöhter Sintertemperatur (>1.500 °C) eine Anreicherung des Yttriumoxid an den Korngrenzen stattfindet, was eine Verarmung im Inneren des Korns mit sich zieht, während dies bei niedrigeren Sintertemperaturen nicht der Fall ist. Sie empfehlen die Verwendung von Nano-3YSZ mit einer Korngröße <100 nm, welches eine homogene Verteilung aufweist und dadurch resistent gegen t→m Umwandlung ist.
Die Ergebnisse der Literatur in Hinblick auf variierender Alterungsbedingungen (Medium, Temperatur, Druck) [148] deuten jedoch nicht immer in einheitliche Richtungen. Die Autoren Kosmač et al. [242] weisen an porös gesintertem ZrO_2 aus TZ-3YSB-E bis T_s 1.400 °C und TZ-3YB-E bis T_s 1.325 °C keine Alterung bei 200 °C im Autoklaven über 24h nach. Die Alterung setzt erst bei höheren Sintertemperaturen ein und so vermuten sie einen von der Korngröße, weniger von Poren abhängigen Einfluss der Alterung.
Grundsätzlich scheint jedoch zu gelten, dass der Transport der Wasserspezies weniger über die Sauerstoffleerstellen als Solches, sondern entlang der Korngrenzen und daran angesiedelte Nanoporen stattfindet [144, 145].
In diesem Kontext sollte fehlende Spannungsübertragung von Korn zu Korn während der LTD, aufgrund fehlender Enddichte, beachtet werden. So ist es nachvollziehbar, dass der LTD-Fortschritt durch größere Poren oder geringe Korngrenzenfestigkeit unter entsprechenden Bedingungen auch gehemmt werden kann.

Verschiedene Forschergruppen kamen zu dem Schluss, dass neben der Korngröße und Dichte des Bulk Materials ebenso der keramische Herstellungsprozess (Schleifen, Fräsen, Polieren, Kühlung,) Auswirkung auf die Ergebnisse, trotz gleicher chemischer Zusammensetzung, hat. Die as-fired Prüfkörper zeigen deutliche Korneinrundungen und Korngrenzenätzung an der Oberfläche. Die angeätzten Korngrenzen können einen Angriffspunkt für den Alterungsbeginn darstellen. Dies könnte die leicht erhöhte Alterung der

5 h Ergebnisse der eigenen Materialien gegenüber der Literatur im initialen LTD-Stadium erklären.
Sanon et al. stellten in ihrer Studie zur Alterung von dentalen Implantaten fest, dass die Oberflächenqualität die Alterungsstabilität beeinflusst [143]. Daher ist es empfehlenswert die real eingesetzten Oberflächen zu prüfen und die Herstellungsbedingungen auch an Normprüfkörpern, abweichend oder ergänzend zu den Normanforderungen komplett zu vollziehen.
Auch können die beim Schleifen fraktionierten tetragonalen und umgewandelten Körner die hydrothermale Alterung durch Ausbildung einer Druckspannungsschicht hemmen [174]. Dies wurde in der vorliegenden Untersuchung jedoch nicht bestätigt (Tabelle 22). Die Alterungsintensität des SP Materials ist in dieser Untersuchung vergleichbar mit dem unbearbeiteten Material, was an der geringen Ausdehnung der Bearbeitungszone, aber auch der grundsätzlich erhöhten Beständigkeit des Materials gegen Alterung liegen kann.
Studien, die sich außerhalb des dentalen Sektors mit YSZ und LTD befassen, beschreiben zudem die Auswirkung von SiO_2 auf die Alterung [243]. Die SiO_2 Phasen wirken an den Tripelpunkten als Spannungspuffer und reduzieren so den Alterungsfortschritt. Materialspezifische Verunreinigungen oder auch gezielt eingebrachte Elemente (Al_2O_3) können während des Sinterns an der Oberfläche segregieren und die Reaktionsfähigkeit beeinflussen [244].
Nachdem die chemische Zusammensetzung der beiden Ausgangsgranulate mit 0,25 wt% Al_2O_3 und Spuren an SiO_2 vergleichbar ist, spielen also Aufbereitung des Granulats, Korngröße sowie Verdichtung (insbesondere die Porenverteilung) und Sinterung des Materials zu Erzeugung eines definierten Phasenbestandes eine größere Rolle im Alterungsprozess.
Für die weitere Diskussion werden zunächst die Phasen im Bulkmaterial detaillierter betrachtet.

Klärung der Phasenzusammensetzung des Bulks:

Für die Oberflächen im as-fired Zustand bzw. das Bulkmaterial liefert die hier durchgeführte Rietveldanalyse bessere Übereinstimmung des Fits mit dem Diffraktogramm unter Verwendung von zwei tetragonalen Phasen (t und t'), statt der Kombination von tetragonaler und kubischer Phase (Abb. 86). Am Material aus rein tetragonaler Phase (Abb. 86: t blaue Kurve) käme es zu einem Absinken der Intensität zwischen t(004) und t(220) auf Untergrundniveau. Nur einer der Reflexe kann durch das Vorliegen einer kubischen Phase (c rote Kurve) erklärt werden.
Die t' Phase wurde ursprünglich an aus hohen Temperaturen (>>1.600 °C) abgeschrecktem YSZ (siehe 2.2.2) beschrieben [245]. Die Phase gilt als t→m umwandlungsstabil, entwickelt jedoch Ferroelastizität [246]. Tendenziell zeigt sich in den vorliegenden Ergebnissen mit Reduzierung der Sintertemperatur (1.530 °C → 1.350 °C) eine Abnahme der Anteile der t'-Phase und des Tetragonalitätsfaktors (aber auch der Korngröße) der t-Phase (Abb. 105 - schwarz und Kapitel 5.3.3.1).
Dies ist gleichbedeutend mit einer Zunahme des Yttriumanteils im Korn für die t-Phase, die mit reduziertem t→m Umwandlungsbestreben in Verbindung gebracht werden kann [103, 201, 205]. Für über 1.400 °C (2h) gesinterte Proben zeigen auch Leach et al. die Entwicklung der t' Phase und leichte Veränderung der Tetragonalitätsfaktoren anschaulich [246] (Abb. 105 – grau). Aus analytischer Sicht wäre sowohl ein Anteil an kubischer Phase oder auch t'' zusätzlich zu den beiden detektierten tetragonalen (t und t') im Material möglich. Aufgrund der intensiven Überlagerung der Reflexe ist eine eindeutige Zuordnung in diesem Dreiphasensystem jedoch erschwert. Definitiv kann durch das Vorliegen von verschiedenen Gitterparametern (t und t') oder auch Phasen (t und c), von einem Ungleichgewicht der Verteilung von Yttrium im ZrO_2 ausgegangen werden. Durch Festphasen-Kriechen folgt eine Aufspaltung des Korns in yttriumärmere und yttriumreiche Bereiche (4 – 6 nm). Chevalier stellen an 3Y-TZP (T_s 1.550 °C – 5 h) ein bimodales Gefüge mit kubischem Makrokorn fest. Diese Riesenkörner

führen zur Yttriumverarmung der umgebenden Körner und stellen so monokline Keimstarter dar, die die hydrothermale Alterung des Materials initiieren [102, 247]. Kubisches Riesenkorn wurde in keinem der hier untersuchten Gefüge anhand der REM Aufnahmen bemerkt und zudem sind am 1.530 °C (2h) gesinterten Material die t' Reflexe am anschaulichsten zuzuordnen. Sehr wohl zeigt sich aber eher ein heterogeneres Gefügebild bei höherer Sintertemperatur (Abb. 27 & Abb. 42). Aus den Tetragonalitätsfaktoren lässt sich nach Krogstad [121] der Y_2O_3-Anteil berechnen.

Diese Berechnung ergibt für den Ausgangszustand (MS-U/ MS3) bzw. die C-ISO Probe für die t-Phase einen Wert von ~ 2,4 mol% Y_2O_3, der durch die Reduzierung der Sintertemperatur (MS25) steigt (~2,7 mol% Y_2O_3).

Durch Reduzierung der Sintertemperatur und gleichmäßige Verteilung des Stabilisators wird also der chemische Gradient und so das t→m Umwandlungsbestreben durch Anpassung von ΔG_C reduziert [103, 248]. In der t' Phase ist nach Berechnung (c/a=1,006) ein Y_2O_3 -Anteil von ~5,7 mol%. Durch die Summe der unterschiedlichen Phasenanteile t, t' ergibt sich im Mittel ein Gesamtanteil von ~3 mol% für alle untersuchten Proben. Leider sind die Abkühlungsbedingungen der hier verwendeten Materialien nicht hinreichend bekannt (ungesteuerte Ofenabkühlung).

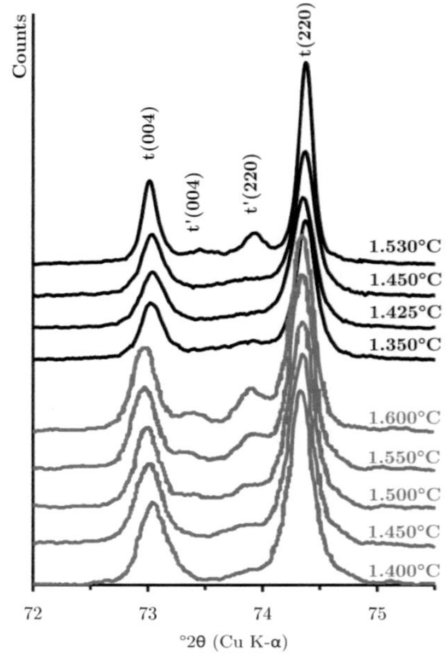

Abb. 105: Ausschnitte der eigenen Diffraktogramme (schwarz) an 3Y-TZP erzeugt bei unterschiedlicher Sintertemperatur im Vergleich mit den Ergebnissen von Leach et al. (grau) [246].

Ebenso sind die bei 1.350 °C gesinterten Materialien durch den nachfolgenden HIP-Prozess dieser Temperatur länger ausgesetzt. Es ist wahrscheinlich, dass durch das zunehmende Sinterintegral die Phasenbildung beeinflusst wurde.
Des Weiteren können Ungenauigkeiten in der Rietveldanalyse aufgrund der geringen Abweichung der Reflexlagen nicht ausgeschlossen werden.

Erwähnenswert ist die „Sättigung" der t→m Umwandlung an der Serie MS-U, die sich bereits nach etwa 40 h simulierter künstlicher Alterung einstellt. Verschiedene Studien zum Thema hydrothermale Alterung messen maximale Werte von 67 – 76 m % an monokliner Phase an 3Y-TZP [241, 249–252], die in Übereinstimmung mit den hier ermittelten Werten von etwa ~75 m % stehen. Die Sättigung setzt in diesen Studien nach unterschiedlicher Zeit ein und scheint abhängig von Herstellungsparametern, insbesondere der Sintertemperatur (und den Alterungsbedingungen: Temperatur, Druck) zu sein.
Der Anteil der t'-Phase liegt an dem Material bei ~22 m %. Dies kann die t→m Umwandlungssättigung durch das Vorliegen einer t' Phase (ggf. c Phase und nicht umwandlungsfähiger Nanokörner) im Material erklären. Gleiches würde auch beim alleinigen Vorliegen einer (pseudo)kubischen Phase resultieren. Der Anteil der kubischen Phase (als Ersatz zur t') im Fit belief sich ebenso auf ~22 %. In den exemplarisch dargestellten REM-Aufnahmen (Abb. 64) zeigt sich die umgewandelte t→m Schicht deutlich, in der für die monokline Phase typischen, markanten Kornstruktur. Somit lässt sich das fortschreitende Dickenwachstum der monoklinen Schicht mittels REM illustrieren. Es wird nochmal verdeutlicht, dass bspw. nach 20 h Alterung an MS-U nicht 41 m % t→m stattfand, sondern dass das Material zu etwa 75 m % (laut XRD, nach 80 h) über eine Schichtdicke von etwa 2,5 µm umgewandelt ist. Der Rest der XRD-Information entstammt aus dem nicht umgewandelten Material darunter. Die „Informationstiefe" eines Beugungsdiagramms bei 30° 2θ (Cu K-α) am ZrO_2, liegt bei ca. 5 µm, ausgehend von 90 % der gebeugten Intensität (Abb. 106). Allein 50 % der Messinformationen am gebeugten Strahl stammen aus den oberen zwei µm der

Probe. Aus dieser Darstellung wird zusätzlich verständlich, warum sich die quantitative Rietveldanalyse am hydrothermal gealterten ZrO_2 als schwierig gestaltet. Parallel zu den enthaltenen Spannungen und der beschriebenen Umwandlungstextur (Kapitel 2.2.3.1) liegt ein Gradient (Umwandlung und Spannung) in dieser partiell umgewandelten Schicht vor.

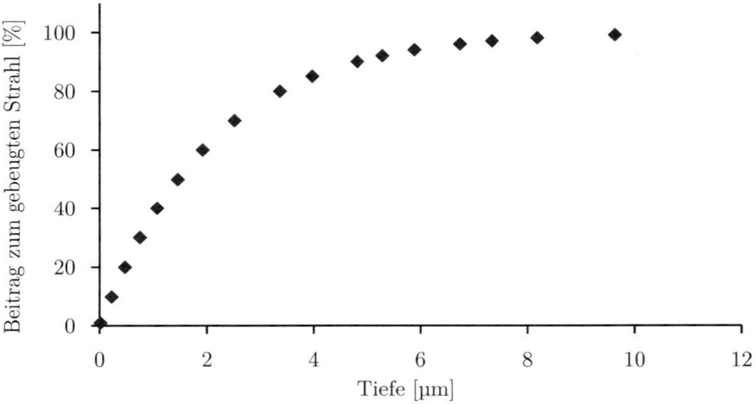

Abb. 106: Informationstiefe und Beitrag zum gebeugten Strahl Cu K-α bei 30° 2θ am ZrO_2, berechnet mit AbsorbDX [BRUKER-AXS].

Während der Erfassung des gesamten Beugungsdiagrammes, welches für eine ausführliche und korrekte Rietveldanalyse zu Grunde gelegt werden sollte (2θ: 20 – 140°), ergibt sich eine Veränderung der Absorption der Strahlung. Während die Informationstiefe bei 20° 2θ ~ 3 µm beträgt, erreicht sie bei 140° 2θ ~17 µm (Annahme für die Berechnung über AbsorbDX: 90% Absorption). Somit verändert sich im Laufe der Messung die Zusammensetzung des Messsignals kontinuierlich. Die Umwandlungstextur kann theoretisch neben einer einfachen Vorzugsorientierung mittels Topas, auch über „spherical harmonics" – eine Kugelflächenfunktion angepasst werden. Die Verwendung der Funktion führte bei gleicher Variablenwahl jedoch in einigen Fällen zu einer markanten Überschätzung des monoklinen Phasenanteils. Somit scheint die Methode nach Garvie-Nicholson modifiziert nach

Toraya [223] für eine relative Gegenüberstellung von LTD-Ergebnisse weniger fehleranfällig und für den Vergleich von spezifischem Materialverhalten geeignet.

Auf REM-Bildern der Bruchflächen der gealterten Proben fallen zudem Risse auf, die überwiegend parallel zur Probenoberfläche, an der Grenzfläche tetragonal zu monoklin, verlaufen. Natürlich können Risse mit der Art der Präparation der Proben (Brechen der Proben) zusammenhängen, zeigen daher aber auch potentielle Rissverläufe aufgrund innerer Spannungen. Wenn die Risse beim Versagen der Probe unter der umgewandelten Schicht (parallel zur Oberfläche) entlang verlaufen, erklärt das, warum weder nach 5 noch 20 h LTD eine Reduzierung der Festigkeit, trotz zunehmendem monoklinen Phasenanteil, nachgewiesen wird. Letztendlich kommt dieser Effekt einer „Ausdünnung“ der Probe im µm-Bereich gleich, sofern keine Risse aus der monoklinen Schicht orthogonal in den Bulk laufen. Nach Chevalier [154] entsprechend 5h simulierter hydrothermaler Alterung bei 134 °C, 2 bar etwa 15 – 20 Jahren *in vivo*. Demnach wäre *in vivo* am Material TZ-3YB-E nach ca. 15 Jahren etwa eine Kornlage an der Oberfläche des Implantates umgewandelt. Die Auswirkung auf die Festigkeit ist somit als gering einzustufen. Unklar ist wie hoch die Haftung dieser monoklin umgewandelten Kornlage am Implantat und somit die tolerable Scherspannung ist, ohne dass ein Versagen in der Grenzschicht zwischen tetragonalem und monoklinem Bereich verläuft. Eine weitere interessante Fragestellung ist, ob ein Material unter mechanisch, dynamischer Wechsellast im Autoklaven mit höherer Alterung reagiert. Im Diffraktogramm der gealterten Prüfkörper ist neben verbreiterten Reflexen eine linksseitige Flankenaufweitung des Reflexes bei 30° 2θ zu finden. Für die erhöhte Halbwertsbreite der Reflexe gibt es drei mögliche Erklärungen: Spannungen [250, 252], reduzierte Kristallitgröße oder die Überlagerung mit einer weiteren Phase mit ähnlichen Gitterparametern, bspw. tetragonal und (pseudo)kubisch. Eine eindeutige Phasenbestimmung am gealterten Material ist aufgrund der verbleibenden, undefinierten Reflexe geringer Intensität und dem Vorliegen von Spannungen nicht eindeutig möglich.

Schlussfolgerungen:

Das Material TZ-3YB-E besitzt gegenüber TZ-3YSB-E die feinere Partikelgröße im Granulat, was zur gleichmäßigeren Verteilung der Additive, insbesondere bei reduzierter Sintertemperatur zum feineren Gefüge am Produkt und so zur Stabilisierung der tetragonalen Phase führt (2.2.3.1). Zudem wirkt sich der gesamte Fertigungsprozess des Materials auf die LTD aus. Der isostatische Nachverdichtungsprozess homogenisiert die Verdichtung innerhalb des Rohlings weitestgehend. Dichtegradienten die durch die uniaxiale einseitige Vorverdichtung entstehen können und Poren werden reduziert. Der anschließende HIP-Prozess führt zur optimalen Verdichtung, weiteren Porenreduzierung (Nanoporen an Korngrenzen) und führt zur Gewährleistung hoher Produktqualität bei reduzierter Sintertemperatur. So kann Diffusion von Wasserspezies über (Korngrenzen-) Poren weiter gehemmt werden. Zusätzlich wirken geringere Korngrößen und Homogenisierung der Yttriumverteilung innerhalb des Gefüges (durch die reduzierte Sintertemperatur) positiv auf die Alterung aus. Somit kommt es zur Erhöhung von ΔG_C und ΔU_S, was zur Stabilisierung der tetragonalen Phase führt. Der Anteil der „nicht umwandlungsfähigen Phasen (c/t“/t‘)“ wird ebenfalls reduziert.

Zusammenfassend sind, in Übereinstimmung mit den Untersuchungen von [253], [148], [242], [173], [152] und Kapitel 2.2.3, die auf die Alterungsbeständigkeit (aber auch grundsätzlich auf die Festigkeit) positiv wirkende Mechanismen wie folgt identifiziert und optimiert worden:

a) Reduzierung des Porenanteils (Erhöhung der Dichte)

b) Reduzierung der Korngröße, Erhöhung der Homogenität (Y^{3+}-Verteilung) innerhalb des Gefüges (Reduzierung der nicht umwandlungsfähigen Phasen (c/t“/t‘))

c) Oberflächenzustand und Oberflächenqualität

Diese Punkte lassen sich effizient durch Materialwahl, Herstellungsart und abgestimmte Sinterung des Bauteils positiv beeinflussen. In welcher Intensität sich die einzelnen Punkte differenziert auf die Alterung auswirken, kann in dieser Untersuchung nicht abschließend geklärt werden, da die Veränderung eines Parameters (bspw. Sintertemperatur) sich auf mehrere interagierende Mechanismen zeitgleich auswirkt. Hier nicht untersucht und daher als Annahme bestehend bleibt die Auswirkung von möglichen Korngrenzeneffekten (Glasphasen [254] oder Nanoporen) auf die Alterung der Prüfkörper.
Auch wenn grundsätzliche Methoden zur Beeinflussung der Alterung bekannt sind, herrschen Unklarheiten über die Details der ablaufenden Prozesse. Insbesondere die konkreten Diffusionspfade oder auch die Entstehung von bewegungsfördernden Raumladungszonen (für die reaktiven Wasserspezies) in Abhängigkeit der Gefüge- und Oberflächeneigenschaften sind weiterhin klärenswert [145, 148]. In Vorgriff auf Kapitel 6.3.3: Es existieren zudem bevorzugte Spannungsbereiche innerhalb derer Diffusionsprozesse von Ladungsträgern (also ggf. in Abhängigkeit der Elementarzellenabmessung) beschleunigt stattfinden [255]. Dies könnte theoretisch auch für LTD begünstigend oder hemmend wirken. Kiemle [114] wies jedoch lediglich geringfügige Auswirkungen von extern angelegten Spannungen auf LTD von ZrO_2 nach. Somit bleibt dieser Ansatz spekulativ.

6.2. Oberflächenmodifizierung

Die Oberflächengestaltung und Topographie ist in Bezug auf die Osseointegration elementar, wie in Kapitel 2.1.4 aufgezeigt. Sehr wohl wirkt sich die Oberflächenaufrauung auf die mechanischen Kennwerte, insbesondere die statische und dynamische Festigkeit, aus (Kapitel 2.2.3.2; 5.2).

6.2.1. Feinstrahlung

Die Festigkeit lässt sich in Bezug zur Bruchzähigkeit durch die Griffith-Gleichung beschreiben:

$$\sigma_f = \frac{K_{IC}}{\sqrt{2\pi a_c}},$$

mit der Bruchspannung σ_f, der Bruchzähigkeit K_{IC} und der kritischen Fehlergröße a_c. [256]

Es ist eindeutig, dass sich die Festigkeit deutlich reduziert, sobald die Oberfläche zur Verstärkung der osteokonduktiven Eigenschaften im Weißzustand angeraut wird, statt diese im polierten Zustand einzusetzen. Eine scharfkantige, tiefe Oberflächenrauheit führt zur stärkeren Reduzierung der Bruchfestigkeit gegenüber einer Rauheit mit großen Radien. Titanlegierungen weisen eine etwa 6 – 10 x höhere Bruchzähigkeit (K_{IC}) [257] gegenüber ZrO_2-Keramiken auf, was sich in entsprechend höherer tolerierbarer Bruchspannung an rauen Oberflächen äußert. Die Konstruktionsbedingungen und Oberflächengestaltung sollten dementsprechend nicht von Titanimplantaten direkt auf Keramikimplantate übertragen werden.
Die Vorgabe der DIN EN ISO 13356 für chirurgische Implantate aus 3Y-TZP verlangt Vierpunktbiegefestigkeiten von 800 MPa. Auch wenn die raue Oberfläche nicht normgerecht ist, ist durch die Notwendigkeit der osteokonduktiven rauen Oberflächengestalt der Implantate eine entsprechende Prüfung und Bewertung, insbesondere der Endprodukte, unerlässlich. Die Festigkeit der hartbearbeiteten und polierten Probekörper ist mit

1.500 MPa nach der Materialoptimierung als sehr hoch zu bewerten. Die abrasive Weißlingsstrahlung reduziert die Festigkeit an den Normprüfkörpern drastisch auf 64 – 31 % des Ausgangswertes. Hohe Rauheit führt zu geringer Festigkeit. Der HIP-Prozess wirkt sich nicht zusätzlich positiv auf die Festigkeit der rauen Proben aus (Abb. 38 & Tabelle 17). Insbesondere die Biegestabserien (aber auch die Ronden) zeigen durch den nach der Fertigung angesetzten HIP-Prozess zunehmende Torsion der Prüfkörper und unkalkulierbare Auswirkungen der Rauheit auf die Prüfergebnisse. Daher können die Werte der rauen Prüfkörper nur eingeschränkt in der Diskussion betrachtet werden.

Für die Feinstrahlung mit arteigenem Material muss so viel Energie eingebracht werden, dass eine Oberflächenrauheit durch Abtrag resultiert. Aufgrund der ungleichmäßigen Morphologie des Strahlmittels, der Energieverteilung (Druck und Strahlmitteldichte), Strahlführung etc. ist der Prozess des Partikelstrahlens zufälliger Natur. Strahlmittel wird auch in die Oberflächen eingearbeitet, die Topographie verändert sich. Scharfkantige Vertiefungen, die hohe Kerbspannungen in das Material einbringen, sind zu vermeiden. Im Umkehrschluss würde dies bedeuten, dass die Umstellung der Morphologie des Strahlmittels auf Kugelform anzustreben wäre. Zu Beginn des Projektes stand jedoch kein kommerziell erhältliches Strahlmittel aus medizinisch geeignetem 3Y-TZP in Kugelform zur Verfügung. Hierfür wird arteigenes Strahlmaterial von der Firma Moje aufgearbeitet und gesiebt, unterliegt jedoch Serienschwankungen.

Aus den Ergebnissen zur Feinstrahlung kann abgeleitet werden, dass ein homogener Strahlprozess mit gleichbleibenden Parametern gefordert ist. Gleich zu haltende Parameter für den Strahlprozess sind: Abstand von Implantat und Strahldüse, Strahlwinkel, Strahldüsendurchmesser, Beschaffenheit des Strahlmittels, Strahlmittelvolumen, Strahldruck und Rotationsgeschwindigkeit des Implantates. Nicht zu vergessen ist hierbei der zu berücksichtigende Härteunterschied zwischen Strahlmittel und Prüfkörper. Die Härte des Weißlings wird durch die Streuung im Pressvorgang und vor allem die Vorsintertemperatur maßgeblich beeinflusst. Ein maschinell gesteuerter

Prozess zur Aufrauung durch die Feinstrahlung ist empfohlen. Da Verunreinigungen in das Material eingebracht werden könnten und die Strahlkornform (Verfeinerung durch Aufprall) bzw. das Strahlkorngefüge (Vergröberung durch mehrfache Sinterung) sich verändert, sollte das Strahlkorn nicht zu häufig aufbereitet werden.
Eine unabhängige Beeinflussung von R_a und R_z-Werten ist aufgrund der prozessabhängigen Strahlkornform nicht möglich. Der R_a-Wert lässt sich durch die Wahl der Strahlparameter in einem breiten Bereich beeinflussen. Zu Gunsten der Festigkeit sollte die Rauheit (R_z) so niedrig wie möglich und der R_a-Wert zur Förderung der osteokonduktiven Eigenschaften auf etwa 1 – 2 µm eingestellt werden.
Erwähnt werden sollte an dieser Stelle, dass die im Weißzustand gestrahlten Probekörper keinerlei Veränderung bezüglich der Phasenzusammensetzung der Oberfläche im gesinterten Zustand zeigen. Bilden sich während der Weißbearbeitung Anteile an monokliner Phase werden diese während der Sinterung wieder in die tetragonale Phase umgewandelt (Abb. 93).

6.2.2. Abrasive Korundstrahlung

Das abrasive Strahlen der dichtgesinterten Proben führt zur Veränderung verschiedener Eigenschaften. Damit ein angemessener Materialabtrag zur Aufrauung resultiert, muss eine Härtedifferenz zwischen dem Strahlmittel und dem Prüfkörper, sowie scharfkantiges Strahlkorn vorliegen. Geeignete Eigenschaften weist kommerziell erhältliches Strahlmittel auf Basis von Al_2O_3 (Strahlkorund) auf (Kapitel 5.2.2). Die Beeinflussung der Festigkeit ist abhängig von Strahldruck, Strahlmittelgröße sowie Prüfkörpereigenschaften, der Korngröße und resultierender Rauheit. Die Strahlpartikelmorphologie des verwendeten Korunds kann als eckig bis subangular (Kategorie 0 – 2 nach Pettijohn et al. [258]) mit überwiegend geringer und in Teilen auch hoher Sphärizität bezeichnet werden (Abb. 107).

$E_k = \frac{m_s \cdot v^2}{2}$ beschreibt die kinetische Energie eines Strahlmittelkorns mit Masse m_s und Geschwindigkeit v [259]. Dies bedeutet, verdoppelter Druck sollte in etwa zur vervierfachten Energieeinbringung in das Material führen. Entsprechend der Gestalt (Abb. 107) der Körner (im Mittel), ergibt sich in etwa eine Versechsfachung der Masse des einzelnen Strahlkorns bei Verwendung von 150 µm Strahlkorn gegenüber 50 µm. Theoretisch sollte also die Energieeinbringung in das Material in dieser Reihenfolge ansteigen: 50 µm-2 bar → 50 µm-4 bar → 150 µm-2 bar → 150 µm-4 bar.

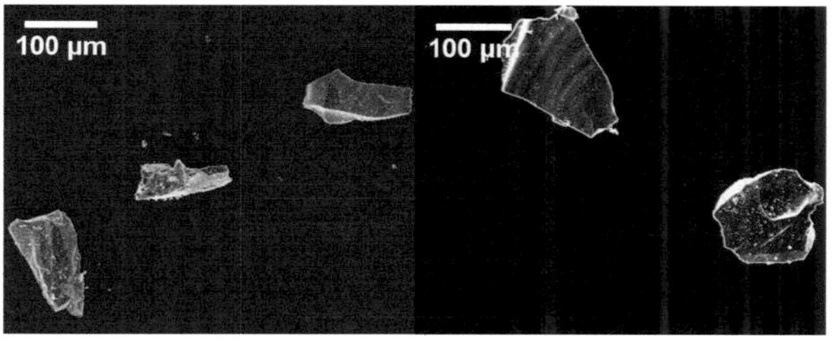

Abb. 107: Rasterelektronenmikroskopische Aufnahme des verwendeten Strahlmittels - links „50 µm“ und rechts „150 µm“ Korund laut Herstellerbezeichnung, Gerät 1: Evo MA 10.

Diese Abschätzung gilt nur in grober Näherung bei gleichförmig gestalteten Strahlmittelkörnern und der Grundlage, dass alle weiteren Variablen konstant gehalten werden. Die Abbildung zeigt jedoch überwiegend regellos geformtes Strahlmaterial. Die tatsächliche Energieeinbringung ist stark abhängig von der Gesamtmasse des Strahlkorns und der Kontaktflächengeometrie während des Einschlags.

Das Strahlmaterialvolumen ist ein ebenso ausschlaggebender Faktor, welcher per Einstellung am Gerät konstant gehalten wird. Überprüft wurde diese Variable in dieser Untersuchung nicht.

In Tabelle 27 sind Parameter und Ergebnisse der Strahlversuche an den beiden Materialien MS-U und C-ISO gegenübergestellt. Die jeweils erste Zeile einer Spalte gibt den Korrelationskoeffizienten wieder, die zweite Zeile quantifiziert die Signifikanz der Korrelation. Je größer der Korrelationskoeffizient, desto stärker die Abhängigkeit. Ein negativer Korrelationskoeffizient bedeutet, dass ein gegenläufiger Effekt vorliegt.

Tabelle 27: Korrelationsanalyse nach Spearmen (SigmaPlot Version 13.0, Systat Software, Inc.) für den abrasiven Strahlversuch der Serie C-ISO und MS-U. Die jeweils erste Zeile gibt den Korrelationskoeffizienten (K) wieder und die zweite Zeile den p-Wert. Zur besseren Übersicht sind signifikante Wertepaare (p<0,05) grau hinterlegt worden.

C-ISO		Strahldruck	Strahlkorn	R_a	R_z	X_m	RIU
Festigkeit	K	0,022	-0,360	0,368	0,247	0,501	0,451
	p	0,894	0,023	<0,01	0,084	<0,01	<0,01
Strahldruck	K		0,000	0,511	0,282	0,866	0,866
	p		1,000	<0,01	0,078	<0,01	<0,01
Strahlkorn	K			0,171	0,728	-0,117	0,321
	p			0,289	<0,01	0,470	0,044
R_a	K				0,780	0,615	0,673
	p				<0,01	<0,01	<0,01
R_z	K					0,492	0,694
	p					<0,01	<0,01
X_m	K						0,877
	p						<0,01

MS-U		Strahldruck	Strahlkorn	R_a	R_z	X_m	RIU
Festigkeit	K	-0,182	-0,390	0,079	0,104	0,393	0,369
	p	0,259	0,013	0,584	0,471	<0,01	<0,01
Strahldruck	K		0,000	0,466	0,383	0,866	0,840
	p		1,000	<0,01	0,015	<0,01	<0,01
Strahlkorn	K			0,682	0,719	-0,292	-0,041
	p			<0,01	<0,01	0,067	0,800
R_a	K				0,969	0,519	0,575
	p				<0,01	<0,01	<0,01
R_z	K					0,460	0,536
	p					<0,01	<0,01
X_m	K						0,876
	p						<0,01

Die Festigkeit steigt mit dem Intensitätsverhältnis (X_m) und der Reflexintensitätsumkehr (RIU). Ebenso zeigt sich für C-ISO eine Korrelation der Festigkeit mit der Rauheit. X_m und RIU sind stärker vom Strahldruck als von der Strahlkörnung beeinflusst. Die Rauheitsparameter und die Festigkeit wiederum stehen in größerer Abhängigkeit zur Strahlkorngröße. Die Festigkeit korreliert für C-ISO mit dem R_a-Wert wobei an den MS-U Prüfkörpern höhere Rauheit erzielt wird.

Betrachtet werden soll dazu im Detail die Rauheit gegenüber der Entwicklung der monoklinen Phase (Abb. 108). Die Rauheit nimmt mit zunehmendem Impakt zu. Aufgrund der hohen Streuung einzelner Serien ist eine klare Interpretation schwierig. Die Erhöhung des monoklinen Phasenanteils läuft für beide Materialien vergleichbar ab, wobei berücksichtigt werden sollte, dass C-ISO bereits im „as-delivered" Zustand über geringe Mengen an monokliner Phase verfügt.

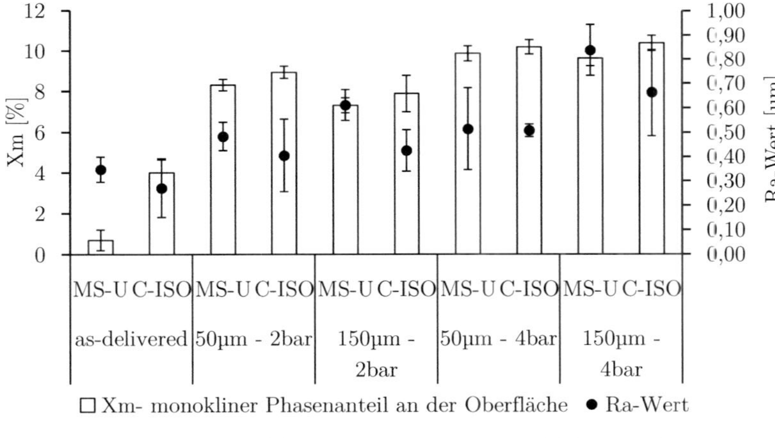

Abb. 108: X_m der gestrahlten Oberflächen gemessen mittels XRD gegenüber dem durch die abrasive Sandstrahlung erreichten R_a-Wert.

Die 50 µm Strahlkörner erzeugen einen höheren monoklinen Phasenanteil, bei (tendenziell) geringerer Rauheit. Leider konnte der Materialabtrag an den Prüfkörpern nicht nachvollzogen werden (Geräteeichung zwischen den Versuchen). In einer Studie von Heilemann [260] an einer 3Y-TZP Serie, gefertigt unter gleichen Bedingungen, führt die Strahlung bei 2 bar unabhängig von der Strahlkorngröße zu vergleichbarem Abtrag. Der nächst höhere Abtrag wird bei 150 µm-4 bar und der höchste Materialabtrag bei

50 µm-4 bar festgestellt. In Folge der t→m Umwandlung findet bei weiterem Strahlen ein Materialabtrag statt. Bei längeren Strahlzeitenergibt sich also ein Gleichgewicht aus t→m und Abtrag.

Diverse Forschungsgruppen befassten sich mit dem abrasiven Partikelstrahlen am ZrO_2 um geeignete Parameter zur Oberflächenkonditionierung im Vorfeld für die dentale Verblendtechnik zu finden. Ausgewählte Ergebnisse von diversen Publikationen, die mit 50 µm Strahlkorund, einem Strahlabstand von 10 – 20 mm, diversen Druckeinstellungen und XRD-Analytik arbeiteten, sind in Abb. 109 (grau) [170, 261–268] mit den eigenen Ergebnissen (schwarz) gegenübergestellt. Der Anteil der monoklinen Phase, nach abrasivem Strahlen liegt überwiegend zwischen 5 – 20 % (Ausnahme Moon et al. mit >35 % [170]). Die Ergebnisse für MS-U und C-ISO fügen sich grundsätzlich in die recht stark streuenden Ergebnisse ein, wobei X_m bei 4 bar Strahlung, mit ca. 8 – 10,5 % (bzw. V_m~10 – 13 %), vergleichsweise gering ist. Dies könnte bspw. an der deutlich höheren Strahldauer (60 sek zu 10 – 20 sek.), somit höherem Materialabtrag, im Vergleich zu den o.g. Referenzstudien liegen.

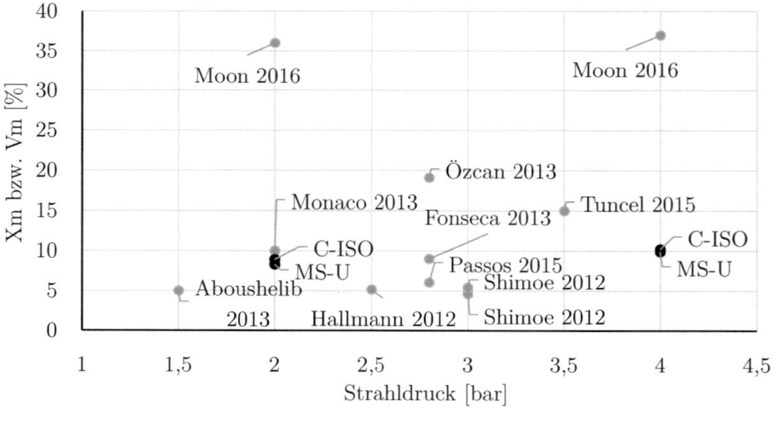

Abb. 109: Gegenüberstellung der eigenen Ergebnisse X_m (schwarze Punkte) über Strahldruck (Korundstrahlung mit 50 µm) mit der Literatur (X_m oder V_m – graue Punkte) [170, 261–268].

Aber auch die Korngröße, die nicht in allen Untersuchungen angegeben ist, müsste für die Auswertung berücksichtigt werden. Monaco et al. bspw. prüfen Y-TZP mit mittlerer Korngröße von 450 nm zu MS-U Material ähnlicher KG und erzeugen mit 2 bar vergleichbar hohe Werte für X_m (~10 %). Weitere studienübergreifende Zusammenhänge zum Umwandlungsverhalten lassen sich kaum ableiten, da meist Informationen zur Gefügebeschaffenheit oder auch konkreten Strahlbedingungen (bspw. Düsendurchmesser) fehlen.
Die große Varianz der Auswirkung des Strahlens auf die Festigkeit zeigt Abb. 110. Es wurde eine leichte Abnahme [166, 170, 261] bis hin zur deutlichen Erhöhung der statischen Festigkeit ([264, 265], eigene Ergebnisse) belegt. Auch mit größerem Strahlkorn wurden sowohl Erhöhung [159], als auch Reduzierung der statischen Festigkeit [166] nachgewiesen. Dies ist sicherlich den Abweichungen der Rahmenparameter (Prüfmethodik, Düsendurchmesser, Bewegung der Probe, Strahlmittelvolumen, Materialabtrag,...) und Oberflächenzustand der Referenzproben geschuldet.

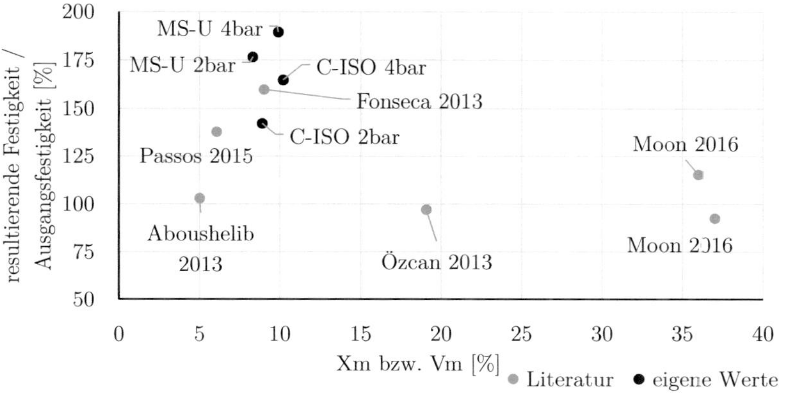

Abb. 110: Gegenüberstellung der Festigkeitssteigerung und X_m eigener (schwarz) und ausgewählter Literaturergebnisse oder V_m (grau) [170, 261, 264, 265, 267].

Höchste Festigkeitswerte werden in dieser Untersuchung an beiden Materialien MS-U und C-ISO bei Verwendung von 50 µm-4 bar erzielt.

Durch die Strahlung wird das Material zu ferroelastischer Domänenumkehr und Umwandlung der tetragonalen Phase in die monokline Phase angeregt. Es bildet sich direkt unter der Oberfläche eine kompressive Oberflächenschicht, u.a. hervorgerufen durch die ca. 3 – 4 % Volumenzunahme bei t→m Umwandlung [27].
Das bedeutet, dass die durch die t→m Umwandlung eingebrachten Druckspannungen in der Oberfläche der zum Versagen führenden Zugspannung entgegenwirken können. So kann die Toleranz gegenüber Zugkräften erhöht und die Biegefestigkeit gesteigert werden [193].
Zur weiteren Umschreibung von Grenzparametern werden die Querschnittsbilder gestrahlter Oberflächen betrachtet (Abb. 45). Die kleinere Strahlmittelgröße führt zu feinerer Oberflächentopographie, während 150 µm-4 bar zu größeren halbschalenförmigen Oberflächendefekten führt. Partiell laufen von spitzwinkligen Vertiefungen Risse in die Tiefe des Materials. Das Einbringen dieser Rissstarter, die ggf. über die Druckspannungszone hinaus reichen, kann dann in einer Reduzierung der Festigkeit enden [159].
Mit C-ISO und MS-U werden sehr unterschiedliche Gefüge geprüft, die unterschiedliche Herstellung (Pressvorgang und Sintertemperatur), deutlich unterschiedliche Korngrößen (590 und 340 nm) und Festigkeitswerte in as-fired Zustand (914 und 599 MPa) aufweisen. Beide Materialien reagieren auf die Korundstrahlung mit der Ausbildung höherer Festigkeit trotz Aufrauung. Signifikant erhöht ist der m-Anteil an der „as-delivered" Oberfläche und den Bruchflächen der C-ISO gegenüber MS-U Proben. Das Material C-ISO reagiert auch auf die Strahlung im Vergleich zu MS-U mit leicht höherer t→m Umwandlung und RIU.

Wie in Kapitel 2.2.3 dargestellt, ist das Umwandlungsbestreben von Material mit höherer Korngröße größer und korreliert auch mit den LTD Ergebnissen. Nach [114] zeigt sich die mechanische t→m Umwandlung nur im direkten Zusammenhang mit Materialversagen, somit also Materialabtrag und Risseinbringung.

Schlussfolgerungen:

Grundsätzlich stehen die Ergebnisse dieses Kapitels in Übereinstimmung mit der Aussage zur empfohlenen „moderaten“ ZrO_2-Oberflächenbearbeitung von Kosmač et al. [159]. Zurückzuführen ist dies auf geringere Risseinbringung und die positiven Effekte der Druckspannungszonen nach Oberflächenbearbeitung [193, 194], wobei die Rolle von t→m und FDS in diesem Zusammenhang nicht voneinander getrennt betrachtet werden kann.
Eine Steigerung der Festigkeit kann erzeugt werden, indem der Strahlprozess so ausgelegt ist, dass die Transformationszone in der Druckeigenspannungen (t→m und FDS-Schicht) vorliegen größer als die Zone ist, in der sich Risse gebildet haben. Durchdringen die Anrisse diese Druckspannungszone, kann überkritisches Risswachstum zum Abplatzen der Druckspannungsbereiche oder bei senkrecht in das Material laufenden Rissen, zum verfrühten Versagen der Bauteile führen (siehe vereinfachte Darstellung Abb. 111). Umwandlungsbestreben, Materialabtrag und Risswachstum werden von der Korngröße, der konkreten Phasenzusammensetzung, Yttriumoxidverteilung und somit dem Herstellungsprozess beeinflusst und sind zu berücksichtigen.

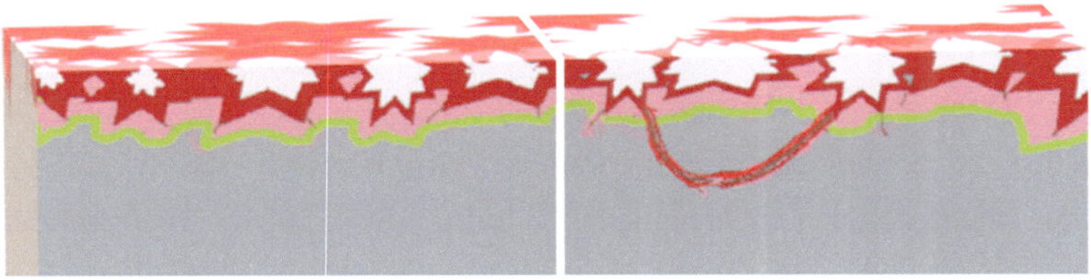

Abb. 111: Skizze einer gestrahlten Y-TZP Probe im Querschnitt; rot/rosa – monokline Umwandlungsschicht mit umgebender Druckspannungszone und FDS-Schicht, grün Übergangszone, braun – Risse, grau Bulk. Linkes Teilbild: angestrebter Zustand (moderate Strahlung), rechtes Teilbild: zu intensive Strahlung.

6.2.3. Festigkeitsstrahlung mit ZrO_2

Das Kapitel zur abrasiven Korundstrahlung zeigt, dass unter Vermeidung von überkritschem Risswachstum und Materialabtrag, bei hohem Energieeintrag (am hier verwendeten Material) immer eine Festigkeitssteigerung erwartet werden kann. So entsteht die Idee, dass es optimale, sensitive Strahleinstellungen zur Materialverfestigung geben muss, die ähnlich wie „Kugelstrahlen“ im metallischen Bereich angewendet werden können. Herausforderung ist die Vermeidung von Rissinitiierung, insbesondere in Hinblick auf den Einsatz als dynamisch belastetes Implantat.
Durch die Anpassung der Strahlmittelhärte kann bei Verwendung von gleichartigem Strahlmittel (Kapitel 5.2.3), also mit 3Y-TZP, eine Situation generiert werden, in der auch bei sehr hohem Strahldruck und Energieeinbringung die Schädigungsgrenze des Materials nicht überschritten wird. Es resultiert kein relevanter Materialabtrag und durch Verwendung von artgleichem Strahlmittel werden keine Fremdelemente in das Gefüge eingebracht. Dies ist als Vorteil zu betrachten.
An Korund kontaminierten Titanimplantaten wurde das Potential für Entzündungen und Folgeerkrankungen nachgewiesen [269–271]. Daher sollte auch für Y-TZP Implantate auf fremdelementfreie Oberflächen geachtet werden.

Selbst an bereits hochfesten, polierten Ronden aus Y-TZP (1.785 MPa) lässt sich durch das nachträgliche SP mit 3 bzw. 5 bar die Festigkeit um bis zu 17 % erhöhen. Die Zuverlässigkeit, ausgedrückt im Weibullmodul, steigt von 11 auf 16 bzw. 19. Der Anteil der an der Oberfläche vorliegenden monoklinen Phase beläuft sich auf <2 %. Trotz leichter Oberflächenaufrauung an den polierten Proben lässt sich eine Reduzierung der Streuung der Festigkeitswerte beobachten (Abb. 50).

Laut Korrelationsanalyse (Tabelle 28) zeigt sich ein signifikanter Zusammenhang der RIU zum SP-Druck. Ebenfalls korrelieren RIU und FWHM, Festigkeit mit RIU und somit dem Strahldruck. Dies steht in Übereinstimmung mit den Studien von Zhu et al. [272], die einen Zusammenhang zwischen der Entstehung der monoklinen Phase und der RIU der tetragonalen Doppelreflexe sehen. Keine Korrelation zeigt die Festigkeit und FWHM des t(101) der 3 und 5 bar gestrahlten Proben.

Tabelle 28: Korrelationsanalyse nach Spearmen (SigmaPlot Version 13.0, Systat Software, Inc.) für die mit 3 und 5 bar ZrO_2 gestrahlten Proben. Die jeweils erste Zeile gibt den Korrelationskoeffizienten (K) wieder und die zweite Zeile den p-Wert. Zur besseren Übersicht sind signifikante Wertepaare (p<0,05) grau hinterlegt worden.

		Festigkeit	RIU	Strahldruck
FHWM	K	0,123	0,729	0,762
	p	0,478	<0,01	<0,01
Festigkeit	K		0,458	0,357
	p		<0,01	0,036
RIU	K			0,867
	p			<0,01

An Serie MS-U (Tabelle 29), mit geringerer Festigkeit und „as-delivered“-Oberfläche, lässt sich die Festigkeit nach 4 min SP sogar um 93 % erhöhen. An den rauen Oberflächen der Serie lässt sich eine Erhöhung der Festigkeit von 30 – 55 % erzielen. Wichtig ist in diesem Zusammenhang also die Abstimmung von Strahlkornmorphologie und Strahlmittelkorngröße auf die vorliegende Oberflächenrauheit. Insbesondere Vertiefungen, von denen der Riss im Falle einer Überlast fortschreiten kann, müssen vom Strahlmaterial zur „Verfestigung“ erreicht werden. Das Strahlmaterial sollte hierfür entsprechend feinkörnig, aber kompakt sein. Die Rauheitsparameter der Ausgangsoberfläche ändern sich durch die Festigkeitsstrahlung jedoch leicht, insbesondere für die filigranen Strukturen. Die Oberfläche wird im nanoskaligen Bereich eingeebnet. Die Festigkeitsstrahlung führt zu einer Reduzierung des R_a-Wertes um etwa 0,2 µm. Zu Beginn der Untersuchungen ist dies vermutlich durch abweichende Messpositionen auf den Proben nicht signifikant ins Gewicht gefallen. Für die Messung der letzten beiden Serien wurden die Messstellen penibel auf den Proben markiert. So kann gezeigt werden, dass eine intensive Festigkeitsstrahlung zwar die höhere Festigkeit erzeugt, aber auch zu einer messbaren Veränderung der Topographie führen kann. Bewerten lässt sich der Erfolg der Strahlung anhand der Reflexintensitätsumkehr t(002/110). Vergleicht man die in dieser Arbeit vorliegenden Messwerte der RIU an einzelnen Prüfkörpern einer Serie (einer Druckeinstellung), zeigt sich keine direkte Korrelation von RIU zu erreichter Festigkeit. Dies gilt obwohl Serien mit hoher RIU im Mittelwert einen stärkeren Festigkeitsanstieg zeigen (Tabelle 29) und eine Korrelation der RIU mit Festigkeit bei 3 bzw. 5 bar gestrahlten Proben gefunden wurde.

Tabelle 29: Auswirkung der Festigkeitsstrahlung auf RIU und Festigkeitserhöhung.

Serie	1-SB-E M-SU	2-SB-E	1-B-E	2-B-E	3-B-E MS25
Korngröße [nm]	364	400	352	353	250
Festigkeits-steigerung [%]	93	30	33	55	40
Oberfläche	CNC	rau	rau	rau	rau
RIU	2,08	1,18	1,29	2,1	1,28

Die fehlende Korrelation von Festigkeit und RIU innerhalb einer Serie kann durch die Inhomogenität des manuellen Strahlprozesses erklärt werden. Mittels Diffraktometrie wird der Mittelwert der RIU über die gesamte Probenfläche in einem oberflächennahen Volumen bestimmt und gibt so eine mittelwertige Verfestigung wieder. Zur erfolgreichen Festigkeitserhöhung mittels SP ist die Belegung der Oberfläche mit Strahlmaterial ausschlaggebend [273]. Jeder Bereich der Oberfläche muss gleichmäßig vom Strahlmaterial unter Spannung gesetzt werden, damit der Effekt der sich überlagernden Spannungen zur Entstehung einer Druckspannungszone führt. Ist ein Bereich nicht verfestigt, kann sich der zum Versagen führende Riss unter Belastung zunächst von dieser Stelle aus ausbreiten. Ebenso beeinflussen oberflächennahe Defekte oder Fehler im Volumen das Ergebnis.

Schlussfolgerung:

Durch den Prozess des Verfestigungsstrahlens werden die Kristallite in der Oberflächenschicht mit Energie beaufschlagt und durch mikroplastische Verformung sowie ferroelastische Ausweichreaktion unter Druck gesetzt.

Durch sich überlagernde Spannungen, infolge von kontinuierlichem Beschuss der Oberfläche, entsteht parallel zur Oberfläche eine radiale Druckspannungszone [273]. Die gleichmäßige Bedeckung der Oberfläche mit Strahlmaterial ist hierfür von Notwendigkeit. Die RIU ergibt sich aus einer „Ausweichreaktion“ von passend ausgerichteten und unter Druck stehenden Körnern. Die Kristallite, deren c-Achse parallel zur Druck-Spannungsrichtung liegen, konvertieren durch SP die c-Achse in die a-Achse (Abb. 112 unten). Zum Beugungsdiagramm tragen in Bragg-Brentano-Geometrie nur parallel zur Oberfläche liegende Netzebenen bei. In Abb. 112 oben (as-fired Zustand) tragen die Elementarzellen mit der c-Achse senkrecht zur Oberfläche (grün) zu den (00l) Reflexen bei, während Elementarzellen mit der c-Achse parallel zur Oberfläche (rosa) zu den (hk0) Reflexen beitragen.

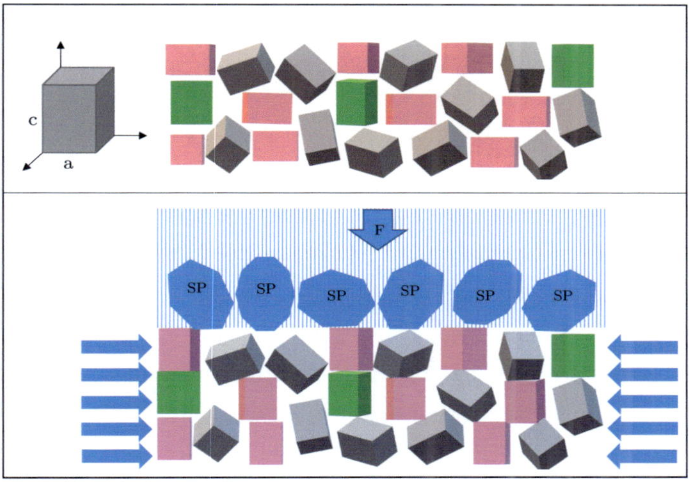

Abb. 112: Stilisierte Darstellung der Kristallorientierung im polykristallinen Gefüge (Quader symbolisch für die pseudokubische Elementarzelle). Oben isotropes Gefüge und unten nach SP. Blaue Pfeile zeigen radiale Druckrichtung im Schnitt, graue Kristallite – nicht passend orientiert, rosa Kristallite – switchfähig, grüne Kristallite – bereits mit a-Achse parallel zur OF ausgerichtete Kristallite.

Da nach SP neu orientierte Zellen zum (00l)-Reflex beitragen, ändert sich das Intensitätsverhältnis (002/110) im Beugungsdiagramm.

Durch das Ausweichen wird lokal zu hohe (potentiell rissauslösende) Spannung ausgeglichen und die Risszähigkeit erhöht. Die oberste Schicht wird „mikroplastisch verformt" und trägt zur Aufrechterhaltung der Eigenspannungen bei. Es entsteht ein verfestigter Bereich an der Oberfläche.
Insgesamt kann durch SP die Festigkeit eines Y-TZP Produktes unter Erhalt der Makrotopographie erhöht werden. Umso höher die Strahlparameter gewählt werden (höherer Druck, kleinerer Abstand, längere Strahlzeit), desto stärker die Verfestigung. Dies ist erkennbar an intensiverer Verfärbung. Jedoch erfolgt auch eine Einebnung der Nanotopographie. Als erfolgsversprechende Strahlparameter zeigten sich in den hier analysierten Materialpaarungen an rauer Oberfläche:

Strahlkorngröße: 40 – 90 µm (ZrO_2),
Strahldruck: $>$ 4,5 bar,
Düsen-Oberflächen-Abstand: $\sim$ 5 mm,
Düsendurchmesser: 1,2 mm,
Strahldauer: 2 min auf 150 mm^2.

Erfolg und Homogenität der SP-Strahlung kann während bzw. im Nachgang des Prozess visuell über die Oberfläche bewertet werden. Diese sollte eine weitestgehend homogen matt glänzende „rosa" Verfärbung aufweisen.

Dieses Prozedere wurde bereits im Laufe des Projektes erfolgreich angewendet. Dafür wurden die ermittelten SP-Parameter auf die firmeneigenen Strahlgeräte übertragen und dort an (bereits aufgerauten) Oberflächen umgesetzt. An der Hochschule Osnabrück wurden darauf folgend an diesen Prüfkörpern zugehörige Referenzwerte für die Festigkeit, RIU und Rauheit ermittelt. Rückstellmuster unterschiedlicher Strahleinstellung und Verfärbung dienen so der firmeninternen SP-Qualitätseinschätzung.

6.3. Produktprüfung

Dieses Kapitel befasst sich mit der übergreifenden sowie abschließenden Anwendung und Prüfung der vorgestellten Optimierungsmöglichkeiten für keramische Implantate.

6.3.1. Dynamische Prüfung am Endprodukt

Die Produktprüfung nach Norm (Kapitel 5.2.5) erreicht im modifizierten Stufenversuch an TZ-3YSB-E Implantaten Werte von 1.890 Nmm (420 N) für stilisierte Implantate. Während unter Worst-Case Bedingungen (30° Implantatachsneigung) der Implantattyp MSI_3b noch ~300 N dynamischer Belastung standhält, sind es unter 40° nur noch ~250 N, während bei geringerer Implantatachsneigung von 20° ~ 490 N dynamische Last toleriert werden. Eine markante Beeinflussung der Werte am Prüfmodell mit eingebauter Kortikalis wurde nicht festgestellt. Es war jedoch schwieriger den Bruch des Implantates zyklengenau festzustellen. Daher wurde für abschließende Vergleiche des optimierten Materials das Normmodell ohne Kortikalis vorgezogen. Festigkeitsstrahlen führt zu einer Erhöhung der tolerablen Kräfte von etwa 30 % von ~ 400 N auf 530 N (2.184 auf 2.895 Nmm) unter vergleichbaren Prüfbedingungen.
Soweit bekannt bewegen sich individuelle firmeninterne Grenzen für die Freigabe nach Prüfung unter Worst-Case Bedingungen im Bereich von ~ 200 – 240 N [274]. Die DIN EN ISO 14.801 gibt keine Last-Grenzen vor. Während im Frontzahnbereich mittlere Kaukräfte von 60 – 75 N erreicht werden, können im Seitenzahnbereich 110 – 125 N, bis hin zu Maximalkräften von bis 400 N auftreten [274]. Bruxisten und Knirscher erreichen sogar Kräfte im Bereich von ~ 1.000 N. Durchmesserreduzierte Implantate werden wegen des geringeren Platzangebotes gern im Frontzahnbereich eingesetzt. Die wirkende Kraft beim „Beißen“ ist zwar in diesem Bereich geringer, jedoch ist es aufgrund der anatomischen Gegebenheiten häufig erforderlich, einen gewissen Neigungswinkel für eine kosmetische Eingliederung des Im-

plantates in die Zahnreihe zu gewährleisten. Der simulierte marginale Knochenschwund von 3 mm hat ebenfalls klinische Relevanz. Das Implantat wird durch Knochenabbau (im Fall von Periimplantitis, im Grobgewindebereich belastet, wodurch ungünstige Belastungssituationen resultieren und höhere Kerbspannungen induziert werden.

Für die Gestaltung des Implantates sollte auf Reduzierung von Vertiefungen geachtet werden. Spitze Winkel, vor allem im Bereich des Gewindegrunds, sind zu vermeiden und die Wahl möglichst großer Radien ist zu bevorzugen. Des Weiteren kann anhand der Untersuchung die negative Beeinflussung der Langzeitstabilität durch die Kippung der Implantate, von der Belastungsachse weg, anschaulich belegt werden. Das Versagen eines axial belasteten, nicht gekippten und gut osseointegrierten Y-TZP Implantates, ist nur bei sehr hohen Kräften möglich >900 N (Tabelle 24). Die Gewährleistung von axialer Belastung eines keramischen Implantates kann somit ein Werkzeug zur Schadensvermeidung im klinischen Einsatz sein. Hierbei ist neben dem Winkel, unter dem das Implantat gesetzt wird, auch auf die richtige Kraftübertragung (schlüssige Kontaktpunkte) zwischen Antagonist und Zahnersatz sowie genügend Knochenangebot zu achten.
Für eine theoretische Simulation der Ausfallwahrscheinlichkeit wurde von J. Rost (iba Heilbad Heiligenstadt), basierend auf einer „Digital Volume Tomography“ (DVT) eines humanen Schädels, ein komplexes 3D-Finite-Elemente-Modell erstellt [275]. Die Finesse des Modells findet sich in einer kompletten Rekonstruktion der am Kauakt beteiligten Muskelgruppen an diesem Schädelmodell, wobei die Literaturdaten für die entsprechend wirkenden Muskelkräfte als wirkende Lasten (siehe Tabelle 30) an diesen eingesetzt werden.

Tabelle 30: Links Ausschnitt des Simulationsmodells im Belastungsfall, Rechts die zugrunde gelegten Daten für die Kraftanteile je Muskelgruppe in der Simulation [275, 276].

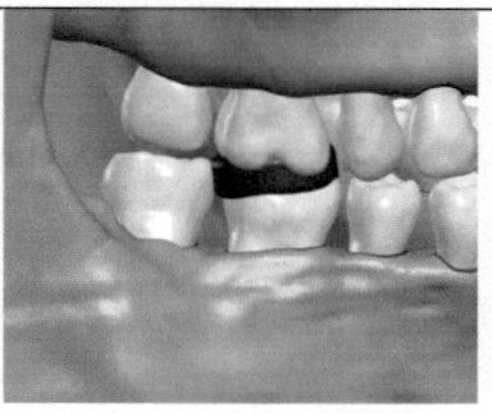

Muskel / Musculus (M.)	Kraft [N]
M. Masseter Superficialis	190,4
M. Masseter Deep	81,6
M. Pterygoideus Medialis	174,8
M. Temporalis Anterior	158,0
M. Temporalis Medialis	95,6
M. Temporalis Posterior	75,6

Das Implantat wird also nicht direkt mit einer fixen Kraft „x“ unter Winkel „beta“ belastet, sondern in naturnaher Belastungssituation über einen, den Kieferschluss blockierenden Nahrungsbolus, indirekter Last ausgesetzt. Für die Belastungssimulation am ersten Molaren ergibt sich aus 735 N Gesamtlast eine maximale Lastverteilung von -715 N in z-Richtung, 69 N in x-Richtung und 156 N in y-Richtung, basierend auf Literaturwerten für die Muskelkräfte [276]. Die in die Simulation einfließenden Materialkennwerte (Weibullfestigkeit (WBF) und Weibullmodul (WBM)) werden aus Ergebnissen der hier vorliegenden praktischen Arbeit entnommen. Eingesetzt wird das Implantat (in diesem Beispiel) in Position des ersten Molarens im Unterkiefer, in Knochenqualität D2 (2 mm Kortikalisstärke) und D4 (1 mm Kortikalisstärke mit reduziertem E-Modul der Spongiosa). Der Simulation zu Grunde gelegt wurden:

a) „schwächstes“ getestetes Material WBF= 678 MPa und WBM= 6
b) Festigkeit der Abschlussserie „rau“, WBF=762 MPa und WBM=22
c) Abschlussserie „rau+SP“, WBF=1.070 MPa und WBM=19

In Tabelle 31 sind die Ergebnisse zusammengefasst. Durch die Simulation der Materialserie mit reduzierter Festigkeit wird die Auswirkung der Knochenqualität und des Weibullmoduls auf die Langzeitstabilität eines Implantates besonders deutlich. Implantat aus Material a) würden, eingesetzt in eine schlechte Knochenqualität (D4), innerhalb von 25.000 Kauzyklen mit einer Ausfallwahrscheinlichkeit von 37 % reagieren und bereits nach

500.000 Zyklen zu 100 % versagen. Eine bessere Knochenqualität (D2) reduziert die Ausfallwahrscheinlichkeit, wobei nach 25 Mio. Kauzyklen die Ausfallwahrscheinlichkeit 100 % betragen würde.

Die Simulation bestätigt die gute Materialqualität nach Abschluss der Materialoptimierung (Zustand b und c). Selbst im rauen Zustand eingesetzt, ist laut Simulation kein Ausfall der Implantate innerhalb von 2.000.000 Zyklen, unter beschriebenen Lastbedingungen, zu erwarten. Durch die Festigkeitsstrahlung (Zustand c) verstärkt sich der Effekt, die Ausfallwahrscheinlichkeit liegt bei 0,0000 % bis hin zu 25 Mio. Kauzyklen in beiden geprüften Knochenqualitäten.

Tabelle 31: Ergebnisse der Ausfallwahrscheinlichkeit aus der *in silico* Kausimulation an drei unterschiedlichen Materialqualitäten in zwei Knochenqualitäten.

	Zustand	a	b	c	a	b	c
	WBF [MPa]	678	762	1070	678	762	1070
	WBM	6	22	19	6	22	19
Kauzyklen	Knochenqualität	D4			D2		
		Ausfallwahrscheinlichkeit [%]					
25.000		37	0,0000	0,0000	1	0,0000	0,0000
50.000		61	0,0000	0,0000	3	0,0000	0,0000
75.000		75	0,0000	0,0000	4	0,0000	0,0000
100.000		84	0,0000	0,0000	5	0,0000	0,0000
125.000		90	0,0000	0,0000	7	0,0000	0,0000
150.000		94	0,0000	0,0000	8	0,0000	0,0000
175.000		96	0,0000	0,0000	9	0,0000	0,0000
200.000		98	0,0000	0,0000	10	0,0000	0,0000
250.000		99	0,0000	0,0000	13	0,0000	0,0000
500.000		*100*	0,0000	0,0000	24	0,0000	0,0000
1.000.000		*100*	0,0000	0,0000	42	0,0000	0,0000
2.000.000		***100***	**0,0000**	**0,0000**	**66**	**0,0000**	**0,0000**
25.000.000		*100*	*0,0003*	0,0000	*100*	0,0000	0,0000

Zusammenfassung:

Die dynamische Festigkeit der Implantate konnte durch Material- und Herstellungsparameteroptimierung und auch durch SP erhöht werden (~30 %). Durch SP ist die Gefahr des Implantatversagens laut den *in silico* Ergebnissen (unten den vorliegenden Bedingungen) nicht mehr gegeben. Trotz der minimalen Ausfallwahrscheinlichkeit am optimierten Material und guten Abschneidens in der Endproduktprüfung nach Norm unter „Worst-Case“ Bedingungen (siehe 5.2.5) bleibt zu beachten, dass die dynamische Prüfung nicht unter klinischen Bedingungen, d.h. Einfluss von Feuchtigkeit vollzogen wurde. Aus den Ergebnissen zur hydrothermalen Alterung kann zumindest von einer Reduzierung der Anfälligkeit des optimierten Materials gegen Feuchtigkeit ausgegangen werden. Jedoch besteht weiterhin die Möglichkeit einer unkalkulierbaren Wechselwirkung von Kraft und Feuchtigkeit auf das Gefüge des Y-TZP. Ebenso wurde bereits in Studien von Karl et al. die Beeinflussung der Ergebnisse durch beschleunigte Tests und auch das Einbettmaterial festgestellt [277]. Sie prognostizieren ebenso, dass die Versagenswahrscheinlichkeit des Implantates höher bei niedrigerer Hz-Zahl ist (2 Hz), im Vergleich zu 30 Hz. Die natürliche Kaufrequenz liegt unter 2 Hz – etwa bei 1,75 Hz, jedoch können diese Wert je nach Zerkleinerungsstadium und Nahrungskonsistenz (0,8 – 1,7 Hz) laut [278, 279] schwanken. So sollte in zukünftigen Studien zusätzlich die Prüfgeschwindigkeit reduziert und als Prüfmedium künstlicher Speichel gewählt werden.

6.3.2. Grenzflächen und zellbiologische Charakterisierung

Die Topographie der Implantatoberfläche beeinflusst die Festigkeit, die mechanische Verankerung im Knochen und die Zelladhärenz. Letzteres wird zusätzlich durch die Physikochemie beeinflusst, die sich durch die Benetzbarkeit und Oberflächenenergie beschreiben lässt.
Zunächst werden die Ergebnisse der topographischen Untersuchung betrachtet. Im weiteren Verlauf der Diskussion folgen die Resultate der physikochemischen Analyse und *in vitro* Prüfung.

Oberflächentopographie:

Die R_a-Werte für die rauen Keramikproben liegen im empfohlen Rauheitsbereich zwischen 1 – 2 µm [13] für moderate raue Oberflächen (Abb. 67). Die Titanproben sind mit einem R_a-Wert von 3 µm doppelt so rau.
Im Detail gestaltet sich die Zunahme der Rauheitswerte wie folgt: ZrO_2 poliert (ZM4) → ZrO_2 rau festigkeitsgestrahlt (ZM2) → ZrO_2 rau Ausgangsoberfläche/ plasmabehandelt (ZM1/3) → Titan (ZM5). Die Keramikoberflächen definieren sich durch konvexe Details, die der Titanproben durch konkave und spitzwinklige Details.

Die Titanprüfkörper weisen neben doppelter Rauheit mit Abstand den höchsten Oberflächenmehrwert auf. Der S_{dr}-Wert für Titan wird mit 90 – 250 % ausgegeben. Auf zellulärer Ebene (Vergrößerung: 2.000x) nimmt dieser einen etwa 10 – fach höheren Wert zu ZM2 an. Dieser Wert ist sehr hoch. ZM1 und 3 „rau" liegen im mittleren Rauheitsbereich (R_a-1,5 – 1,6 µm) und erreichen vergrößerungsabhängig Oberflächenmehrwerte von etwa 20 – 50 %. Für die festigkeitsgestrahlte Oberfläche reduziert sich die Rauheit gegenüber der Keramikoberfläche im Ausgangszustand leicht. Um diesen Effekt auszugleichen, wurden die Proben mit höherer Rauheit festigkeitsgestrahlt, so dass ebenso die mittlere Rauheit von 1,5 µm erreicht wurde. Es sinkt jedoch der Oberflächenmehranteil durch SP, insbesondere nimmt der Anteil

der Feinstrukturierung ab (Abb. 68, Abb. 71). Dies ist sichtbar am abnehmenden S_{dr}- Wert (24 – 15 %) mit zunehmender Vergrößerung.
Wennerberg et al. kritisieren die reduzierte und vereinfachte Betrachtung der Oberflächentopographie anhand R_a und S_a- Werten [7] und schlagen erweiterte Werte, wie den S_{dr} oder S_{ds} Parameter (Dichte der Oberflächenspitzen) für die Betrachtung der Oberflächen vor. Die Ursache für optimale Knochenreaktion bei S_a- Werten von 1 – 2 µm und S_{dr} von 50 %, die sie als moderat rau bezeichnen, ist weitestgehend unbekannt. Sie nehmen an, dass die reduzierte Osseointegration von polierten Oberflächen aufgrund geringer mechanischer Retention des Implantates mit dem Knochen verursacht sein könnte. Bei zu rauen Oberflächen hingegen könnten statt der gesamten Topographie nur die Spitzen der Erhebungen in Kontakt zum Knochen stehen. So wird auch anhand eines systematischen Reviews [7] deutlich, dass nur eine bessere Beschreibung der Oberflächencharakteristika für *in vitro* und *in vivo* Studien langfristig zur Klärung der komplexen Vorgänge rund um die Osseointegration beisteuern könnte.

Dieser Aussage kann zugestimmt werden. Zumindest der S_{dr}-Wert sollte in verschiedenen lateralen Messfeldern betrachtet werden, um eine Gewichtung der Strukturen auf entsprechenden Messebenen zu ermöglichen und um Rückschlüsse auf mögliche Zell-Interaktionen ziehen zu können. Ohne diesen Wert wäre zwar optisch ein Unterschied zwischen ZM1 und ZM2 auf den 3D-Bildern zu erkennen, jedoch wäre das Ausmaß der Beeinflussung aufgrund der grundsätzlichen Übereinstimmung im R_a-Wert für die Ergebnisdiskussion nicht zum Tragen gekommen. Während die Höhenwerte bspw. R_a- und R_z/S_a einer Einordnung von Proben in Gruppen dienen, sind kombinierte Parametersets von Höhen-, Abstand- (S_{al}/S_{tr}) und Hybridparameter (S_{dr}) relevant, um weiterführende Rückschlüsse auf Grenzflächenreaktionen ziehen zu können [59]. Insbesondere am S_{dr}-Wert zeigt sich jedoch die Notwendigkeit der gezielten Messgeräte- und Messfeldauswahl für eine aussagekräftige Parametergewinnung.

Eine vergrößerungsabhängige Staffelung der analytischen Geräte kann also wie zuvor beschrieben erweiterte Kenntnis bringen. Bei größeren lateralen Messfeldern kann mittels Stereorasterelektronenmikroskopie an die Ergebnisse der Weißlichtinterferometer-Aufnahmen angeknüpft werden. Diese schließen an die Messfeldgröße des taktilen Gerätes an. Die Ergebnisse der topographischen Bestimmung unterscheiden sich auf gleichen Oberflächen, je nachdem welche Messmethode oder laterales Messfeld betrachtet wird (Kapitel 5.3.2.1.). Eine Erklärung findet sich darin, dass die Prüfkörper bezüglich ihrer Topographie sehr inhomogen gestaltet sind. So spielt die Auswahl und Anzahl der Analysebereiche eine größere Rolle. Gegebenenfalls war somit die Stichprobe für die einzelnen Analysemethoden (Stereo-REM) nicht groß genug, um den Mittelwert der Prüfkörper zu repräsentieren. Zusätzlich unterscheiden sich die Auflösungen, Messfeldgrößen und die angewendeten Grenzwellenlängenfilter der gewählten Methoden voneinander (Tabelle 32):

Tabelle 32: Messgeräteabhängige Gegenüberstellung der möglichen Auflösung, Messfeldgröße und angewendeten Profilfilter zur Ermittlung der Topographie.

	Taktiles Gerät	Stereo-REM	Weißlicht-Interferometer
Auflösung theoretisch	(x, z) 8 nm	(x) 10 nm (Strahldurch-messer)	(x, y) ~ 3 nm z <1 nm
Profil-/Bildauflösung bzw. Beeinträchtigung	R_a~ 10 nm R_z~ 70 nm (Schwingung)	56 – 448 nm	196 nm
Größe des ausgewerteten Bereiches	Linie: 4 mm	Fläche: 300x300 µm², 150x150 µm² und 38x38 µm²	Fläche: 0,5 mm x 2 mm
Profil-Filter	λc = 800 µm	λc = 212 µm; 106 µm; 27 µm	λc = 500 µm

Die theoretische Profilauflösung des taktilen Messgerätes ist mit 8 nm angegeben. Eine entsprechende Ruhemessung zur Schwingungserfassung liefert jedoch bereits Werte für den R_a-Wert von ~10 nm und den R_z Wert von

~70 nm. Der Tastspitzenradius beträgt 2 µm, trotz elektronischer Verstärkung können sehr feine Rauheiten (bspw. einzelne Kornübergänge oder Kanten) daher nicht abgebildet werden. Es werden nur 2D - Informationen erfasst. Für das Weißlichtinterferometer werden mit dem verwendeten Objektiv ~ 3 nm Auflösung angegeben. Die z-Auflösung kann deutlich höher sein, ist jedoch abhängig von Oberfläche (Schiefe) der Probe und Geräteeinstellung (Qualität und Form des Korrelogramms). Die Bildauflösung beträgt unter den verwendeten Bedingungen zur Rauheitsmessung 196 nm/Pixel. Das Zeiss Evo Ma 10 kann bei 20 kV etwa 10 nm laterale Auflösung erzielen, wobei dies extrem von den Strahleinstellungen, dem Material und der Performance der Kathode beeinflusst wird. Die Bildgenauigkeit wird, neben der erreichten Schärfe der Einzelbilder, auch durch die Qualität der 3D-Rekonstruktion auf Basis der Bildauflösung, der gewählten Vergrößerung (max. Bildauflösung hier 56 nm/ Pixel bei 2.000x Vergrößerung) und der Genauigkeit des Kippwinkels der der Messung zu Grunde gelegt wird beeinflusst.
Eine messtechnische Herausforderung am Implantat ist die Bestimmung der reellen 3D-Rauheit an Gewindeflanken und Tälern. Insbesondere die Stereo-Rasterelektronenmikroskopie ist aufgrund der breiten Einstellungsmöglichkeiten, guten Präzision und vor allem weitestgehend frei wählbaren Prüfkörpergeometrien vielversprechend. Wegen fehlender Kalibrierungsmöglichkeiten und vielfältiger Fehlerquellen (Kippung, unpräzise Bildüberlagerung, Unschärfe, fehlendes Kontrastverhältnis...) ist die Methode jedoch auch herausfordernd. [59] Erfahrung des Nutzers und subjektive, kritische Qualitätseinschätzung jeder einzelnen Rekonstruktion sind für reproduzierbare Ergebnisse notwendig. Des Weiteren sind die gerätespezifischen und messfeldabhängigen Wellenlängenfilter ausschlaggebend für das Ergebnis der Rauheitswerte. Insbesondere bei kleinen lateralen Messfeldern ist die Auswirkung auf die Ergebnisse hoch.

Unklar ist die konkrete räumliche Wahrnehmung und Reaktion der Zellen und somit sinnvolle anwendungsbezogene Profilfilter. Aufgrund dieser Tatsache und der indikationsbezogenen Messfeldwahl ist partiell die parallele

Darstellung der Ergebnisse aus Primär- und Rauheitsmodellen gewählt worden (Abb. 71&Abb. 72). Für einen aussagekräftigen, studienübergreifenden Vergleich ist jedoch die Fixierung von validen Messfeldern, Aufnahmebedingungen und sinnvollen Auswerter Routinen notwendig. Auch wäre die ergänzende Ermittlung weiterführender Werte bspw. des S_{dq}-Wertes (quadratischer Mittelwert des Steigung an allen Punkten) für Implantate sinnvoll [280].

Für weiterführende Studien sollte ein breiteres Parameterset aus Höhen-, Raum- und Hybridparametern angestrebt werden, um geeignete Analysegeräte und unterschiedliche laterale Messfelder deutlicher in Korrelation mit zellbiologischen Daten bringen zu können.

Zwischenfazit:

Anhand der unterschiedlichen Messgeräte lassen sich grundsätzliche Parameter der Oberflächengestalt der Prüfkörperserien und auch wichtige Tendenzen in den unterschiedlichen Vergrößerungsbereichen ableiten. In diesem Fall ist eine Halbierung des S_{dr}-Werts an ZM2 durch SP bei Erhalt der Makrotopographie und ein zehnfach höherer S_{dr} für die Titanproben, auf zellulärer Ebene, als wichtige weiterführende Erkenntnis festzuhalten. ZM1 und ZM3 sind mit einer Oberflächenvergrößerung von ~ 35 % (Optimum wäre 50 % [7]) auf zellulärer Ebene und einem R_a-Wert von 1,5 µm den (geeigneten) moderat rauen Oberflächen zuzuordnen.

Physikochemie:

Die physikochemische Charakterisierung (Kapitel 5.2.4) ergab, dass grundsätzlich alle hier aufgeführten Methoden zur Hydrophilierung eine Verbesserung der Benetzbarkeit gegenüber der polierten Ausgangsoberfläche und der aufgerauten Oberflächen hervorrufen (Tabelle 20). Somit versprechen alle Behandlungen, sei es die UV, UV-Ozon oder auch Plasmabehandlung nach den vorliegenden Ergebnissen aus der Literatur [42, 53, 66, 68, 70, 281–283], einen positiven Effekt für die Zellantwort *in vitro* und *in vivo* durch die nachgewiesene Erhöhung der Benetzbarkeit. Diese soll wiederum zu einer geringeren Denaturierung der adhäsionsverantwortlichen Proteine der Zelle führen [66, 68, 70, 281, 282]. Am Stärksten ausgeprägt ist der Effekt durch die Plasmabehandlung mittels kINPen 2 min in Ar-Atmosphäre, gefolgt von der 2 h UV-Ozon Behandlung. Deutlich zeitintensiver (10 – 14 h) und schwächer ist die Auswirkung der UV-Behandlung (900 Joule) (Tabelle 20).

Die höhere Oberflächenenergie und Benetzbarkeit durch Ar-Kalt-Plasmabehandlung und UV-Licht aktivierten Oberflächen ergibt sich aus einer Entfernung von hydrophoben Kohlenstoffgruppen (Kohlenwasserstoffe) durch Aufbrechen der C-H bzw. C-C Bindungen [66, 282]. Dies wurde in dieser Arbeit zwar nicht experimentell bestätigt, aber durch die deutliche Reduzierung des Kontaktwinkels indirekt nachgewiesen. Die Oberflächenenergie steigt durch Erhöhung des polaren Anteils dieser an (Abb. 59). Beide UV-Licht Geräte arbeiten mit 254 nm, das UV-Ozon Gerät zusätzlich mit 185 nm. Um photokatalytische Aktivität auszulösen, sind Energien von ~5 eV (Bandlücke von ZrO_2) notwendig [67, 69], was Wellenlängen ~250 nm entspricht. Unter Verwendung von 185 nm wird zusätzlich Ozon aus der Umgebungsluft erzeugt.

Ebenso wird während der Ar-Plasmabehandlung Ozon durch Interaktion mit der Umgebungsluft produziert. Neben der Bildung freier Radikale und polarer Oberflächengruppen wird auch über die Entstehung von UV-Licht (168 – 275 nm) während Kaltplasmaentladungen berichtet [284]. So wiesen Noro und Henningsen et al. [69, 285] die Anbindung von funktionellen Hydroxyl-Gruppen an Plasma und UV behandelten Proben nach, welche eine entscheidende Rolle in der Osteoblasteninteraktion über Proteine mit der Oberfläche spielen [285].

Somit kann eine verbesserte Benetzbarkeit neben einer Reinigungswirkung (UV~250 nm) zusätzlich durch temporäre Anbindung von funktionellen, polaren Gruppen erreicht werden (UV<250 nm und Plasma), was sich in den Ergebnissen der Kontaktwinkelmessung andeutet.

Werden die behandelten Oberflächen an Luft gelagert, verlieren diese durch Adsorption von verunreinigenden Stoffen die Hydrophilie mit der Zeit. Die

Lagerung unter Luftabschluss bspw. in Wasser (Abb. 58) ist in Hinblick auf den Erhalt der verbesserten Benetzbarkeit im Vergleich zur Lagerung an Luft vielversprechend. Choi et al. [286] wiesen ebenso diesbezüglich an UV behandelten Proben den Erhalt des reduzierten Kontaktwinkels durch Lagerung in dest. Wasser (und Vakuum) nach.

Die Lagerung in Isopropanol ist nach den hier aufgeführten Ergebnissen ebenso wirkungsvoll zur Aufrechterhaltung verbesserter Benetzbarkeit (Abb. 58). Zudem wird Isopropanol als wirkungsvolles Desinfektionsmittel gesehen, da es in lebenswichtige Funktionen der Bakterien und Hefen eingreift [287], was eine Aufrechterhaltung der Sterilität des Produktes während Lagerung und Versand unterstützt. Der Anforderung der Aufrechterhaltung der Sterilität des Medizinproduktes kann auf diese Weise Rechnung getragen werden.

Auf höherenergetischen Materialien kann eine höhere Anzahl an Zellen bzw. eine bessere Zellspreitung erwartet werden [288]. Berücksichtigt man die Oberflächenenergie der polierten Probenoberflächen (Abb. 60), so ist aufgrund der leicht erhöhten Polarität der festigkeitsgestrahlten Oberfläche, bzw. aufgrund der sehr hohen Polarität der plasmabehandelten Oberfläche gegenüber den unbehandelten Oberflächen, ein beschleunigtes Zellattachment für diese Gruppen zu erwarten [283]. Liefeith et al. berichten, dass eine Oberfläche mit polaren Eigenschaften das Zellwachstum fördert, während eine überwiegend dispers wirkende das Wachstum hemmt [289, 290]. Die Polarität des Titans ist hierbei jedoch höher als die des ZrO_2 und sollte entsprechend besseres Zellwachstum fördern. Die Zellen auf der Titanoberfläche sind jedoch die kleinsten. Ebenso haben die Zellen auf der plasmabehandelten Oberfläche vergleichsweise geringere Ausdehnung.

Wegen der unterschiedlichen Ladungsverteilung an konkaven und konvexen Strukturen kann es zudem an unterschiedlich rauen Oberflächen zu variierender Benetzbarkeit, insbesondere Oberflächenenergien kommen [291]. Aufgrund des höheren Kontaktwinkels (Abb. 61) könnte für das sehr raue Titan ein vermindertes Zellattachment gegenüber den rauen Keramikober-

flächen, die in etwa auf einem Level liegen (Abb. 67), erwartet werden. Aufgrund der sehr hohen Rauheit liegen die Zellen jedoch retentiv in den Mulden der Oberfläche, was den Wert der Initialadhäsion auf diese Weise erhöht. Auf den keramischen Oberflächen ist eine „echte“ Adhäsion der Zelle auf der Oberfläche für die Initialadhäsion notwendig und diese ist wiederrum abhängig von der nanoskaligen Rauheit auf zellulärer Ebene.
Im oberen Teil der Tabelle 33 (Seite - 230 -) des folgenden Abschnitts sind die erwarteten Auswirkungen der physikochemischen und topographischen Gegebenheiten auf die *in vitro* Prüfung dargestellt, wobei in 0 neutral bis +++ stark beeinflussend unterschieden wird. Hierbei geht man davon aus, dass die Attachmentphase überwiegend durch die physikochemischen Bedingungen der Oberfläche beeinflusst werden kann. Andererseits wird erwartet, dass die Topographie der Oberfläche die Proliferation der Zellen stärker beeinflussen wird.
Eine weitere Diskussion der Ergebnisse der Zellbiologie unter Einbeziehung der Rauheit erfolgt im folgenden Abschnitt.

Zellbiologie:

Der Nachweis der Initialadhäsion mittels Färbetechnik war leider nicht an den Zellen auf den Keramiken möglich, da die Eigenfluoreszenz der Proben Informationen der Hoechst-Färbung überstrahlte. Aus diesem Grund wurde die Initialadhäsion mittels bildanalytischer Auswertung anhand von CLSM-Bildern der gesamten Probenoberfläche durchgeführt. Der Fehler der Analyse sollte für alle Prüfkörper vergleichbar sein, so dass ein relativer Vergleich möglich ist.

Im Verlauf der Initialadhäsion (Abb. 73) zeigt sich verlangsamtes Attachment der ebeneren Oberflächen (Y-TZP festigkeitsgestrahlt und poliert). Nach 180 min Besiedlung ergeben sich keine signifikanten Unterschiede in den Zellzahlen mehr. Die Zellen auf den ebeneren Oberflächen spreiten jedoch deutlich stärker und bilden häufiger Kontakte mit den Oberflächen über Paxillin. Obwohl die Oberflächenenergie (Abb. 59) und auch der polare Anteil durch die Plasmabehandlung deutlich erhöht werden, lässt sich in

dieser Arbeit kein positiver Effekt auf die Initialadhäsion nachweisen. Dies steht im Widerspruch zu den zellbiologischen Untersuchungen an hydrophilierten Titan und ZrO_2 Oberflächen [282]. Die Autoren weisen eine erhöhte Zellzahl nach UV und Kaltplasma Behandlung nach, wobei die Dauer der Kaltplasmabehandlung in der Vergleichsstudie 12, hier lediglich 2 min betrug. Duske et al. [70] berichten jedoch bereits nach 2 min Plasma-Pen Behandlung über die positiven Auswirkungen: die erhöhte Spreitung der Zellen und verbesserte Benetzbarkeit.
Möglicherweise wurde ein übertragener Effekt der Lagerung der Proben in Isopropanol nicht korrekt eingeschätzt. Trotz Erhaltung der verbesserten Wasserbenetzbarkeit (geprüft bis zwei Jahre – Ergebnisse nicht separat dargestellt), könnten sich negative Auswirkungen für die *in vitro* Prüfung ergeben haben. Die Notwendigkeit der Lagerung der Probenoberflächen in einem sterilen Medium wurde in (Kapitel 5.2.4) berichtet. Rapp führte Untersuchungen zur Einlagerung von orthopädischen Implantaten in 70 % Isopropanol durch und sieht die Desinfektions- und Lagerungsmöglichkeit nach dem damaligen Kenntnisstand als unproblematisch, jedoch werden keine *in vitro* Tests in der Arbeit angeführt [287].
Eine halbe Stunde vor Aussiedlung der Zellen auf die Oberflächen, wurden die Proben aus dem 70 % Isopropanol entnommen. In dieser Zeit konnte das Mittel verdampfen. Direkt vor Aussiedlung der Zellen wurden die Proben mit Nährmedium abgespült. Möglicherweise kam es bereits beim ersten Flüssigkeitskontakt zu einer Absättigung der Bindungen, so dass die Zellen nicht direkt in Kontakt mit der hochenergetischen Oberfläche kamen.

Aus allen mikroskopischen Aufnahmen lässt sich einheitlich aussagen: Je ebener die Oberfläche der Prüfkörper desto größer die Zellausbreitung. Fokalkontakte und starkes Zytoskelett mit „Stressfasern“ bilden sich insbesondere auf den polierten (ZM4), jedoch auch auf den nanoskalig ebeneren Oberflächen ZM2 (festigkeitsgestrahlt). Auf Titan hat das Zytoskelett eine schwächere Ausbildung und weist wenig sichtbare Fokalkontakte (Paxillinfärbung) auf. Aufgrund der Tatsache, dass die Titanoberfläche jedoch

enorm rau und zerklüftet ist, könnte es allerdings auch sein, dass die Adhäsionspunkte im z-Stack nicht bzw. nur vereinzelt erfasst worden sind. Verglichen mit den raueren Oberflächen wachsen die Zellen auf glatten innerhalb der ersten Stunden schneller. Ebenfalls ist es möglich, dass die Zellgröße auf der Titanoberfläche aufgrund der starken Rauheit der Oberfläche unterschätzt wird. Die Zellen spannen sich auf der Titanoberfläche entweder von den Erhebungen der Oberfläche über die Vertiefungen aus oder liegen in den konkav gestalteten Oberflächenstrukturen.
Auf den Keramikoberflächen hat der gesamte Zellkörper Oberflächenkontakt. Nach drei Tagen ist die Stoffwechselaktivität der Zellen auf den Titanproben signifikant gegenüber den keramischen Oberflächen reduziert. Dies kann durch die sehr hohe Rauheit der Proben verursacht worden sein. Linez-Bataillon et al. [292] weisen an MC3T3-E1 auf verschieden rauen Titanoberflächen einen direkten Zusammenhang zwischen dem Zellwachstum und der Rauheit der Oberfläche nach. Auf sehr ebenen Oberflächen ist die Proliferationsrate nach 3 d hoch, während die Adhäsion reduziert ist. Ito et al. [65] vergleichen poliertes, Al_2O_3 gestrahltes (50 und 150 µm) und gestrahlt-geätztes Y-TZP in einer *in vitro* Studie miteinander. Der S_a-Wert der Proben liegt zwischen ~ 0 und 0,4 µm. Sie stellen eine Erhöhung der Proliferation durch die Oberflächenaufrauung fest. Insbesondere weisen die Zellen der geätzten Oberfläche erhöhte Werte auf. Anhand dieser Ergebnisse ist die Schlussfolgerung naheliegend, dass eine Zelle auf einer Oberfläche mit gewisser Rauheit gut adhärieren oder schnell proliferieren kann. Eine geringe Rauheit begünstigt hierbei schnelles Wachstum, während eine hohe Rauheit eher die Verbindung der Zelle zur Oberfläche stärkt. An diesem Punkt, also der Begünstigung der beschleunigten Osseointegration/ Beeinflussung der Proliferation, sollte die physikochemische Behandlung positiv eingreifen [282]. Jedoch lässt sich anhand der hier vorliegenden Ergebnissen nach keinem der untersuchten Zeitpunkte ein eindeutig positiver, bzw. beschleunigender Effekt, jedoch auch kein negativer, auf die zelluläre Antwort ableiten.

Tabelle 33: Zusammenfassung der Ergebnisse der Grenzflächen und zellbiologischen Charakterisierung; 0 – neutral; +++ sehr hoch (positiv).

	ZM1 Ausgangs-oberfläche	ZM2 SP-Oberfläche	ZM3 Ausgang& Plasma	ZM4 poliertes ZrO_2	ZM5 Titan
Topographie	++	+	++	0	+++
S_{dr} (Optimum 50 %)	++	+	++	0	+
Physikochemie	+(+)	++	+++	+	0
Initialadhäsion 20 min	++	+	++	+	++(+)
Initialadhäsion 180 min	++	++	++	++	++
XTT 3d	++	++	++	++	+

Watanabe [283] weisen bspw. nach 3, 6 und 12 h ein beschleunigtes Zellattachment für plasmabehandelte Oberflächen nach. In den hier dargestellten Ergebnissen zeigt sich nur eine geringe Zunahme der Zellzahl auf den Proben von 20 min bis 3h an der plasmabehandelten Oberfläche (Abb. 73). Die nanoskalig ebenen Oberflächen ZM1 und ZM2 zeigen die größte Zunahme während der Initialadhäsion. Möglicherweise war die Initialadhäsion auf den anderen Oberflächen bereits früher abgeschlossen und es sollte für diesen Zelltyp eine noch kürzere Initialadhäsion geprüft werden. Gegebenenfalls ist die digitale Zellauszählung fehlerbehaftet, wobei aufgrund gleichbleibender Auswerteroutine trotzdem vergleichbare Ergebnisse resultieren sollten. An den SP-Oberflächen ergibt sich bei kritischer Betrachtung der Werte nach 7d tendenziell eine leicht reduzierte Zellaktivität, im Vergleich zu den anderen Keramikoberflächen. Insgesamt gleichen sich die Ergebnisse von 3 auf 7d an allen Materialien jedoch an, was an dem Erreichen einer Sättigungsgrenze der Zellen auf den Proben liegen kann (Abb. 80). Nach sieben Tagen Inkubation sind alle Keramikoberflächen konfluent besiedelt, was zur beobachteten Kontaktinhibition und stagnierenden Wachstumsraten führt (Abb. 81 und Abb. 82).

Nach 3d ist die Kollagenproduktion (Abb. 85) auf der plasmabehandelten Oberfläche gegenüber der Ausgangsoberfläche leicht reduziert. Nach 7d ist

Kollagen erhöht auf ZM4 und reduziert auf Titan. Studien mit gleicher Zelllinie kommen zum gleichen Schluss, dass die Kollagenproduktion auf glatteren gegenüber rauen OF erhöht ist [53]. Für die Gingivaanlagerung am Implantat wäre dieser Effekt wünschenswert. Für den enossalen Teil wäre eine Bindegewebseinheilung zu vermeiden. Der Effekt der erhöhten Kollagenproduktion auf den glatteren OF könnte aber ggf. auch darin begründet sein, dass die Zelllinie MC3T3-E1, die einem fibroblastischen Phänotyp entspricht, im weiter entwickelten Stadium naturgemäß zur Kollagenproduktion neigt. Schließlich wuchsen die Zellen auf der polierten OF am Schnellsten, gefolgt von ZM2. Eine stark vereinfachte tabellarische Zusammenfassung (Tabelle 33) der Ergebnisse soll eine Übersicht über die gewonnenen Ergebnisse liefern.

Zusammenfassung:

Die Ergebnisse streuen innerhalb des Untersuchungszeitraumes bzw. innerhalb der verschiedenen Messmethoden (Tabelle 33). Die Titanoberfläche ist schon allein mit der hohen Rauheit und dem enormen Oberflächenmehrwert außergewöhnlich und hat so das Potential eine gute retentive Wirkung im Knochen zu entfalten. Jedoch gilt dies nur, wenn nicht nur die Spitzen der Rauheit Kontakt zum Knochen haben, sondern die komplette Oberfläche bewachsen wird [7]. Dies ist besonders ausgeprägt bei der Titanimplantatoberfläche, so dass der hohe S_{dr}-Wert in der Klinik ggf. nicht positiv zum Tragen kommt. Anhand der REM Bilder erkennt man, dass sich die Zellen nur zwischen den Erhebungen aufspannen. Demnach sollte die ZM1 und ZM3 Oberfläche (ZrO_2–rau) erfolgreicher oder zumindest vergleichbar sein. Die behandelten ZrO_2–Oberflächen untereinander unterscheiden sich insbesondere im Oberflächenmehrwert bzw. in Bezug auf die Benetzbarkeit. Die Plasmabehandlung erhöht die Oberflächenenergie signifikant – wirkt sich, wie hier vollzogen, jedoch nicht so stark auf das Ergebnis *in vitro* aus, wie in der Literatur beschrieben. Mögliche Ursachen dafür wurden bereits genannt. Hinzu kommt der Verdacht, dass das Serum für die Inkubation die

Oberflächenphysik der Proben auf ein einheitliches Level setzt (Absättigung). Serumfreie Versuchsreihen könnten in diesem Zusammenhang vielleicht eine deutlichere Aussage für das Initialverhalten auf physikochemisch behandelten Oberflächen liefern.
Trotz allem könnte sich eine Plasmabehandlung direkt vor Insertion des Implantates positiv auswirken. Grundsätzliche Aussagen in Bezug auf das Osseointegrationsverhalten von einer festigkeitsgestrahlten ZrO_2-Oberfläche zu einer normalen ZrO_2-Oberfläche können allein von dieser *in vitro* Studie nicht gezogen werden. Die Reduzierung des Oberflächenmehrwerts und der nanoskaligen Topographie sollte jedoch in Hinblick auf die Osseointegration weiter untersucht werden. Gleiches gilt für erweiterte Behandlungsempfehlung im Umgang mit Kaltplasma an den hier untersuchten Oberflächen. Um die Lagerung zu umgehen könnte eine Behandlung direkt vor Implantation durch den Zahnarzt angedacht werden.

Es zeigt sich, dass die ZrO_2-Serien zellbiologisch vergleichbar oder sogar besser zur Titanoberfläche abschneiden. Eine Kombination von Festigkeitsstrahlung in stark belasteten Implantat-Bereichen (oberes Implantatdrittel) mit der Ausgangsoberfläche im unteren Implantatbereich, beides unterstützt durch Plasmabehandlung, könnte einen guten Kompromiss für die Praxis darstellen. Diesen Ansatz gilt es jedoch mit weiterführenden Studien zu belegen.

6.3.3. Vertiefte Oberflächencharakterisierung

Im letzten Teil der Diskussion wird auf die Ergebnisse zur vertiefenden Untersuchung des Materials und der durch Festigkeitsstrahlung entstandenen Oberflächenschicht eingegangen.

Irreversible Deformation bzw. „plastische“ Verformung der Oberfläche ohne Bruch, Abplatzungen bzw. Rissbildung entspricht nicht unbedingt den Erwartungen des Verhaltens „spröder“ Werkstoffe mit Ionen- bzw. kovalenter Bindung unter schlagender Belastung bei Raumtemperatur. Es ist bekannt, dass beachtenswerte Duktilität an Keramiken erst bei höheren Temperaturen erreicht werden kann, wenn diffusionsgesteuerte Deformationsmechanismen aktiv werden [293]. Jedoch wurde bereits über Versetzungsgleiten oder Zwillingsbildung bei RT in der Wechselwirkungszone von Härteeindrücken in Keramiken berichtet [91, 294]. Nach den Autoren ist eine Kombination von punktuell hoher Scherspannung und hydrostatischem Druck sowie die Lösung des entstehenden Spannungsfeldes als Ursache zu benennen. Es bildet sich unter dem Härteeindruck in der deformierten Zone eine „Singularität“. Entstehende Versetzungen können sich aufstauen und vor Rissbildung zu einer Verfestigung des Werkstoffs führen [91, 193, 194]. Des Weiteren wurde von Edalati et al. partielle Plastizität an mikroskopischen kleinen keramischen Proben und unter sehr hohem Kompressionsdruck festgestellt [294]. Nach Hochdrucktorsion sind Nanokörner (25 nm) mit [001] und [100] Versetzungen vorhanden. Es werden Versetzungsdichten in Höhe der von gewalzten Metallen nachgewiesen. Zudem erkennt er kohärente Phasengrenzen zwischen t und m und Großwinkelkorngrenzen, die sich durch weitere Spannung aus den Kleinwinkelkorngrenzen entwickelten. Es befinden sich keine Zwillinge in der monoklinen Phase, so dass davon ausgegangen wird, dass die Phasenumwandlung durch Versetzungsaktivität zu Stande kam. [294]

Am einkristallinen Al_2O_3 wird plastische Mikroverformung nach abrasiver Strahlung nachgewiesen [295]. Diese führt laut TEM-Untersuchungen zu einer hohen Versetzungsdichte unter der Oberfläche. Die Autoren temperten das Material nach dem Verfestigen um Risse auszuheilen und ermitteln erhöhte Zähigkeit durch versetzungsbedingte entstandene Subkorngrenzen im Indenterversuch. [295]

Unter punktueller Lasteinwirkung, wie beim hier angewendeten Strahlen (SP) der Fall, ist mikroplastische Deformation demnach möglich. Die konkret stattfindenden Prozesse sind noch nicht geklärt. Nachdem ein Doktorand am Max-Planck-Institut an einkristallinem Strontiumtitanat „versehentlich“ plastische Verformbarkeit (zu 7 % bei 120 MPa Fließspannung) nachwies, steht diese im Fokus der Untersuchungen einzelner Forschergruppen [296, 297].

Während des SP werden weitere Effekte beobachtet deren Interaktion grundlegend zu sein scheint, z.B. eine Farbänderung der Oberfläche: Die Messung der Reflexion mittels UV-Vis Spektroskopie an der SP-Oberfläche ergab eine Veränderung des Reflexionsverhaltens bei 400 – 600 nm, maximale Abweichung bei 500 nm, bzw. 2,5 eV, (siehe Kapitel 5.3.3.6). Durch die Absorption im blau-grünen (400 – 600 nm) Wellenlängenbereich ergibt sich der „rosa" Farbeindruck der Oberfläche des SP Bereiches, den das Auge wahrnimmt. Hochenergetische Strahlung kann ZrO_2 durch den Besatz von Elektronen auf Sauerstoffionenleerstellen im Farbeindruck verändern [207, 208]. Jedoch werden die hier untersuchten Proben keiner Röntgen- oder Gammastrahlung ausgesetzt, noch werden Verunreinigungen eingebracht. Wodurch kann die Verfärbung dann entstanden sein?

Während des Festigkeitsstrahlens wird an der Oberfläche des ZrO_2 (im komplett abgedunkelten Raum) ein „Leuchten" im Bearbeitungsbereich beobachtet. Allgemein wird beim Leuchten eines Materials eine sehr hohe Temperatur (>700 °C) erwartet, die grundsätzlich durch Reibungswärme erklärt werden könnte [298]. Würde jedoch die Temperatur während des Festigkeitsstrahlens so stark ansteigen, dass die Probe punktuell glüht, müssten sich dann nicht die Spannungen zumindest im umgebenden Bereich bereits durch die Wärme abbauen? Wie die Ergebnisse der HT-XRD zeigen, sind Veränderungen im Beugungsdiagramm bereits ab einer Temperatur von 100 °C zu beobachten und somit liegt der Schluss nahe, dass die Probenoberfläche zuvor (flächig) keine höheren Temperaturen erreichte. Jedoch kann nicht ausgeschlossen werden, dass punktuell hohe Temperatur die mikroplastische Verformbarkeit und Aufrechterhaltung der Spannungen in den Schichten darunter erst ermöglicht hat. In einschlägiger Literatur findet man Hinweise auf Entstehung von Blitzen im Gleitreibungskontakt und Temperaturen bis hin zu 2.000 °C [91]. Untersuchungen eines Triboplasmas

von Nakayama et al. weisen hingegen Temperaturerhöhungen <1 K innerhalb der Tribozone (Diamant gegen Saphir) nach [299].
Wie in Kapitel 2.2.3.5 beschrieben kann am mechanolumineszenten ZrO_2 durch Fraktur oder Tribologie ein Zustand der Gasentladung an der Oberfläche erzeugt werden. Man könnte also auch von der Entstehung eines Triboplasmas während des SP sprechen [268, 300]. In der Triboplasmazone werden neben Photonen im Wellenlängenbereich der UV-Strahlung, dem sichtbaren Licht und Infrarotstrahlung, auch positiv und negativ geladenen Teilchen frei [213, 301]. Diese werden in unterschiedlichem Interaktionsradius emittiert und zeigen eine Abhängigkeit vom Umgebungsgas und der Gleitpaarung. Die Energie der frei werdenden Elektronen liegt im Bereich von 0 – 100 eV für Halbleiter bis hin zu 1 keV für Isolatoren. [301] Die frei werden Elektronen könnten bspw. Sauerstoffleerstellen besetzen oder Raumladungszonen bilden, zu einer besseren lokalen Ladungskompensation an den neu gebildeten Oberflächen beitragen und auch Farbzentren bilden. Unter lokal hoher Scherspannung könnten Korngrenzengleitprozesse [302], begünstigt durch FDS, (ggf. gestützt durch die tribophysikalischen Vorgänge), die mikroplastische Verformung ermöglichen. Zudem könnte die Triboplasmareaktion die Rissausheilung an der Oberfläche aufgrund von Ladungsausgleich und Stofftransport begünstigen, was die „verschmierte“ Oberflächentopographie erklären würde (Abb. 101).

Die beobachtete „rosa“ Verfärbung passt zu Farbzentren des F^+-Typ. Diese erzeugen im YSZ eine violette Farbgebung durch eine Absorptionsbande bei 500 nm (2,5 eV) und sind zurückzuführen auf einzelne ionisierte Sauerstoffleerstellen [303, 304] (siehe Kapitel 5.3.3.6). Im Zahnhalsbereich eines Implantats ist eine solche „rosa“ Farbgebung durchaus wünschenswert, da sie farblich dem Zahnfleisch/Zahnzementübergang näher kommt als das Reinweiß des ZrO_2. Die hautfarbene Akzentuierung erleichtert dem Zahntechniker und Zahnarzt eine individuelle, einzigartig natürliche Gestaltung des Implantat-Zahnfleischsaumes. Nach Tempern bei 250 °C sind die Veränderungen des Reflexionsverhaltens bereits weitestgehend ausgeglichen. Laut

Constantini et al. [305] lassen sich die F^+-Zentren schon ab ca. 180 °C ausheilen. Die Farbgebung der Proben nach 180 °C wurde jedoch in der vorliegenden Arbeit nicht separat geprüft.

Röntgenographische Beschreibung der Phasen an der SP-Oberfläche:

Das Verfestigungsstrahlen führt zu ferroelastischer Domänenumkehr erkennbar an der Reflexintensitätsumkehr bei 2θ 34,5° und zur Aufweitung der linken Flanke der tetragonalen Reflexe, insbesondere des tetragonalen Hauptreflexes. Die RIU ist dabei stabil und scheint ein gutes Maß für die initial eingebrachten Spannungen zu sein. Die Aufweitung des tetragonalen Hauptreflexes ist nicht temperaturstabil und schwer zu umschreiben, scheint jedoch ursächlich mit der Erhöhung der Festigkeit in Verbindung zu stehen. Mit der Abnahme des „Humps" nehmen auch die Spannungen ab. Es wurde keine Literatur zur Quantifizierung dieses Effekts mit Korrelation zur resultierenden Festigkeit und Spannung gefunden.

Die Charakterisierung der Oberflächenschicht ist allerdings nicht trivial und seit fünf Jahrzehnten immer wieder Gegenstand von Diskussionen. Die Herausforderung der Analytik der entstandenen Schicht besteht in folgenden Punkten:

- der geringen Schichtdicke
- der chemischen Gleichartigkeit zum Bulk
- der Textur / Orientierung im polykristallinen Material
- dem Gradienten in der Schicht
- der entstandenen Submikrometerstruktur (geringe Korngröße)
- der Oberflächenrauheit
- der elektronischen Nichtleitfähigkeit des ZrO_2 bei RT
- der Mehrphasigkeit des Bulkmaterials (t, t‘, ggf. m /c bzw., t“)
- der Metastabilität
- der Überlagerung von mehreren Effekten (Korngröße/ Substrukturbildung durch Domänen; Ferroelastizität; Spannungsbeaufschlagung bzw. elastische Verzerrung; Defektstrukturbildung)

So mussten einige Analysemethoden, aufgrund der methodenbezogenen Anforderungen in Kombination mit der Messherausforderung, im Vorfeld oder nach erfolglosen Vorversuchen ausgeschlossen werden.

Eine einseitige Aufweitung von Reflexen kann verallgemeinert mit Gradienten in den Gitterparametern beschrieben werden. Es wird festgestellt, dass mit höherem Strahldruck die Festigkeit und Verlässlichkeit des Materials ansteigt und die Veränderungen im Beugungsdiagramm in tiefere Schichten reichen (Abb. 54). Die bereits ausführlich in Kapitel 2.2.3 beschriebenen Kontroversen in der Literatur zum Versuch der Oberflächenveränderung einen Namen zu geben, reichen von Ausbildung einer rhomboedrischen Phase durch Schleifen aus dem tetragonalen oder kubischen [176], oder allgemein durch mechanische Bearbeitung am TZP [179–183, 191]. Es wird auch von einer „x-Phase" [184] oder alternativ einer „cubic2" [135] Phase gesprochen. Ebenso auffällig ist die bereits ausgewertete ferroelastische Domänenumkehr der t(002/110) Reflexe und die positive Beeinflussung der Festigkeit mit Zunahme dieser. Über diesen Effekt sind sich die Autoren einig und die Verdopplung bis Verdreifachung der Risszähigkeit durch FDS ist, anhand der Studien von Virkar et al., hinreichend gut belegt [196, 198, 201, 202]. In dieser Arbeit wird eine quantifizierbare Abhängigkeit der mechanischen Oberflächenbearbeitung (ausgelöst durch Druck-/ Scherspannungen) und des Humps im Beugungsdiagramm mit der RIU angenommen. Dies ist darin begründet, dass an keiner Bruchfläche die RIU oder Aufweitung der Reflexe in der gezeigten Intensität mittels XRD festgestellt wurde, sehr wohl aber immer beides zusammen an hartbearbeiteten Oberflächen auftritt. Die Intensität der Aufweitung des tetragonalen Hauptreflexes und der RIU stehen im Zusammenhang mit der Dicke der an der Oberfläche erzeugten „kompressiven Schicht" sowie der dadurch erreichbaren Festigkeit (Tabelle 29). Die RIU lässt sich jedoch einfacher quantifizieren.

In den <u>diffraktometrischen Untersuchungen unter Temperatureinfluss von Raumtemperatur bis Hochtemperatur</u> wurde die Halbwertsbreite des Reflexes im Bereich 2θ 30° ausgewertet (Kapitel 5.3.3.3). Die Halbwertsbreite scheint in grober Näherung ein Maß für max. eingebrachte Spannungen, beeinflusst durch Kristallitgrößenänderung, zu sein. Sie ist jedoch kein Maß für die Qualität bzw. Kontinuität der Strahlung. Wie festgestellt wurde, so handelt es sich um mehrere überlagerte Reflexe (Kapitel 5.3.3.1.). Der stärkste Beitrag kommt an dieser 2θ-Position von dem t(101) der umwandlungsfähigen Phase, darunter liegen der t'/t''(101) ggf. c(111). Durch die Oberflächenbearbeitung entsteht zusätzlich zu den beiden genannten Reflexen ein verzerrter, „tHump(101)" Reflexbereich (Reflextumulus). Diese Verzerrung ist nicht gleichermaßen hoch über die gesamte Messtiefe. Sowohl Intensität als auch Verschiebung der tHump-Reflexe nehmen ausgehend von der Oberfläche ab. Ebenso kann angenommen werden, dass die oberflächennahen Nanometer eine abweichende Struktur aufgrund diverser tribophysischer Reaktionen aufweisen. Es ist notwendig an dieser Stelle auf die Unzulänglichkeit und Näherung der Auswertung der HT-XRD Diagramme hinzuweisen. Betrachtet wird also lediglich die mittlere „Regeneration/Rückstellung" des Materials in der bearbeiteten Oberflächenschicht, hervorgerufen durch Auslagerung bei einer bestimmten Temperatur (und Zeit). Da sich der Reflexbereich jedoch nach der Hochtemperaturmessung im Diffraktometer reproduzierbar (Abb. 91) bei bestimmter Temperatur zurückstellt, ist diese Betrachtung in grober Näherung geeignet. Zugleich ist nach dem Festigkeitsstrahlen die Trennung der t und t'/t'' ggf. c Reflexe nicht mehr möglich. Zu intensiv sind die Deformationen der Elementarzellen und die Streuung der Auslenkung der Reflexe von der idealen Lage gegenüber den Differenzen der Zellparameter. Jedoch zeigt sich trotz all dieser Fehlerquellen überraschend hohe Übereinstimmung der röntgenographisch ermittelten Spannungswerte für gleichartig behandelte Prüfkörper. Dabei ist es wahrscheinlich, dass die händisch durchgeführte Festigkeitsstrahlung keine homogene Oberflächenverfestigung erreicht.

Grundsätzliche Vorteile in Bezug auf die Festigkeit im Material ergeben sich durch homogene, geringe Korngröße in Materialien [306]. Das Umwandlungsverhalten der tetragonalen Bulk-Phase ist abhängig von Korngröße bzw. Domänengröße [173]. So ergibt sich ausgelöst durch die Kornfeinung

in Folge der Festigkeitsstrahlung ein zusätzlicher Riss-Widerstand und auch eine Reduzierung des t→m Umwandlungsbestrebens in der bearbeiteten Schicht in Übereinstimmung mit [204, 205, 253] (siehe Betrachtung in Kapitel 2.2.3.3 bzw. 2.2.3.4).
In den Hochtemperaturdiffraktogrammen zeigt sich, dass keine spontane „Rückumwandlung“ des „Hump“ entsprechend eines „Phasenumklappens“ stattfindet. Die Rückstellung schreitet im gesamten Messablauf kontinuierlich mit zunehmender Temperatur (RT bis 1.100 °C) fort (Abb. 92). Die durch SP eingebrachte ferroelastische Domänenumkehr bleibt stabil über den gesamten Messbereich.
Abb. 113 zeigt den Arrheniusgraph vom Logarithmus aus dem Kehrwert der Differenz aus den Halbwertsbreiten des t(101) am Messpunkt ($FWHM_{MP}$) und as-fired Zustand ($FWHM_A$) über dem Kehrwert der Temperatur (1.000/T) einer SP-Probe. Die gewählte Auftragung beschreibt die Zunahme der Kristallitgröße (Domänengröße) und die Abnahme der mechanischen Spannung. Sicherlich ist strittig ob die Änderung der FWHM durch ($1/FWHM_{MP}$-$FWHM_A$) isoliert betrachtet werden sollte, denn es finden noch weitere überlagernde Effekte parallel statt. Je nachdem welche Auftragungen (bspw. Rückstellung (Kapitel 3.2.5)) zur Auswertung genutzt werden, ergeben sich ganz unterschiedliche „Aktivierungsenergien“, bis hin zu höheren Energiebarrieren bei niederer Temperatur.
Das Diagramm zeigt drei Bereiche mit unterschiedlicher Aktivierungsenergie für die Halbwertsbreitenrückbildung/Verzerrung an. Es ergeben sich vernachlässigbar kleine Aktivierungsenergien bis 150 °C mit 0,003 ± 0,001 eV, ~0,031 ± 0,001 eV im mittleren Temperaturbereich (200 – 850 °C) und ~0,68 eV ± 0,1 eV im Temperaturbereich von 950 – 1.100 °C. Bereits bei 250 °C relaxiert das Gitter deutlich (die Rückstellung beträgt 40 %), ermittelt an der Halbwertsbreite des Reflextumulus t(101) an HT3_g (festigkeitsgestrahlte Probe) nach Abschluss der Haltezeit (Abb. 94). Durch die röntgenographische Spannungsanalyse lässt sich ebenso eine wesentliche Abnahme der Spannungen in diesem Temperaturbereich feststellen (auf etwa 70 – 75 %, (Abb. 98)). Parallel kommt es bei T<300 °C zur sichtbaren

Abnahme der Farbzentren. Im mittleren Temperaturbereich von 350 °C – 850 °C zeigt sich eine Abnahme der Rückstellungsgeschwindigkeit. Das Gitter relaxiert gleichmäßig. Nach dem Aufheizen und Halten auf 500 °C sind noch etwa 50-55 % der eingebrachten Spannungen vorhanden. Der t(101) hat sich bereits deutlich verschmälert (die Rückstellung nach Abschluss der Haltestufe bei 500 °C beträgt ~55 %, nach 750 °C ~73 %). Liegt monokline Phase vor, wird diese im Temperaturbereich von 250 – 500 °C in die tetragonale zurückgewandelt.
Die Rückumwandlung von hydrothermal erzeugter monokliner Phase, wie es bei HT3-ga der Fall ist, wird durch die noch vorliegenden Spannungen (eingebracht durch SP) zu höheren Temperaturen (bis ~ 700 °C) hin verzögert, im Vergleich zum nicht festigkeitsgestrahlten, nur gealtertem Material (Abb. 97).

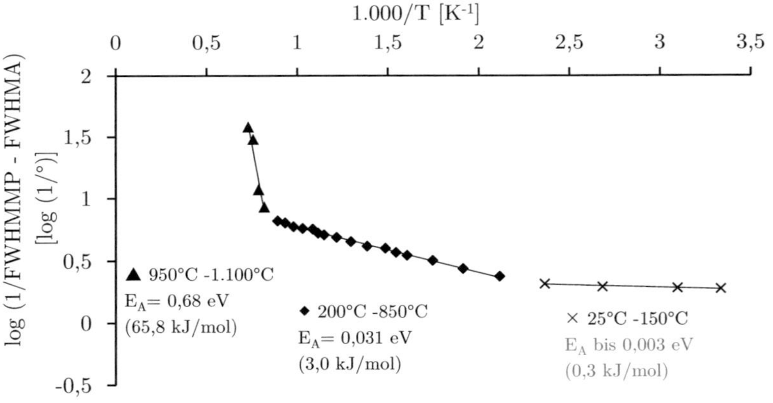

Abb. 113: Arrheniusdiagramm, aufgetragen ist der Logarithmus von ($1/FWHM_{MP}$ – $FWHM_A$) des t[101] über der Temperatur 1/T [K] der Probe HT3_g.

Wie kann der Prozess des SP und dessen Relaxation interpretiert werden?
Durch die Strahlkörner wird Energie in Form von mikroplastischer Streckung und Hertz'sche Pressung in das Material eingebracht. An der Oberfläche der Proben befindet sich die unter hohen Spannungen stehende und deformierte Materialschicht. Sauerstoffleerstellen liegen spannungsabhängig

vor und zum Ladungsausgleich ist kann eine Raumladungszone im SP behandelten Bereich entstanden sein (u.a. sichtbar an Farbzentren). Von der Oberfläche her wirkt ein Spannungsgradient. Die kritische Spannung (~1,55 GPa [227]) wurde überschritten und so sind durch die ferroelastische Domänenumkehr passend ausgerichtete Körner der übermäßigen Spannung ausgewichen (die Körner, die mit a-Achse senkrecht zur Oberfläche standen). Zeitgleich können durch die RIU in anderen Richtungen Spannungen aufgebaut werden. Die c-Achsen dieser Körner sind nun senkrecht zur Oberfläche orientiert. Durch die Kornfeinung im Sinne der Domänenbildung und Orientierung verbreiterten sich die Reflexe, ebenso durch die Zunahme der Spannungen an den Korngrenzen. Das Gitter ist durch plastische Verformung und ferroelastische Vorgänge verzerrt und defektbelastet. Ob sich Versetzungen durch SP im Material bildeten wurde hier nicht untersucht.

Die ermittelten Aktivierungsenergien der Halbwertsbreitenrückstellung sind bis 900 °C niedrig und liegen unterhalb von Aktivierungsenergien für Ionendiffusion (0,8 - 1,4 eV [129, 307]) im ZrO_2. Vergleichbar geringe Energien werden als Aktivierungsenergien für Elektronendiffusion (0,04 - 0,4 eV) [90], Migrationsprozessen von Elektronenlochpaaren (0,05 - 0,08 eV) [308] bzw. elektronische Leitfähigkeit (0,08 - 0,31 eV) [98] im ZrO_2 genannt. Als Diffusionsbarrieren für die Bewegung doppelt geladener Leerstellen werden von Shackelford in [129] 0,22 - 0,61 eV angegeben.
Auch Matsui et al. berichteten über stärkere Materialreaktion im niedrigen Temperaturbereich: Im Kriechversuch (Vierpunktbiegetest) werden bei 200 °C an Y_2O_3 - PSZ, plastische Verformungen mit Dehnungen bis zu 0,8 % beobachtet [309]. Als mögliche Mechanismen für das beschriebene Niedertemperaturkriechen (100 - 300 °C) vermuten die Autoren [309]: Volumenausdehnung in der Zug(spannungs)zone, Mikrorissbildung, Versetzungsgleiten und Zwillingsbildung. Die Autoren weisen jedoch nur minimale Mikrorissbildung und keine Versetzungen nach. Zwischen 400 - 800 °C stellen die Autoren dann keine plastische Verformbarkeit mehr fest.
Die Vorgänge während SP und der Relaxation der FWHM unter Temperatureinfluss unterliegen noch komplexeren Zusammenhängen.

Es existiert eine optimale Zugspannung („fastest strain"), die - je nach Bindungslänge und vorliegender Elektronendichte - eine erhöhte Ionenleitfähigkeit durch Reduzierung der Aktivierungsenergie auf 1/7 [255] und mehr [310] am YSZ hervorrufen kann. Dies geschieht bereits bei niedrigen Temperaturen (< 400 °C). Sind die Spannungen zu hoch, reduziert sich der Effekt jedoch wiederrum aufgrund ungünstiger Veränderung der interatomaren Abstände. [255] Dabei wirkt sich die Konstellation der nächsten Nachbarn am Diffusionspfad und die Bewegungsrichtung deutlich auf die Migrationsbarriere aus. Die Bewegung von Sauerstoff über Zr-Zr Kanten stellt hierbei die geringste Migrationsbarriere (0,58 eV) dar, die nochmal durch „geeignete" Spannung gesenkt werden kann. [311] Im Vergleich dazu werden für Zr-Y 1,29 und Y-Y Kanten 1,86 eV angegeben [312]. So können der Literatur geringste Energiebarrieren von 0,07 eV für Leerstellenbewegung an spannungsbeaufschlagtem YSZ entnommen werden [311].

Für die hier durchgeführten Untersuchungen (Abb. 113) könnten die Vorgänge wie folgt interpretiert werden: Bei tiefen Temperaturen (<150 °C) liegt kein temperaturabhängiger Prozess vor, aufgrund der vorliegen maximalen Spannungen [255]. Die Halbwertsbreite ändert sich nur minimal.
Ab 150 °C – 900 °C beginnt der Relaxationsprozess zu greifen. Die Farbzentren werden zunächst ausgeheilt [210]. Die Spannung in günstigen „fast strain" Bereichen kann durch Gitterrelaxation abgebaut werden und führt zu veränderten Bedingungen für benachbarte Bereiche. Förderlich für die erleichterte Ladungsträgerbewegung ist zusätzlich die erhöhte elektronische Leitfähigkeit an verformtem YSZ, die zwischen 500 – 800 °C ein Maximumplateau erreicht, um danach wieder zu sinken [313]. Parallel werden die Spannungen kontinuierlich abgebaut und so die Triebkraft der Ladungsträgerbewegung gesenkt.
Es existieren noch weitere Umstände die ebenso Auswirkungen auf die Aktivierungsenergien bei Niedertemperatur haben können:

- Auflösung von flachen Haftstellen [314] oder Leerstellenclustern [315]
- Interaktion der Elektronen mit dem Ionengitter (Polaronen) [316]

- abweichende Wärmeausdehnung des Bulkmaterials von der SP Schicht [317]
- temperaturabhängige Physisorption (<140 °C) und Chemisorption (Temperaturbereich 150 °C und 450 °C) von H_2O-Schichten [318]

Bei noch höheren Temperaturen (> 900 °C) steigt die Aktivierungsenergie auf 0,68 eV, was im (niedrigen) regulären Bereich der Ionendiffusion bzw. Leerstellenbewegung liegt. Aktivierungsenergieerhöhend ist die bereits deutlich reduzierte Spannung und abnehmende elektronische Leitfähigkeit. Reduzierend kann an diesem Punkt die oberflächennahe Leerstellenkonzentration, aber auch Subkornbildung (Reduzierung der Korngröße durch SP auf ca. 1/5) wirken [319]. Laut Shukla et al. reduziert sich bspw. die notwendige Aktivierungsenergie für Kornwachstum deutlich am nanokristallinen Y-TZP (auf bis zu ~0,13 eV bei 20 nm) [319]. Anhand der REM-Bilder (Abb. 101) lässt sich erkennen, dass zumindest eine Korngrenzenätzung stattfand und die Streckung der Oberfläche teilweise ausgeglichen wurde (Materialtrennungen). Die Oberflächenmorphologie ändert sich durch zuvor genannte Prozesse im Submikrometerbereich. Das Material ist nach Abschluss der Temperaturbehandlung annähernd spannungsfrei (Kapitel 5.3.3.4). Es lässt sich nur noch eine leichte höhere FWHM, im Vergleich zum as-fired Zustand nachweisen.
Die Auswirkungen und Vorgänge der Leitfähigkeit und Diffusion unter Spannungen und Temperatur an YSZ- Dünnschichten sind komplex miteinander verwoben und Gegenstand von Diskussionen und Simulationen [255, 310, 311, 320, 321].
Insgesamt kann jedoch festgehalten werden, dass die mikroplastische Verformung von YSZ ganz konkreten Bedingungen unterliegt, ebenso wie die Rückstellung des Gitters und der Abbau der Spannungen. Stark vereinfacht kann man formulieren, dass bei einer bestimmten Temperatur eine bestimmte Spannung im Gitter durch Umordnung abgebaut wird. Treibende Kraft stellt der Spannungsgradient dar, wobei die Zugspannungszone als eine Art Leerstellenquelle fungieren kann. In Wechselwirkung mit dem umgebenden Gitter erfolgt der Rückstellungs-Vorgang sukzessive. Um die

Rückstellung (Entspannen der interatomaren Abstände, Diffusion von Ionen, Defektausgleich) zu ermöglichen ist die Bewegung von Ladungsträgern notwendig und in bestimmten Grenzen, durch die Wechselwirkung der Triebkraft Spannung mit der thermischen Energie, ab ca. 150 °C über den gesamten Temperaturbereich auch möglich.

Zusammenfassung:

Es ist kein „Hump"- Phasenübergang bei konkreter Temperatur zu beobachten. Die Domänenumkehr bleibt bis zum Ende der Temperaturbehandlung erhalten. Lediglich die Reflexbreite reduziert sich.
Mittels XRD-Messungen unter Verwendung von Cr-Strahlung (Abb. 90) - zur Reduzierung der Eindringtiefe in das Material und Eulerwiege zur Positionierung der Probe - kann gezeigt werden, dass durch das Druckluftstrahlen in erster Linie ein Umklappen der Elementarzellen in der Oberflächenschicht erfolgt deren c-Achse parallel zur Kraftrichtung ausgerichtet ist. Die tetragonale Phase (t) des 3Y-TZPs zeigt in diesen Untersuchungen komplett ferroelastisches Verhalten. Da die Doppelreflexe dann durch diese Neuorientierung unter normalen theta-theta Bedingungen nicht sichtbar werden, kann fälschlicherweise eine kubische Phase in die veränderte Oberflächenschicht hineininterpretiert werden.
Die einseitige Verzerrung der Reflexe nach mechanischer Behandlung wird in der Literatur häufiger mit der Bildung einer rhomboedrischen Phase verbunden [164, 193, 240, 322–324][181, 185–187]. Betrachtet man jedoch die SP-Schicht aus einer anderen Messrichtung (Abb. 89) wird ersichtlich, dass es sich nicht grundsätzlich um die Bildung einer rhomboedrischen Phase im Volumen handeln kann. Bringt man die Beobachtungen von Inoue et al. [325] mit den hier gemachten in Übereinstimmung kann festgehalten werden: In erster Linie bildet sich eine (001) Textur der t-Phase durch das ferroelastische Umklappen unter biaxialem Druck. Die zusätzlich wirkende Scherspannung in [110]-Richtung führt zu einer Verzerrung. Da der E-Modul in [100] gegenüber dem in [110]-Richtung höher ist [325], entsteht eine rhomboedrisch scheinende Textur der tetragonalen Phase.

Schlussfolgerung zur Definition der Oberflächenschicht:

Durch zuvor erklärte Zusammenhänge scheint es korrekt, den Begriff „tetragonale Phase", weiterhin zur Beschreibung der Oberflächenstruktur an mechanisch bearbeiteten 3Y-TZP Oberflächen zu verwenden. Die defekthaltige Oberflächenschicht unterliegt hohen Spannungen mit Scher- und Druckspannungen und ferroelastischer Domänenorientierung.
Es sind weitere Untersuchungen notwendig um den SP Prozess und die konkreten Vorgänge der Gitterrelaxation bspw. in Abhängigkeit der Korngröße und chemischen Zusammensetzung detaillierter umschreiben zu können.

Multiple Auswirkungen der Oberflächenbearbeitung zeigen Wirkung auf die Ausbildung des Beugungsdiagramms:

1) Spannungen liegen vor → Verschiebung der Reflexe in Abhängigkeit von den röntgenographischen Elastizitätskonstanten (anisotrope Reflexverschiebung)
2) wirkender Spannungsgradient von der Oberfläche ausgehend → einseitige Aufweitung der Reflexe aufgrund variierender Netzebenenabstände
3) Domänenbildung bzw. Subkornbildung/ Kornfeinung → Breite der Reflexe nimmt zu
4) Ferroelastische Domänenumkehr → Intensitätsveränderungen der Reflexdubletts

In dieser Untersuchung konnte somit sehr umfassend gezeigt werden, dass die RIU und Bildung eines „t-Hump" ohne dominierende monokline Phasenbildung am gleichmäßig, mechanisch oberflächenbearbeiteten Y-TZP ein gutes Maß für die Festigkeitssteigerung darstellt (Kapitel 5.2.3 und 5.3.3.4). Der Effekt kommt dann zum Tragen, wenn die t→m Umwandlung durch entsprechende Parameterwahl zur Rissvermeidung während der mechanischen Bearbeitung (Druck und Korngröße, Bearbeitungsgeschwindigkeit) oder auch Gefügecharakteristik des Y-TZP (homogene, feine Korngröße) weitestgehend vermieden werden kann.

7. ZUSAMMENFASSUNG

Bei der Entwicklung von keramischen Implantaten erweist sich die holistische Untersuchung als zielführend um praxisrelevante Grenzparameter zu ergründen und optimieren zu können. Insgesamt stellen Keramik-Implantate eine gute Alternative zu dentalen Implantaten aus Titan dar. Die Biokompatibilität ist gegeben und die mechanischen Eigenschaften sind angemessen, um den Kaukräften dauerhaft standzuhalten. Zudem kann die Oberfläche für erfolgreiche Osseointegration im Weißzustand ausreichend intensiv aufgeraut werden. Um eine sichere Anwendung am Patienten garantieren zu können, gilt es jedoch in Bezug auf keramikgerechtes Design und die Oberflächengestaltung Grenzen zu beachten. Y-TZP ist aufgrund seiner geringeren Fehlertoleranz und Duktilität empfindlicher gegenüber Anwendungsfehlern im Vergleich zu Implantaten aus Titan. Zu hohe Oberflächenrauheit oder zu starke Oberflächenbearbeitung kann unter hohen Belastungen, Zugspannungen oder starker Implantatkippung im Knochen zu frühzeitigem Versagen führen. Es werden die zu Beginn der Arbeit gestellten Hypothesen aufgegriffen:

1) Intensität sowie Art und Weise der Oberflächenstrukturierung wirken sich auf die mechanischen Eigenschaften von Zirkoniumdioxid aus. Es konnte gezeigt werden, wie die Granulatauswahl und Sinterparameteranpassung die Festigkeit signifikant erhöht (um etwa 30 %) sowie die hydrothermale Alterung (LTD) reduziert und so positiv zur Langzeitstabilität beiträgt. Vorteilhaft zeigen sich eine schmale Korngrößenverteilung und geringe Porosität bei niedriger mittlerer Korngröße, erreicht durch niedrige Sintertemperatur und einen angeschlossenen HIP-Prozess (Kapitel 6.1). Jedoch bleibt die Festigkeitsabnahme nach der notwendigen Aufrauung der Oberfläche im Weißzustand in jedem Fall bestehen. Das abrasive Feinstrahlen zur Aufrauung der Oberfläche ist ein manueller Prozess, der einer ge-

wissen Streubreite unterliegt. Zu intensive Aufrauung ist zu vermeiden. Findet die Aufrauung durch Feinstrahlung im moderaten Rahmen statt, so kann mit ausreichender Langzeitstabilität gerechnet werden (Kapitel 6.3.1). Um ausreichende Festigkeit mit hoher Oberflächenrauheit verunreinigungsfrei zu kombinieren wurde hierfür ein auf die Oberfläche abgestimmtes Verfahren der Festigkeitsstrahlung mit arteigenen Material an 3Y-TZP entwickelt (Kapitel 6.2.3) [326]. Dieses vermag die Festigkeit einer ebenen oder rauen Oberfläche zu erhöhen (~30 %). Die Wahrscheinlichkeit eines Ausfalls des optimierten Implantates durch Fraktur innerhalb der Lebenszeit eines Patienten und darüber hinaus liegt nach den Ergebnissen der Simulation bei 0 %. Daraus folgt erhöhte Sicherheit und Langzeitstabilität für den Patienten (Kapitel 6.3.1).

2) Die zweite Hypothese muss verworfen werden. Die t→m Umwandlung scheint bei der mechanischen Oberflächenbearbeitung einen nachgeordneten Effekt zu haben. Sie tritt erst während Materialversagen oder Risswachstum dominierend in Erscheinung und sollte daher während der Fertigung vermieden werden. Auch wenn abrasives Korundstrahlen unter moderaten Bedingungen durch die Entstehung einer kompressiven Oberflächenschicht und das Einbringen von Druckspannungen die Festigkeit erhöht, ist die Rauheit aufgrund von einsetzendem Materialabtrag nicht beliebig hoch einzustellen (R_a <1 µm) (Kapitel 6.2.2). Durch variierendes Umwandlungsbestreben in Abhängigkeit vom Herstellungsprozess (Granulatwahl, Verdichtungsprozedere, Sinterparameter und Abkühlbedingungen) können bei gleichen Strahlparametern unkalkulierbare Materialschädigungen eingebracht werden, die letztendlich die Qualität reduzieren.
Somit wurde die Festigkeitsstrahlung für Zirkoniumdioxid mit arteigenem Material erarbeitet und untersucht, die weitestgehend ohne monokline Phasenbildung einhergeht (Kapitel 6.2.3). Es ergibt sich eine positive Beeinflussung der mechanischen Werte am bereits rauen Material durch das Festigkeitsstrahlen. Die Erhöhung des Strahldruckes kann die Umwandlungstiefe bzw. Intensität der eingebrachten Spannungen erhöhen. Die Oberfläche darf

jedoch nicht übermäßig verdichtet werden, um keine Rissstarter einzubringen. Dies kann durch Abstimmung der Härte von Strahlmittel zu Prüfkörper geschehen und wird in dieser Arbeit durch die Verwendung von arteigenem Material umgesetzt. Die Strahlmittelmorphologie sollte ebenso auf die Oberflächentopographie abgestimmt sein, um die gesamte belastete Oberfläche, insbesondere auch Vertiefungen der Oberflächentopographie zu verfestigen.

Genannte Ursachen für die Festigkeitserhöhung sind: Entstehung einer dünnen kompressiven Oberflächenschicht (<500 nm), „mikroplastische“ Verformung und ferroelastisches Verhalten dieser. Wenn die Oberfläche mit Zugkraft belastet wird, muss zunächst die eingebrachte Druckspannung überwunden werden, bevor ein Riss im Material laufen kann.
Eine Abschätzung der Intensität des Effektes ist durch die Quantifizierung der FDS und der FWHM des t(101) möglich, solange keine Wärmebehandlung stattgefunden hat. Keines der mittels Rietveld geprüften Phasenmodelle (kubisch, rhomboedrisch, tetragonal) brachte allgemeingültige Übereinstimmung bzw. überzeugende Ergebnisse für das oberflächenbearbeitete Material (Kapitel 6.3.3). Die Ferroelastizität der tetragonalen Phase, die starke Texturausbildung, der vorhandene Gradient, sowohl für Spannung als auch Gitterparameter, erschweren die Darstellung der SP-Oberflächenschicht im korrekten und eindeutigen Strukturkontext. Die Rückstellung der Halbwertsbreite des t(101) erfolgt zwischen 150 und 1.100 °C und unterliegt komplexen Relaxationsvorgängen basierend auf wechselseitiger Ladungsträgerbewegung, beeinflusst durch Bewegungsrichtung, Spannung, Temperatur und Kristallitgröße. Die Regeneration der SP-Oberflächenschicht beginnt bereits bei Temperaturen knapp über 100 °C und geht einher mit dem Abbau der eingebrachten Spannungen.
Auch nach vollständiger Regeneration bringt die Änderung der Kristallitgröße als Folge der Rekristallisation der Oberflächenschicht positive Effekte für die Langzeitstabilität des Materials mit sich.
In diesem Zusammenhang werden die komplexe Wirkungskette und das notwendige Verständnis für einzelne Prozessschritte und deren Interaktion

deutlich. Basierend auf den breit aufgestellten Ergebnissen kann die positive Wirkung, der durch SP unter Druckspannung gesetzten und durch einen tribophysischen Mechanismus durch Domänenorientierung verfeinerten, deformierten, tetragonalen Oberflächenschicht belegt werden. Durch die beschriebenen Bewertungsmöglichkeiten der diffraktometrischen Untersuchungen lassen sich sinnvolle studienübergreifende Ergebnisse am YSZ ableiten.

3) Die angewendeten physikochemischen Behandlungen (UV, UV-Ozon, Plasma) können die Benetzbarkeit und Oberflächenenergie der Materialien positiv beeinflussen (Kapitel 6.3.2). Herausfordernd sind die Lagerungsbedingungen und die Gewährleistung der Sterilität. Eine Behandlung direkt vor der Implantation wäre somit als Alternative anzudenken. *In vitro* zeigt sich eine gute Akzeptanz aller keramischen Implantatoberflächen für Zellbewuchs. Die mit Plasma physikochemisch behandelte Oberfläche hebt sich jedoch nicht positiv gegenüber den anderen hervor. Dies kann jedoch auch dem Versuchsablauf, der Probenlagerung in Isopropanol oder Besiedlungsart geschuldet sein. Die erweiterte Oberflächenbeschreibung durch Hybrid- und Abstandsparameter erweist sich als notwendig für eine zielführende Charakterisierung von Oberflächen am biologischen Interface und studienübergreifenden Vergleich. Die Festigkeitsstrahlung ebnet die nanoskalige Rauheit der Oberfläche und reduziert so den Oberflächenmehranteil der rauen Implantatoberfläche. Somit könnten sich (*in vivo* oder in der Klinik) veränderte Kontaktflächen zwischen Implantat und Knochen und dadurch beeinflusste Ausdrehmomente ergeben. Zur Stützung der dritten Hypothese, der gezielten mechanischen und physikochemischen Oberflächenbehandlungen in Hinblick auf die zellbiologische Eignung sollten somit weiterführenden Untersuchungen zur Sicherung der Datenlage angestrebt werden.

8. Ausblick

Es wurde gezeigt, dass Festigkeitsstrahlen (SP) unter auf das Zirkoniumdioxid abgestimmten Bedingungen, positiven Einfluss auf die mechanischen Eigenschaften hat und kann so zur Festigkeitssteigerung am dentalen Implantat eingesetzt werden.

SP führt jedoch zu einer leichten Topographieänderung der Oberfläche. Der Einsatz wird hierdurch zunächst limitiert. Die zukünftige Prüfung der Verschleißeigenschaften kann Hinweise zur Eignung des Festigkeitsstrahlens im reibenden Materialkontakt, bspw. für den Einsatz als Gleitlager geben. Ebenso ist eine Beachtung der Rückstellung der FWHM unter bestimmten Temperaturbedingungen detaillierter zu analysieren. Hierzu sollten weiterführende Untersuchungen bezüglich zyklischer, thermischer Behandlung durchgeführt werden. Wie gezeigt ermöglichen nur spezielle, auf die Messaufgabe abgestimmte, Messgeräte die gezielte Klärung der komplexen Vorgänge im Material. *In situ* Beobachtungen ermöglichen die exaktere Beschreibung von Materialzuständen und Veränderungen durch Oberflächenmodifizierung von polymorphen Materialien, die an Grenzflächen und der Grenze ihrer Belastbarkeit eingesetzt werden. Es bedarf ausführlicher Analytik und umfassender Beschreibung, um patientengerechte Materialien zu entwickeln und deren sichere Eignung auch einschätzen zu können. Dies dient dem Forschungszweig der „Life-Science“ letztendlich um Schadensfälle in vitro zu vermeiden. Hierzu ist nicht nur die Materialentwicklung sondern auch der verantwortungsvolle Umgang mit den Stärken und vor allem Schwächen der Keramikimplantate von Relevanz. Dies kann bspw. über Schulungen umgesetzt werden, in denen sich die Anwender*innen zur Auswirkung des Implantat-Kippwinkel, Knochenlagerpflege, Vermeidung von Beschädigungen des Implantatkörpers während des Einsetzens fortbilden.

Es konnte ebenso gezeigt werden, dass auf vielfältige Weise (Granulat, Prozessführung, Materialhandling und Bearbeitung) das Materialverhalten von Y-TZP beeinflusst werden kann. Hier existieren Grenzen und Regeln im

Umgang mit diesem Material. Diese Arbeit soll einen Beitrag und Anreiz dazu liefern, die grundsätzlichen Vorgänge, die im Rahmen von mechanischer Oberflächenbearbeitung von Y-TZP ablaufen, klarer und über die Grenzen der bisher überwiegend diskutierten t→m Umwandlung zu umschreiben.

Einige Fragen bleiben offen. Beispielsweise die konkreten Zusammenhänge der Aktivierungsenergie und der FWHM-Rückstellung: Welche Prozesse sind für die verschiedenen Aktivierungsenergien konkret zuständig? Wie lassen sich diese Defekttypen besser differenzieren? Ebenso sind die Rückstellungseigenschaften von festigkeitsgestrahlten Prüfkörpern, die über eine andere Korngröße verfügen, interessant. Es wäre bspw. denkbar, dass ein vorbelastetes, größeres Korn unter Temperatureinwirkung ~250°C zur autokatalytischen Bildung von monokliner Phase neigt.

Wenn Lumineszenz in der Transformationszone ausgelöst wird, so sollte es basierend auf diesem Wissen auch möglich sein eine Prüfmethodik zu erarbeiten, die es gestattet die Zähigkeit von verschiedenen Arten von Zirkoniumdioxid über die Lumineszenz-Beobachtung zu bewerten [327]. Von großem Nutzen könnte es sein, wenn sich hierfür die Wellenlängen der Fracto- und Mechanolumineszenz voneinander separieren und quantifizieren ließen.

Welches Verhalten zeigen diesbezüglich 4 und 5 YSZ? Diese Materialien zeigen keine Umwandlung in die monokline Phase, sehr wohl aber ferroelastisches Verhalten. Lassen sich die mechanischen Eigenschaften dieser Materialien über die Beschreibung in den hier dargestellten Zusammenhängen differenzierter bewerten um das Materialverhalten klarer vorhersagen zu können? An diesen Fragestellungen werden die zukünftigen Untersuchungen ansetzen.

Zu Beginn der Arbeit wurde die Frage gestellt:
„Zirkoniumdioxid – Ein Werkstoff ohne Grenzen?“ So soll die Antwort nun dazu lauten:

Zirkoniumdioxid – Ein vielfältig anpassbarer und hochbelastbarer Werkstoff, mit stets erforschenswerten Grenzen.

9. Literaturverzeichnis

1. Pospiech, P., Kern, M., Verblendet vs. Monolithisch, (2016). ZWR-Das Deutsche Zahnärzteblatt 125,(09): 430–436.
2. Rauschert R, Metzler R, Zirkoniumdioxid: Ein Werkstoff ohne Kompromisse, (2019). http://rauschert.com/de/werkstoffe/technische-keramik/zirkonoxid.html. Accessed 09 Feb 2019.
3. Arzt T, Zirkoniumdioxid Keramikimplantate – ZWP online – das Nachrichtenportal für die Dentalbranche: Implantologie, (2011). https://www.zwp-online.info/fachgebiete/implantologie/prothetik/zirkoniumdioxid-keramikimplantate. Accessed 12 Aug 2019.
4. Elnayef, B., Lázaro, A., Suárez-López Del Amo, F. et al., Zirconia Implants as an Alternative to Titanium: A Systematic Review and Meta-Analysis, (2017). Int J Oral Maxillofac Implants 32,(3): e125–e134.
5. Buser, D., Sennerby, L., Bruyn, H. de, Modern implant dentistry based on osseointegration: 50 years of progress, current trends and open questions, (2017). Periodontology 2000 73,(1): 7–21.
6. Wilmowsky, C. von, Moest, T., Nkenke, E. et al., Implants in bone: Part II. Research on implant osseointegration: material testing, mechanical testing, imaging and histoanalytical methods, (2014). Oral Maxillofac Surg 18,(4): 355–372.
7. Wennerberg, A., Albrektsson, T., Effects of titanium surface topography on bone integration: a systematic review, (2009). Clin Oral Implants Res 20: 172–184.
8. Zinelis, S., Thomas, A., Syres, K. et al., Surface characterization of zirconia dental implants, (2010). Dent Mater 26,(4): 295–305.
9. Schwarz M, Künstliches Hüftgelenk in Rentner explodiert, (2008). https://www.bild.de/news/vermischtes/in-rentner-explodiert-5903370.bild.html. Accessed 15 Aug 2019.
10. Leading health centers GmbH, Keramikimplantat | Gut verträgliche Titan-Alternative: Vor- un Nachteile. https://www.leadingimplantcenters.com/de/fachthemen/behandlungen/keramikimplantat/. Accessed 13 Aug 2019.
11. Benning J, Keramikimplantate – die metallfreie Implantat-Lösung, (2017). https://www.dentolo.de/ratgeber/keramikimplantate/#Die_Nachteile_im_Ueberblick. Accessed 13 Aug 2019.
12. Zahedi B, Zirkonimplantate: allergiefreie Zahnimplantate aus Keramik. https://www.implantate.com/zahnimplantate-aus-keramik.html. Accessed 13 Aug 2019.
13. Albrektsson, T., Wennerberg, A., Oral implant surfaces: Part 1--review focusing on topographic and chemical properties of different surfaces and in vivo responses to them, (2004). Int J Prosthodont 17,(5): 536–543.

14. Joos, U., Büchter, A., Wiesmann, H.-P. et al., Strain driven fast osseointegration of implants, (2005). Head & face medicine 1,(1): 6.
15. Wintermantel, E., Ha, S., Medizintechnik: Life Science Engineering. Springer Berlin Heidelberg, (2009).
16. Albrektsson, T., Wennerberg, A., The impact of oral implants-past and future, 1966-2042, (2005). J Can Dent Assoc 71,(5): 327.
17. Saini, M., Singh, Y., Arora, P. et al., Implant biomaterials: A comprehensive review, (2015). World J Clin Cases 3,(1): 52–57.
18. Hashim, D., Cionca, N., Courvoisier, D. et al., A systematic review of the clinical survival of zirconia implants, (2016 Sep). Clinical Oral Investigations 20,(7): 1403–1417.
19. Osman, R., Swain, M., A Critical Review of Dental Implant Materials with an Emphasis on Titanium versus Zirconia, (2015). Materials (Basel) 8,(3): 932–958.
20. Pieralli, S., Kohal, R., Jung, R. et al., Clinical Outcomes of Zirconia Dental Implants: A Systematic Review, (2017). Journal of Dental Research 96,(1): 38–46.
21. Pieralli, S., Kohal, R.-J., Lopez Hernandez, E. et al., Osseointegration of zirconia dental implants in animal investigations: A systematic review and meta-analysis, (2017). Dent Mater
22. Schnutenhausen S, Vollkeramische Implantate – ein evidenzbasiertes Verfahren? – ZWP online – das Nachrichtenportal für die Dentalbranche, (2011). https://www.zwp-online.info/fachgebiete/implantologie/prothetik/vollkeramische-implantate-ein-evidenzbasiertes-verfahren. Accessed 09 Sep 2019.
23. Andreiotelli, M., Wenz, H., Kohal, R.-J., Are ceramic implants a viable alternative to titanium implants? A systematic literature review, (2009). Clin Oral Implants Res 20 Suppl 4: 32–47.
24. Özkurt, Z., Kazazoğlu, E., Zirconia dental implants: A literature review, (2011). J Oral Implantol 37,(3): 367–376.
25. TKC – Technische Keramik GmbH, Zirkonoxidkeramik (ZrO_2) – TKC. https://tkc-keramik.de/werkstoffe/oxidkeramik/zirkonoxidkeramik-zro2/. Accessed 10 Sep 2019.
26. Weiß T, Vergleichstabelle technischer Keramik, (2019). https://www.bce-special-ceramics.de/vergleich/bce-materialtabelle.htm. Accessed 11 Sep 2019.
27. Piconi, C., Maccauro, G., Zirconia as a ceramic biomaterial, (1999). Biomaterials 20,(1): 1–25.
28. Cionca, N., Hashim, D., Mombelli, A., Zirconia dental implants, (2017). Periodontology 2000 73,(1): 241–258.
29. Mishra, S., Chowdhary, R., PEEK materials as an alternative to titanium in dental implants: A systematic review, (2019). Clin Implant Dent Relat Res 21,(1): 208–222.
30. Joos, U., Vollmer, D., Kleinheinz, J., Einfluss der Implantatgeometrie auf die Strainverteilung im periimplantären Knochen, (2000). Mund-, Kiefer-und Gesichtschirurgie 4,(3): 143–147.

31. Schwitalla, A., Muller, W., PEEK dental implants: A review of the literature, (2013 Dec). J Oral Implantol 39,(6): 743–749.
32. Bruno Chrcanovic, On failure of oral implants. Dissertation, Malmö University, Holmbergs, Malmö, (2017).
33. Gupta, S., A Recent Update on Zirconia Implants: A Literature Review, (2016). Dent Implants Dentures 1: 113.
34. van Brakel, R., Noordmans, H., Frenken, J. et al., The effect of zirconia and titanium implant abutments on light reflection of the supporting soft tissues, (2011). Clin Oral Implants Res 22,(10): 1172–1178.
35. Stejskal, J., Stejskal, V., The role of metals in autoimmunity and the link to neuroendocrinology, (1999). Neuroendocrinology Letters 20,(6): 351–366.
36. Mellinghoff, J., Zehn Jahre Implantologie mit Keramikimplantaten – Einsichten und Aussichten: Was sollte ich als Zahntechniker heute wissen?, (2014). Zahntechnisches Magazin,(18).
37. Roehling, S., Schlegel, K., Woelfler, H. et al., Zirconia compared to titanium dental implants in preclinical studies—A systematic review and meta-analysis, (2019). Clin Oral Implants Res 30,(5): 365–395.
38. Gahlert, M., Gudehus, T., Eichhorn, S. et al., Biomechanical and histomorphometric comparison between zirconia implants with varying surface textures and a titanium implant in the maxilla of miniature pigs, (2007). Clin Oral Implants Res 18,(5): 662–668.
39. Steiniger, B., Schwarzbach, H., Stachniss, V., Mikroskopische Anatomie der Zähne und des Parodonts. Thieme, Stuttgart, (2010).
40. Wolf, H., Wichelhaus, A., Eichenberg, T. et al., Kieferorthopädie-Therapie, Bd. 1: Grundlegende Behandlungskonzepte (Farbatlanten der Zahnmedizin). Stuttgart: Georg Thieme Verlag KG, (2013).
41. Karateew D, Sofortimplantation und provisorische Versorgung nach Zahnextraktion, (2000). https://www.zmk-aktuell.de/fachgebiete/implantologie/story/sofortimplantation-und-provisorische-versorgung-nach-zahnextraktion___735.html. Accessed 12 Sep 2019.
42. Iwasa, F., Baba, K., Ogawa T., Enhanced intracellular signaling pathway in osteoblasts on ultraviolet lighttreated hydrophilic titanium, (2016). Biomedical Research 37,(1): 1–11.
43. Richard, M., In vitro Untersuchung der Fibroblastenadhäsion und -proliferation an oberflächenmodifizierten Titanwerkstoffen. Dissertation, Humboldt-Universität zu Berlin, Berlin, (2002).
44. Kluger, P., Induktion morphologischer und physiologischer Reaktionen primärer humaner Hautzellen durch bioinspirierte nano- und mikrostrukturierte Substrate. Dissertation, Universität Stuttgart, Stuttgart

45. Jiang, Z., Zelladhäsion und -verhalten auf mikrostrukturierten Substraten mit variabler Fibronektin-Dichte. Karlsruhe, Karlsruher Institut für Technologie (KIT), Diss., 2009, KIT-Bibliothek, Karlsruhe, (2009).
46. Klein, F., Der Einfluss von 2D- und 3D-Substratgeometrien und Flexibilität auf Zellform und Zellverhalten. Karlsruhe, Karlsruher Institut für Technologie (KIT), Diss., 2009, KIT-Bibliothek, Karlsruhe, (2009).
47. Pfeiffer, F., Untersuchung des Adhäsionsverhaltens von Gingiva-Fibroblasten auf mikrostrukturierten Titanoberflächen. Dissertation, Universität Tübingen, Tübingen, (2004).
48. Alberts, B., Johnson, A., Lewis, J. et al., Cell junctions. In: Molecular Biology of the Cell. 4th edition. Garland Science, (2002).
49. Holmes, K., Popp, D., Gebhard, W. et al., Atomic model of the actin filament, (1990). Nature 347,(6288): 44–49.
50. Gilmore, A., Burridge, K., Regulation of vinculin binding to talin and actin by phosphatidyl-inositol-4-5-bisphosphate, (1996). Nature 381,(6582): 531–535.
51. Schaller, M., Paxillin: a focal adhesion-associated adaptor protein, (2001). Oncogene 20,(44): 6459–6472.
52. Schaller, M., FAK and paxillin: regulators of N-cadherin adhesion and inhibitors of cell migration?, (2004). J Cell Biol 166,(2): 157–159.
53. Lumetti, S., Manfredi, E., Ferraris, S. et al., The response of osteoblastic MC3T3-E1 cells to micro-and nano-textured, hydrophilic and bioactive titanium surfaces, (2016). Journal of Materials Science: Materials in Medicine 27,(4): 68.
54. Anselme, K., Davidson, P., Am Popa et al., The interaction of cells and bacteria with surfaces structured at the nanometrer scale, (2010). Acta Biomaterialia 6,(10): 3824–3846.
55. Gudehus, H., Untersuchung des Einwachsverhaltens von Zirkoniumdioxid-Implantaten in die Kieferknochenstruktur–Eine experimentelle Studie am Miniaturschwein. Dissertation, Ludwig-Maximilians-Universität, München, München, (2006).
56. Arras, S., Einfluss verschiedener Implantatcharakteristika auf die Hartgewebsanlagerung von enossalen, dentalen Implantaten. Dissertation, Universität Heidelberg, Heidelberg, (2003).
57. Strickstrock, M., Rothe, H., Grohmann, S. et al., Influence of surface roughness of dental zirconia implants on their mechanical stability, cell behavior and osseointegration, (2017). BioNanoMaterials 18,(1-2): 1471.
58. Elias, C., Meirelles, L., Improving osseointegration of dental implants, (2010). Expert review of medical devices 7,(2): 241–256.
59. Rothe, H., Strickstrock, M., Hildebrand, G. et al., Quantifizierung der 3D-Oberflächenrauigkeit von abrasiv behandelten Implantatoberflächen mittels der Stereo-Rasterelektronenmikroskopie, (2015). Zeitschrift für Zahnärztliche Implantologie 31: 43–51.

60. Fillies, T., Wiesmann, H., Sommer, D. et al., Primäre Osteoblastenreaktionen auf SLA- und mikrostrukturierten Implantatoberflächen, (2005). Mund-, Kiefer- und Gesichtschirurgie 9,(1): 24–28.
61. Bächle, M., Butz, F., Hubner, U. et al., Behavior of CAL72 osteoblast-like cells cultured on zirconia ceramics with different surface topographies, (2007). Clin Oral Implants Res 18,(1): 53–59.
62. Becker, J., John, G., Becker, K. et al., Clinical performance of two-piece zirconia implants in the posterior mandible and maxilla: a prospective cohort study over 2 years, (2017). Clin Oral Implants Res 28,(1): 29–35.
63. Wennerberg, A., Albrektsson, T., Implant surfaces beyond micron roughness. Experimental and clinical knowledge of surface topography and surface chemistry, (2006). International Dentistry SA 8,(6).
64. Müller, C., Solcher, P., Peisker, A. et al., Analysis of the influence of the macro-and microstructure of dental zirconium implants on osseointegration: a minipig study, (2013). Oral surgery, oral medicine, oral pathology and oral radiology 116,(1): e1-e8.
65. Ito, H., Sasaki, H., Saito, K. et al., Response of osteoblast-like cells to zirconia with different surface topography, (2013). Dental Materials Journal 32,(1): 122–129.
66. Altmann, B., Kohal, R.-J., Steinberg, T. et al., Distinct cell functions of osteoblasts on UV-functionalized titanium-and zirconia-based implant materials are modulated by surface topography, (2013). Tissue Engineering Part C: Methods 19,(11): 850–863.
67. Att, W., Takeuchi, M., Suzuki, T. et al., Enhanced osteoblast function on ultraviolet light-treated zirconia, (2009). Biomaterials 30,(7): 1273–1280.
68. Shon, W.-J., Chung, S., Kim, H.-K. et al., Peri-implant bone formation of non-thermal atmospheric pressure plasma–treated zirconia implants with different surface roughness in rabbit tibiae, (2014). Clin Oral Implants Res 25,(5): 573–579.
69. Noro, A., Kaneko, M., Murata, I. et al., Influence of surface topography and surface physicochemistry on wettability of zirconia (tetragonal zirconia polycrystal), (2013). J Biomed Mater Res Part B Appl Biomater 101,(2): 355–363.
70. Duske, K., Koban, I., Kindel, E. et al., Atmospheric plasma enhances wettability and cell spreading on dental implant metals, (2012). Journal of clinical periodontology 39,(4): 400–407.
71. Kelly, S., Gogna, G. S., Monaghan, R., Daniels, S. (ed), Ozone mapping the kINPen-MED plasma jet, (2015).
72. Gao, L., McCarthy, T., How Wenzel and Cassie were wrong, (2007). Langmuir 23,(7): 3762–3765.
73. Job, G., Rüffler, R., Physikalische Chemie: Eine Einführung nach neuem Konzept mit zahlreichen Experimenten, 1. Aufl. Vieweg+Teubner Verlag / Springer Fachmedien Wiesbaden GmbH Wiesbaden, Wiesbaden, (2011).
74. Thomsen F, Kontaktwinkel: Nutzen der Benetzungsanalyse, (2017). https://analyticalscience.wiley.com/do/10.1002/gitfach.15439/full/. Accessed 14 Okt 2020.734Z.

75. Wenzel, R., Resistance of solid surfaces to wetting by water, (1936). Ind. Eng. Chem. 28,(8): 988–994.
76. Gennes, P.-G. de, Brochard-Wyart, F., Quéré, D., Capillarity and wetting phenomena: drops, bubbles, pearls, waves. Springer Science & Business Media, (2013).
77. Cassie, A., Baxter, S., Wettability of porous surfaces, (1944). Trans. Faraday Soc. 40: 546.
78. Arshad, Momen, G., Farzaneh, M. et al., Properties and applications of superhydrophobic coatings in high voltage outdoor insulation: A review, (2017). IEEE Trans. Dielect. Electr. Insul. 24,(6): 3630–3646.
79. Zorll, U., Bedeutung und Problematik der kritischen Oberflächenspannung, (1974). Adhäsion 18: 262–270.
80. ISMI International Society of Metal Free Implantology, Keramikimplantate: Straumann und Z-Systems bilden Partnerschaft. https://ismi.me/4294/keramikimplantate-straumann-und-z-systems-bilden-partnerschaft/. Accessed 10 Aug 2019.
81. teamwork media GmbH, Themenspecial Keramikimplantate: Dental Online Channel, (2020). https://pi.dental-online-channel.com/thema/keramikimplantate/. Accessed 09 Jun 2020.
82. Isbaner, J., Systeme und Oberflächen: Marktübersicht, (2016). Implantologie Journal 20,(3): 34–38.
83. Isbaner, G., Keramikimplantate: Marktübersicht, (2018). Jahrbuch Implantologie 24: 238–245.
84. Beger, B., Goetz, H., Morlock, M. et al., In vitro surface characteristics and impurity analysis of five different commercially available dental zirconia implants, (2018). International Journal of Implant Dentistry 4,(1): 13.
85. Isbaner, G., Implantatsysteme Keramik: Marktübersicht, (2020). Jahrbuch Implantologie
86. camlog, CERALOG, das Keramik Zahnimplantat mit dualer Oberflächentextur, (2019). https://www.camlog.de/implantatsysteme/ceralog/oberflaeche/. Accessed 10 Aug 2019.
87. Philipp Dost, Stefanie Ellermann, Nina N. Missfeldt et al., Reconstruction of the Stapes Superstructure with a Combined Glass-Ceramic (Bioverit®) Implant in Guinea Pigs, (2002). ORL 64,(6): 429–432.
88. Nicole Gabriele Grün, Nicholas Donohue, Patrick Holweg et al., Resorbierbare Implantate in der Unfallchirurgie, (2018). J. Miner. Stoffwechs. Muskuloskelet. Erkrank. 25,(3): 82–89.
89. Telle R (ed), Keramik: Mit 132 Tabellen, 7. Auflage. Springer, Berlin, Heidelberg, New York, NY, (2007).
90. Michalowsky, L., Neue keramische Werkstoffe: Mit 118 Tabellen. Dt. Verl. für Grundstoffindustrie; Wiley-VCH, Leipzig, Stuttgart, Weinheim, (2001).

91. Kollenberg W (ed), Technische Keramik: Grundlagen, Werkstoffe, Verfahrenstechnik, 2. Aufl. Vulkan-Verl., Essen, (2009).
92. Kisi, E., Howard, C., Hill, R., Crystal Structure of Orthorhombic Zirconia in Partially Stabilized Zirconia, (1989). Journal of the American Ceramic Society 72,(9): 1757–1760.
93. Momma, K., Izumi, F., VESTA 3 for three-dimensional visualization of crystal, volumetric and morphology data, (2011). J Appl Crystallogr 44,(6): 1272–1276.
94. Hannink, R., Kelly, P., Muddle, B., Transformation toughening in zirconia-containing ceramics, (2000). J American Ceramic Society 83,(3): 461–487.
95. Kisi, E., Howard, C., Crystal Structures of Zirconia Phases and their Inter-Relation, (1998). KEM 153-154: 1–36.
96. Nikolay, D., Herstellung und Untersuchung von ZTA-Nanocompositkeramiken. Dissertation, Rheinische Friedrich-Wilhelms-Universität, Bonn, (2010).
97. Allemann, J., Die martensitischen Umwandlungstemperaturen von festen Lösungen des tetragonalen Zirkonoxids. Dissertation, Eidgenössische technische Hochschule, Zürich, (1992).
98. Schneider, F., Eigenschaften der N^{3-}-Ionen im System Zr-O-N. Dissertation, Justus-Liebig-Universität, Gießen, (2004).
99. Rahaman, M., Sintering of Ceramics. Taylor and Francis, Hoboken, (2007).
100. Schaumburg, H., Keramik,Werkstoffe und Bauelemente der Elektrotechnik. Vieweg+Teubner Verlag, Wiesbaden, (1994).
101. Chevalier, J., Gremillard, L., Zirconia ceramics. Woodhead Publishing Series in Biomaterials. In: Bioceramics and their Clinical Applications, pp 243–265, (2008).
102. Denry, I., Kelly, J., State of the art of zirconia for dental applications, (2008). Dental Materials 24,(3): 299–307.
103. Ohmichi, N., Kamioka, K., Ueda, K. et al., Phase transformation of zirconia ceramics by annealing in hot water, (1999). Journal of the Ceramic Society of Japan int. Edition 107,(1242): 128–133.
104. Pitcher, M., Ushakov, S., Navrotsky, A. et al., Energy Crossovers in Nanocrystalline Zirconia, (2005). Journal of the American Ceramic Society 88,(1): 160–167.
105. Lamas, D., Rosso, A., Anzorena, M. et al., Crystal structure of pure ZrO_2 nanopowders, (2006). Scripta Materialia 55,(6): 553–556.
106. Li, S., Zheng, W., Jiang, Q., Size and pressure effects on solid transition temperatures of ZrO_2, (2006). Scripta Materialia 54,(12): 2091–2094.
107. Chevalier, J., Gremillard, L., Virkar, A. et al., The tetragonal-monoclinic transformation in zirconia: lessons learned and future trends, (2009). J American Ceramic Society 92,(9): 1901–1920.
108. Kelly, J., Denry, I., Stabilized zirconia as a structural ceramic: An overview, (2008). Dent Mater 24,(3): 289–298.
109. Garvie, R., Nicholson, P., Phase Analysis in Zirconia Systems, (1972). Journal of the American Ceramic Society 55,(6): 303–305.

110. Heuer, A., Lange, F., Swain, M. et al., Transformation Toughening, (1986). Journal of the American Ceramic Society 69,(3): i–iv.
111. Claussen, N., Umwandlungsverstärkte Keramische Werkstoffe, (1982). Materialwissenschaft und Werkstofftechnik 13,(4): 138–147.
112. Derek Fray, DoITPoMS - TLP Library Fuel Cells. https://www.doitpoms.ac.uk/tlplib/fuel-cells/printall.php. Accessed 15 Aug 2019.
113. Stubican, V., Hink, R., RAY, S., Phase Equilibria and Ordering in the System ZrO_2-Y_2O_3, (1978). Journal of the American Ceramic Society 61,(1-2): 17–21.
114. Kiemle, T., Einfluss externer Spannungen auf Phasenumwandlungen in tetragonalem Zirconiumdioxid. Dissertation, Eberhard Karls Universität Tübingen, Tübingen, (2017).
115. Zhou, Y., Lei, T.-C., Sakuma, T., Diffusionless Cubic-to-Tetragonal Phase Transition and Microstructural Evolution in Sintered Zirconia–Yttria Ceramics, (1991). Journal of the American Ceramic Society 74,(3): 633–640.
116. Sanchez-Bajo, F., Cachadiña, I., Dios Solier, J. et al., Differentiation between Pseudocubic and Cubic Phases in Y-ZrO_2 Using Rietveld Analysis, (1997). J American Ceramic Society 80,(1): 232–236.
117. Yamashita, I., Tsukuma, K., Tojo, T. et al., Synchrotron X-Ray Study of the Crystal Structure and Hydrothermal Degradation of Yttria-Stabilized Tetragonal Zirconia Polycrystal, (2008). J American Ceramic Society 91,(5): 1634–1639.
118. Cattani Lorente, M., Scherrer, S., Richard, J. et al., Surface roughness and EDS characterization of a Y-TZP dental ceramic treated with the CoJet™ Sand, (2010). Dental Materials 26,(11): 1035–1042.
119. Witz, G., Shklover, V., Steurer, W. et al., Phase evolution in yttria-stabilized zirconia thermal barrier coatings studied by rietveld refinement of X-ray powder diffraction patterns, (2007). J American Ceramic Society 90,(9): 2935–2940.
120. Teufer, G., The crystal structure of tetragonal ZrO2, (1962). Acta Cryst 15,(11): 1187.
121. Krogstad, J., Lepple, M., Gao, Y. et al., Effect of Yttria Content on the Zirconia Unit Cell Parameters, (2011). Journal of the American Ceramic Society 94,(12): 4548–4555.
122. Viazzi, C., Bonino, J.-P., Ansart, F. et al., Structural study of metastable tetragonal YSZ powders produced via a sol–gel route, (2008). Journal of Alloys and Compounds 452,(2): 377–383.
123. Zhang, Y., Making yttria-stabilized tetragonal zirconia translucent, (2014). Dent Mater 30,(10): 1195–1203.
124. Carrabba, M., Keeling, A., Aziz, A. et al., Translucent zirconia in the ceramic scenario for monolithic restorations: A flexural strength and translucency comparison test, (2017). J Dent 60: 70–76.
125. Reichel, U., Optokeramische Werkstoffe: Innovationspotenzial für vielfältige Anwendungen,OPTATEC Innovationsforum, Hermsdorf, (2014).

126. Klimke, J., Trunec, M., Krell, A., Transparent Tetragonal Yttria-Stabilized Zirconia Ceramics, (2011). Journal of the American Ceramic Society 94,(6): 1850–1858.
127. Rödel, T.-C., Synthese und Charakterisierung von Einkristallen in den Systemen Y-, Sc-, Ca-, Mg- Zr-O-N. Dissertation, Technische Universität Berlin, Berlin, (2005).
128. Spintzyk, S., Geis-Gerstorfer, J., Bourauel, C. et al., Biaxial flexural strength of zirconia: A round robin test with 12 laboratories, (2021). Dental Materials 37,(2): 284–295.
129. Shackelford, J., Doremus, R., Ceramic and glass materials: Structure, properties and processing. Springer, New York, (2008).
130. Garvie, R., Hannink, R., Pascoe, R., Ceramic Steel? Reprinted from Nature, 258(5537), 1975, pp. 703-4. In: Somiya, Moriyoshi Hg Sintering Key Papers, pp 253–257
131. Pask JA, Evans AG (eds), Ceramic Microstructures '86: Role of Interfaces,Materials Science Research, vol 21. Springer US, Boston, MA, (1987).
132. Garvie, R., Swain, M., Thermodynamics of the tetragonal to monoclinic phase transformation in constrained zirconia microcrystals: in absence of a applied stress field, (1985). J Mater Sci 20,(4): 1193–1200.
133. Lange, F., Transformation toughening, (1982). Journal of materials science 17 (1982): 247–254.
134. Kelly, P., Francis Rose, L., The martensitic transformation in ceramics — its role in transformation toughening, (2002). Progress in Materials Science 47,(5): 463–557.
135. Curtis, A., Wright, A., Fleming, G., The influence of surface modification techniques on the performance of a Y-TZP dental ceramic, (2006). J Dent 34,(3): 195–206.
136. Kelly, P., Wauchope, C., The Tetragonal to Monoclinic Martensitic Transformation in Zirconia, (1998). KEM 153-154: 97–124.
137. Berek, H., Weiterentwicklung und Anpassung neuer Methoden der Mikrostrukturanalyse für keramische Systeme mit Phasenumwandlungen. Habilitation, Freiberg (Sachsen), (2012).
138. Deville, S., Chevalier, J., El Attaoui, H., Atomic force microscopy study and qualitative analysis of martensite relief in zirconia, (2005). Journal of the American Ceramic Society 88,(5): 1261–1267.
139. Oettel H, Schumann H (eds), Metallografie: Mit einer Einführung in die Keramografie, 15., überarb. und erw. Aufl.,Master. Wiley-VCH, Weinheim, (2011).
140. Claussen, N., Transformation toughening of ceramics. Working Party on "Fracture Physics", Trieste, (1989).
141. Chevalier, J., Loh, J., Gremillard, L. et al., Low-temperature degradation in zirconia with a porous surface, (2011). Acta Biomaterialia 7,(7): 2986–2993.
142. Kobayashi, K., Kwajima H., Masaki, T., Phase change and mechanical properties of ZrO_2-Y_2O_3 solid electrolyte after ageing, (1981). Solid State Ionics 3-4: 489–493.
143. Sanon, C., Chevalier, J., Douillard, T. et al., A new testing protocol for zirconia dental implants, (2015). Dent Mater 31,(1): 15–25.

144. Schneider, J., Untersuchungen zum Alterungsmechanismus und zur Langzeitstabilität von Y-TZP-Al_2O_3-Dispersionskeramiken (ATZ) für die Anwendung in der Hüft-Endoprothetik. Dissertation, Bauhaus Universität, Weimar, (2012).
145. Pietrowski, M., Transporteigenschaften von Wasser und Sauerstoff in Yttrium-stabilisiertem Zirkoniumdioxid. Dissertation / PhD Thesis, Publikationsserver der RWTH Aachen University, (2012).
146. Guo, X., Schober, T., Water incorporation in tetragonal zirconia, (2004). J American Ceramic Society 87,(4): 746–748.
147. Chevalier, J., Gremillard, L., Deville, S., Low-Temperature Degradation of Zirconia and Implications for Biomedical Implants, (2007). Annu. Rev. Mater. Res. 37,(1): 1–32.
148. Ramesh, S., Sara Lee, K., Tan, C., A review on the hydrothermal ageing behaviour of Y-TZP ceramics, (2018). Ceramics International 44,(17): 20620–20634.
149. Chevalier, J., Douillard, T., Kohal, R. et al., Low temperature degradation and reliability of one-piece ceramic oral implants with a porous surface, (2013). Dental Materials 29,(4): 389–397.
150. Elshazly, E., Ali, M., El-Hout, S., Alumina effect on the phase transformation of 3Y-TZP ceramics, (2008). Journal of Materials Science & Technology(China)(USA) 24,(6): 873.
151. Arata, A., Campos, T., Machado, J. et al., Quantitative phase analysis from X-ray diffraction in Y-TZP dental ceramics: A critical evaluation, (2014). J Dent 42,(11): 1487–1494.
152. Michel, B., Korngrenzenglasphasen in tetragonalen Zirkonoxid. Dissertation, Eidgenössische technische Hochschule Zürich, Zürich, (1993).
153. Deville, S., Gremillard, L., Chevalier, J. et al., A critical comparison of methods for the determination of the aging sensitivity in biomedical grade yttria-stabilized zirconia, (2005). J Biomed Mater Res Part B Appl Biomater 72,(2): 239–245.
154. Chevalier, J., What future for zirconia as a biomaterial?, (2006). Biomaterials 27,(4): 535–543.
155. T&B ServiceLine, muffel-forum.de | Die Community der Dentalbranche mit Kurskalender, Stellenmarkt und vieles mehr. https://www.muffel-forum.de/. Accessed 23 Mai 2019.
156. Kern, M., Bauer, H.-G., Kimmich, H., Das 1x1 der Zirkonoxid-Behandlung, (2010). Zahntech Mag 14,(1/2): 28–32.
157. Chintapalli, R., Rodriguez, A., Marro, F. et al., Effect of sandblasting and residual stress on strength of zirconia for restorative dentistry applications, (2014). Journal of the Mechanical Behavior of Biomedical Materials 29: 126–137.
158. Chintapalli, R., Marro, F., Jimenez-Pique, E. et al., Phase transformation and subsurface damage in 3Y-TZP after sandblasting, (2013). Dental Materials 29,(5): 566–572.

159. Kosmač, T., Oblak, C., Jevnikar, P. et al., The effect of surface grinding and sandblasting on flexural strength and reliability of Y-TZP zirconia ceramic, (1999). Dental Materials 15,(6): 426–433.
160. Zhang, Y., Lawn, B., Rekow, E. et al., Effect of sandblasting on the long-term performance of dental ceramics, (2004). Journal of Biomedical Materials Research Part B: Applied Biomaterials 71B,(2): 381–386.
161. Effect of sandblasting and heat treatment on biaxial flexure strength of the zirconia/alumina nanocomposite. Trans Tech Publications Ltd, (2007).
162. Sato, H., Yamada Kiyotaka, Pezotti, G. et al., Mechanical Properties of Dental Zirconia Ceramics Changed with Sandblasting and Heat Treatment, (2008). Dent. Mater. J. 27,(3): 408–414.
163. Canneto, J.-J., Cattani-Lorente, M., Durual, S. et al., Grinding damage assessment on four high-strength ceramics, (2016). Dent Mater 32,(2): 171–182.
164. Lee, K.-R., Choe, H.-C., Heo, Y.-R. et al., Effect of different grinding burs on the physical properties of zirconia, (2016). J Adv Prosthodont 8,(2): 137–143.
165. Muffelforum User, Zirkongerüste abstrahlen: Diskussion zum Thema-Herstellerangaben und Praxis, (2008 -2017). https://www.muffel-forum.de/search/node/Abstrahlen%20Zirkon
166. Hallmann, L., Ulmer, Peter, Wille, Sebastian et al., Effect of surface treatments on the properties and morphological change of dental zirconia, (2016 Mar). Journal of Prosthetic Dentistry 115,(3): 341–349.
167. Hallmann, L., Ulmer, Peter, Reusser, Eric et al., Surface characterization of dental Y-TZP ceramic after air abrasion treatment, (2012). J Dent 40,(9): 723–735.
168. Ban, S., Sato, H., Suehiro, Y. et al., Effect of Sandblasting and Heat Treatment on Biaxial Flexure Strength of the Zirconia/Alumina Nanocomposite, (2007). Key Engineering Materials 330-332: 353–356.
169. Aurélio, I., Marchionatti, Ana Maria E., Montagner, Anelise F. et al., Does air particle abrasion affect the flexural strength and phase transformation of Y-TZP? A systematic review and meta-analysis, (2016). Dent Mater 32,(6): 827–845.
170. Moon, J.-E., Kim, S.-H., Lee, J.-B. et al., Effects of airborne-particle abrasion protocol choice on the surface characteristics of monolithic zirconia materials and the shear bond strength of resin cement, (2016). Ceramics International 42,(1, Part B): 1552–1562.
171. Guazzato, M., Quach, L., Albakry, M. et al., Influence of surface and heat treatments on the flexural strength of Y-TZP dental ceramic, (2005). J Dent 33,(1): 9–18.
172. Papanagiotou, H., Morgano, S., Giordano, R. et al., In vitro evaluation of low-temperature aging effects and finishing procedures on the flexural strength and structural stability of Y-TZP dental ceramics, (2006). J Prosthet Dent 96,(3): 154–164.

173. Lucas, T., Lawson, N., Janowski, G. et al., Effect of grain size on the monoclinic transformation, hardness, roughness, and modulus of aged partially stabilized zirconia, (2015). Dent Mater 31,(12): 1487–1492.
174. Kosmač, T., Oblak, Č., Marion, L., The effects of dental grinding and sandblasting on ageing and fatigue behavior of dental zirconia (Y-TZP) ceramics, (2008). Journal of the European Ceramic Society 28,(5): 1085–1090.
175. Schatz, C., Strickstrock, M., Roos, M. et al., Influence of specimen preparation and test methods on the flexural strength results of monolithic zirconia materials, (2016). Materials (Basel) 9,(3): 1–13.
176. Hasegawa, H., Rhombohedral phase produced in abraded surfaces of partially stabilized zirconia (PSZ), (1983). Journal of Materials Science Letters 2,(3): 91–93.
177. Sakuma, T., Yoshizawa, Y.-I., Suto, H., The rhombohedral phase produced in partially-stabilized zirconia, (1985). Journal of Materials Science Letters 4,(1): 29–30.
178. Sakuma, T., Yoshizawa, Y.-I., Suto, H., The microstructure and mechanical properties of yttria-stabilized zirconia prepared by arc-melting, (1985). Journal of materials science 20 (1985): 2399–2407.
179. Kitano, J., Mori, Y., Ishitani, A. et al., A Study of Rhombohedral Phase in Y_2O_3 - Partially Stabilized Zirconia, (1986). MRS Proc. 78: 382.
180. Kitano, Y., Mori, Y., Ishitani, A. et al., Structural Changes by Mechanical and Thermal Stresses of 2.5-mol%-Y_2O_3-Stabilized Tetragonal ZrO_2 Polycrystals, (1988). Journal of the American Ceramic Society 71,(8): C-382-C-383.
181. Kitano, Y., Mori, Y., Ishitani, A. et al., Rhombohedral Phase in Y_2O_3-Partially-Stabilized ZrO_2, (1988). Journal of the American Ceramic Society 71,(1): C-34-C-36.
182. Mori, Y., Kitano, Y., Masaki, T., X-ray Determination of Transformation Zone Size in Toughened Zirconia Ceramics, (1988). Journal of the American Ceramic Society 71,(7): C-322-C-324.
183. Kitano, Y., Mori, Y., Ishitani, A. et al., Structural Changes by Compressive Stresses of 2.0-mol%-Yttria-Stabilized Tetragonal Zirconia Polycrystals, (1989). Journal of the American Ceramic Society 72,(5): 854–855.
184. Mitra, N., Vijayan, K., Bai, B. et al., Phase Transformation Introduced by Mechanical and Chemical Surface Preparations of Tetragonal Zirconia Polycrystals, (1993). Journal of the American Ceramic Society 76,(2): 533–535.
185. Kim, D.-J., Jung, H.-J., Kim, H.-J., t->r phase transformation of tetragonal zirconia alloys during grinding, (1995). Journal of materials science 14 (1995): 285–288.
186. Kim, D.-J., Jung, H.-J., Cho, D.-H., Phase transformations of Y_2O_3 and Nb_2O_5 doped tetragonal zirconia during low temperature aging in air, (1995). Solid State Ionics 80,(1): 67–73.
187. Burke, D., Rainforth, W., Intermediate rhombohedral (r-ZrO_2) phase formation at the surface of sintered Y-TZP's, (1997). Journal of Materials Science Letters 16,(11): 883–885.

188. Kondoh, J., Origin of the hump on the left shoulder of the X-ray diffraction peaks observed in Y_2O_3-fully and partially stabilized ZrO_2, (2004). Journal of Alloys and Compounds 375,(1): 270–282.
189. Kondoh, J., Aging strengthening of 8 mol% yttria-fully-stabilized zirconia, (2004). Journal of Alloys and Compounds 370,(1): 285–290.
190. Kondoh, J., Recovery of the aging-induced changes in microstructures and local structures of yttria-stabilized zirconia due to ion and atom milling, (2004). Journal of Alloys and Compounds 364,(1): 257–270.
191. Denry, I., Holloway, J., Microstructural and crystallographic surface changes after grinding zirconia-based dental ceramics, (2006). J Biomed Mater Res Part B Appl Biomater 76,(2): 440–448.
192. Liu, S., Hu, W., Zhang, Y. et al., Metastable adaptive orthorhombic martensite in zirconia nanoparticles, (2014). Journal of Applied Crystallography 47,(2): 684–691.
193. Muñoz-Tabares, J., Jiménez-Piqué, E., Reyes-Gasga, J. et al., Microstructural changes in ground 3Y-TZP and their effect on mechanical properties, (2011). Acta Materialia 59,(17): 6670–6683.
194. Muñoz-Tabares, J., Jiménez-Piqué, E., Anglada, M., Subsurface evaluation of hydrothermal degradation of zirconia, (2011). Acta Materialia 59,(2): 473–484.
195. Inokoshi, M., Vanmeensel, K., Zhang, F. et al., Aging resistance of surface-treated dental zirconia, (2015). Dent Mater 31,(2): 182–194.
196. Chan, C.-J., LANGE, F., Rühle, M. et al., Ferroelastic Domain Switching in Tetragonal Zirconia Single Crystals?Microstructural Aspects, (1991). Journal of the American Ceramic Society 74,(4): 807–813.
197. Kisi, E., Kennedy, S., Howard, C., Neutron Diffraction Observations of Ferroelastic Domain Switching and Tetragonal-to-Monoclinic Transformation in Ce-TZP, (1997). Journal of the American Ceramic Society 80,(3): 621–628.
198. Mehta, K., Jue, J., Virkar, A., Grinding-Induced Texture in Ferroelastic Tetragonal Zirconia, (1990). Journal of the American Ceramic Society 73,(6): 1777–1779.
199. Srinivasan, G., Jue, J.-F., Kuo, S.-Y. et al., Ferroelastic Domain Switching in Polydomain Tetragonal Zirconia Single Crystals, (1989). Journal of the American Ceramic Society 72,(11): 2098–2103.
200. Virkar, A., Role of Ferroelasticity in Toughening of Zirconia Ceramics, (1998). KEM 153-154: 183–210.
201. Virkar, A., Jue, J., Smith, P. et al., The role of ferroelasticity in toughening of brittle materials, (1991). Phase Transitions 35,(1): 27–46.
202. Virkar, A., Matsumoto, R., Ferroelastic Domain Switching as a Toughening Mechanism in Tetragonal Zirconia, (1986). Journal of the American Ceramic Society 69,(10): C-224-C-226.
203. Anteboth, S., Simulation des elektromechanischen Verhaltens von PZT mit realer Domänenstruktur. Dissertation, Universität Kassel, Kassel, (2007).

204. Whalen, P., Reidinger, F., Antrim, R., Prevention of Low-Temperature Surface Transformation by Surface Recrystallization in Yttria-Doped Tetragonal Zirconia, (1989). J American Ceramic Society 72,(2): 319–321.
205. Jue, J., Chen, J., Virkar, A., Low-Temperature Aging of t´-Zirconia, (1991). Journal of the American Ceramic Society 74,(8): 1811–1820.
206. Boulc'h, F., Schouler, M.-C., Donnadieu, P. et al., Domain size distribution of Y-TZP Nano-Particles using XRD and HRTEM, (2001). Image Anal Stereol 20,(3): 157.
207. Willmann, G., Die Farbe von Biokeramik, (2001). Biomedizinische Technik/Biomedical Engineering 46,(s1): 230–231.
208. Bärsch, N., Femtosekundenlaserbearbeitung tetragonalen Zirconiumdioxids zur Mikrostrukturierung und Erzeugung von Nanopartikeln. Dissertation, Ludwig Maximilians Universität, Göttingen, Göttingen, (2011).
209. Lara Wimmer, LP – Verschiedene Arten von Punktdefekten, (2014). https://lp.uni-goettingen.de/get/text/6752. Accessed 24 Apr 2019.
210. Costantini, J.-M., Beuneu, F., Thermal recovery of colour centres induced in cubic yttria-stabilized zirconia by charged particle irradiations, (2006). J. Phys.: Condens. Matter 18,(15): 3671.
211. Willmann, G., Ein Sterilisationsprozess kann die Eigenschaften von Biokeramik verändern, (2003). Materialwissenschaft und Werkstofftechnik 34,(2): 198–202.
212. Olawale DO, Okoli OOI, Fontenot RS et al. (eds), Triboluminescence: Theory, Synthesis, and Application, 1st ed. 2016. Springer International Publishing; Springer, Cham, (2016).
213. Wang, K., Ma, L., Xu, X. et al., Enhancement of Triboluminescence in the Presence of CO2 by Sliding between Silica and Yttria-Stabilized Zirconia, (2015). Langmuir 31,(30): 8224–8227.
214. DIN EN ISO 6872:2015-01, Zahnheilkunde_- Keramische Werkstoffe
215. DIN EN ISO 13356:2016-02, Chirurgische Implantate_- Keramische Werkstoffe aus yttriumstabilisiertem tetragonalem Zirkoniumoxid (Y-TZP) (ISO_13356:2015); Deutsche Fassung EN_ISO_13356:2015
216. Tosoh Corporation, Advanced Ceramics - Basic Grades - S Grades: TZ-3Y-E, TZ-3YB-E, Z-3YS-E, TZ-3YSB-E, TZ-3YSB-C. https://www.tosoh.com/our-products/advanced-materials/zirconia-powders. Accessed 13 Jul 2019.
217. DIN EN ISO 14801:2008, Zahnheilkunde_- Implantate_- Dynamische Belastungsprüfung für enossale Dentalimplantate (ISO_14801:2008)
218. DIN EN ISO 13383-1:2016-11, Hochleistungskeramik_- Mikrostrukturelle Charakterisierung_- Teil_1: Bestimmung der Korngröße und der Korngrößenverteilung (ISO_13383-1:2012); Deutsche Fassung EN_ISO_13383-1:2016
219. DIN EN ISO 4288:1998-04, Geometrische Produktspezifikation (GPS)_- Oberflächenbeschaffenheit: Tastschnittverfahren_- Regeln und Verfahren für die Beurteilung der Oberflächenbeschaffenheit (ISO_4288:1996); Deutsche Fassung EN_ISO_4288:1997

220. Nestler R, Grundlagen der Weißlichtinterferometrie. https://www.tu-ilmenau.de/gdv/forschung/projekte/3d-topographiemesstechnik-weisslichtinterferometrie/grundlagen-der-weisslichtinterferometrie/. Accessed 05 Aug 2019.
221. Schuth, M., Buerakov, W., Handbuch Optische Messtechnik: Praktische Anwendungen für Entwicklung, Versuch, Fertigung und Qualitätssicherung,Hanser eLibrary. Hanser, München, (2017).
222. Gauna, M., Conconi, M., Gómez, S. et al., Monoclinic - Tetragonal Zirconia quantification of commercial nanopowder mixtures by XRD and DTA, (2015). Ceramics-Silikáty vol. 59, no. 4
223. Toraya, H., Yoshimura, M., Somiya, S., Calibration curve for quantitative analysis of the Monoclinic-Tetragonal ZrO2 system by X-ray diffraction, (1984). J American Ceramic Society 67,(6): C-119-C-121.
224. Mendenhall, M., Henins, A., Hudson, L. et al., High-precision measurement of the X-ray Cu Kα spectrum, (2017). J Phys B At Mol Opt Phys 50,(11).
225. Ermrich, M., Opper, D., XRD for the analyst: Getting acquainted with the principles, 2nd revised edition. PANalytical, Almelo, (2013).
226. Spieß, L., Teichert, G., Schwarzer, R. et al., Moderne Röntgenbeugung: Röntgendiffraktometrie für Materialwissenschaftler, Physiker und Chemiker. 3., überarb. Aufl. Vieweg & Teubner, Wiesbaden, (2018).
227. Ma, Y., Kisi, E., Kennedy, S., Neutron diffraction study of ferroelasticity in a 3 mol% Y_2O_3–ZrO_2, (2001). J American Ceramic Society 84,(2): 399–405.
228. Rao, G., Sahu, H., XRD and UV-Vis diffuse reflectance analysis of CeO_2-ZrO_2 solid solutions synthesized by combustion method, (2001). Journal of Chemical Sciences 113,(5-6): 651–658.
229. Nils Langer, Bestimmung der Oberflächenenergie eines Festkörpers - DataPhysics Instruments. https://www.dataphysics-instruments.com/de/wissen/grenzflaechen-verstehen/festkoerper-oberflaechenenergie/. Accessed 03 Aug 2020.
230. Gebhardt, K., Grundlagen der physikalischen Chemie von Grenzflächen und Methoden zur Bestimmung grenzflächenenergetischer Probleme, 1st edn. FhG IGB, Stuttgart, (1982).
231. Krüss GmbH, DSA- Liquids (Surface Tension) Data Base. Krüss GmbH, (1999).
232. Ström, G., Fredriksson, M., Stenius, P., Contact angles, work of adhesion, and interfacial tensions at a dissolving hydrocarbon surface, (1987). Journal of colloid and interface science 119,(2): 352–361.
233. BioForceNanosciences, UV Ozone Cleaner - ProCleaner™ - BioForce Nanosciences, (2019). http://bioforcenano.com/product/uv-ozone-cleaner-procleaner/. Accessed 11 Aug 2019.
234. fisherscientific, Vilber Lourmat Biolink BLX UV Crosslinker: Rich robust UV crosslinker ideal for the removal of PCR contaminants.

https://www.fishersci.pt/shop/products/biolink-blx-uv-crosslinker-1/11840520. Accessed 11 Aug 2019.

235. Stahl, E., Keilig, L., Abdelgader, I. et al., Numerische Untersuchungen zum biomechanischen Verhalten verschiedener orthodontischer Ankerimplantate, (2009). Journal of Orofacial Orthopedics 70,(2): 115.
236. Ashman, R., van Buskirk, W., The elastic properties of a human mandible, (1987). Adv Dent Res 1,(1): 64–67.
237. Dechow, P., Nail, G., Schwartz-Dabney, C. et al., Elastic properties of human supraorbital and mandibular bone, (1993). American Journal of Physical Anthropology 90,(3): 291–306.
238. van Eijden, T., Biomechanics of the Mandible, (2000). Critical Reviews in Oral Biology & Medicine 11,(1): 123–136.
239. Wereszczak, A., Lara-Curzio, E., Tandon, R., Mechanical properties and performance of engineering ceramics and composites II: A collection of papers presented at the 30th International Conference on Advanced Ceramics and Composites, January 22-27, 2006, Cocoa Beach, Florida,Ceramic engineering and science proceedings, v. 27/2. Wiley, Hoboken, NJ, (2007).
240. Kosmač, T., Kocjan, A., Ageing of dental zirconia ceramics, (2012). Journal of the European Ceramic Society 32,(11): 2613–2622.
241. Paul, A., Vaidhyanathan, B., Binner, J., Hydrothermal Aging Behavior of Nanocrystalline Y-TZP Ceramics, (2011). J American Ceramic Society 94,(7): 2146–2152.
242. Kosmač, T., Andrzejczuk, M., Kurzydlowski, K., The Mechanical Properties and Hydrothermal Stability of Porous, Partially (Biscuit-) Sintered Y-TZP Ceramics, (2006). Mechanical Properties and Performance of Engineering Ceramics II: Ceramic Engineering and Science Proceedings 27: 83–92.
243. Gremillard, L., Epicier, T., Chevalier, J. et al., Microstructural study of silica-doped zirconia ceramics, (2000). Acta Materialia 48,(18): 4647–4652.
244. Ridder, M. de, Vervoort, A., van Welzenis, R. et al., The limiting factor for oxygen exchange at the surface of fuel cell electrolytes, (2003). Solid State Ionics 156,(3-4): 255–262.
245. Yeh, T.-H., Chou, C.-C., Lee, H.-Y., Compression-induced reversible phase transformation with a cubic-like structure in 3mol.% yttria-stabilized zirconia, (2009). Scripta Materialia 61,(10): 927–930.
246. Leach, C., Development of the secondary tetragonal phase in conventionally sintered yttria-TZP ceramics, (1987). J Mater Sci Lett 6,(3): 303–304.
247. Chevalier, J., Deville, S., Münch, E. et al., Critical effect of cubic phase on aging in 3mol% yttria-stabilized zirconia ceramics for hip replacement prosthesis, (2004). Biomaterials 25,(24): 5539–5545.

248. Bučevac, D., Kosmač, T., Kocjan, A., The influence of yttrium-segregation-dependent phase partitioning and residual stresses on the aging and fracture behaviour of 3Y-TZP ceramics, (2017). Acta Biomaterialia 62: 306–316.
249. Binner, J., Vaidhyanathan, B., Paul, A. et al., Compositional Effects in Nanostructured Yttria Partially Stabilized Zirconia, (2011). International Journal of Applied Ceramic Technology 8,(4): 766–782.
250. Cattani-Lorente, M., Scherrer, S., Ammann, P. et al., Low temperature degradation of a Y-TZP dental ceramic, (2011). Acta Biomaterialia 7,(2): 858–865.
251. Dehestani, M., Adolfsson, E., Phase Stability and Mechanical Properties of Zirconia and Zirconia Composites, (2013). International Journal of Applied Ceramic Technology 10,(1): 129–141.
252. Keuper, M., Berthold, C., Nickel, K., Long-time aging in 3mol.% yttria-stabilized tetragonal zirconia polycrystals at human body temperature, (2014). Acta Biomaterialia 10,(2): 951–959.
253. Hallmann, L., Mehl, A., Ulmer, Peter et al., The influence of grain size on low-temperature degradation of dental zirconia, (2012). J Biomed Mater Res Part B Appl Biomater 100,(2): 447–456.
254. Chiang, Y.-M., Birnie, D., Kingery, W., Physical ceramics: Principles for ceramics science and engineering,MIT series in materials science & engineering. Wiley, New York NY u.a., (1997).
255. Kushima, A., Yildiz, B., Oxygen ion diffusivity in strained yttria stabilized zirconia: where is the fastest strain?, (2010). J. Mater. Chem. 20,(23): 4809.
256. Wagner, K., Beanspruchungsangepasste Kaltmassivumformwerkzeuge durch lokal optimierte Werkzeugoberflächen,Fertigungstechnik Erlangen, vol 224. Meisenbach, Bamberg, (2012).
257. Metalor GmbH AU, Datenblatt Ti-Grade 4. http://www.metalcor.de/datenblatt/124/. Accessed 21 Jul 2019.
258. Pettijohn, F., Potter, P., Siever, R., Sand and sandstone. Springer Science & Business Media, (2012).
259. Becker, F.-M., Formeln und Tabellen für die Sekundarstufen I und II, 1. Aufl., 14. Dr. Duden-Paetec-Schulbuchverl., Berlin, (2013).
260. Heilemann, N., Einfluss der Oberflächenmodifizierung auf Struktur- und Eigenschaftsänderung von Y-TZP Keramik. Masterarbeit, Hochschule Osnabrück, Osnabrück, (2013).
261. Özcan, M., Melo, Renata M., Souza, Rodrigo O.A. et al., Effect of air-particle abrasion protocols on the biaxial flexural strength, surface characteristics and phase transformation of zirconia after cyclic loading, (2013). Journal of the Mechanical Behavior of Biomedical Materials 20: 19–28.
262. Monaco, C., Tucci, A., Esposito, L. et al., Microstructural changes produced by abrading Y-TZP in presintered and sintered conditions, (2013). J Dent 41,(2): 121–126.

263. Tuncel, I., Turp, I., Usumez, A., Bond strength of short-pulsed laser-irradiated zirconia to veneer ceramic, (2015). Journal of Adhesion Science and Technology 29,(12): 1190–1199.
264. Fonseca, R., Oliveira Abi-Rached, F. de, Reis, José Mauricio dos Santos Nunes et al., Effect of particle size on the flexural strength and phase transformation of an airborne-particle abraded yttria-stabilized tetragonal zirconia polycrystal ceramic, (2013). J Prosthet Dent 110,(6): 510–514.
265. Passos, S., Linke, B., Major, P. et al., The effect of air-abrasion and heat treatment on the fracture behavior of Y-TZP, (2015). Dental Materials 31,(9): 1011–1021.
266. Shimoe, S., Tanque, N., Kusano, K. et al., Influence of air-abrasion and subsequent heat treatment on bonding between zirconia framework material and indirect composites, (2012). Dent. Mater. J. 31,(5): 751–757.
267. Aboushelib, M., Wang, H., Influence of crystal structure on debonding failure of zirconia veneered restorations, (2013). Dental Materials 29,(7): e97-e102.
268. Hallmann, L., Ulmer, Peter, Reusser, Eric et al., Effect of blasting pressure, abrasive particle size and grade on phase transformation and morphological change of dental zirconia surface, (2012). Surface and Coatings Technology 206,(19): 4293–4302.
269. Darvell, B., Samman, N., Luk, W. et al., Contamination of titanium castings by aluminium oxide blasting, (1995). J Dent 23,(5): 319–322.
270. Böhler, M., Kanz, F., Schwarz, B. et al., Adverse tissue reactions to wear particles from Co-alloy articulations, increased by alumina-blasting particle contamination from cementless Ti-based total hip implants: a report of seven revisions with early failure, (2002). The Journal of bone and joint surgery. British volume 84,(1): 128–136.
271. Gensior, T., Erli, H., Entfernung von Al_2O_3-Restpartikeln von der Oberfläche korundgestrahlter Titanimplantate durch die ALFREDS-Oberflächenbehandlung: Effekt auf die Biokompatibilität, Osteointegration und Scherhaftfestigkeit in-vivo. Dissertation, Rheinisch-Westfälischen Technischen Hochschule, Aachen, (2010).
272. Zhu, H., Xu, Z., Tetragonal domain switching via reversible t<--> m phase transformation, (1996). Journal of Materials Science & Technology(China)(USA) 12,(4): 255–260.
273. Kobayashi, M., Matsui, T., Murakami, Y., Mechanism of creation of compressive residual stress by shot peening, (1998). International Journal of Fatigue 20,(5): 351–357.
274. Gahlert, M., Burtscher, D., Grunert, I. et al., Failure analysis of fractured dental zirconia implants, (2012). Clin Oral Implants Res 23,(3): 287–293.
275. Grünler B (ed), Oberflächentechnik für die Praxis: 9. Thementage Grenz- und Oberflächentage und 9. Thüringer Biomaterial-Kolloquium ; Plenarvorträge, Kurzvorträge, Posterzusammenfassungen ; Zeulenroda, 03./05. September 2013. Rost, J. Biomechanische Untersuchungen zur Belastungssituation und Geweberegeneration im humanen Kiefer in Abhängigkeit von Design und Position dentaler Implantate. INNOVENT e.V, Jena, (2013).

276. Korioth, T., Romilly, D., Hannam, A., Three-dimensional finite element stress analysis of the dentate human mandible, (1992). American Journal of Physical Anthropology 88,(1): 69–96.
277. Karl, M., Kelly, J., Influence of loading frequency on implant failure under cyclic fatigue conditions, (2009). Dental Materials 25,(11): 1426–1432.
278. Gillings, B., Graham, C., Duckmanton, N., Jaw movements' in young adult men during chewing, (1973). J Prosthet Dent 29,(6): 616–627.
279. Hiiemae, K., Heath, M., Heath, G. et al., Natural bites, food consistency and feeding behaviour in man, (1996). Archives of Oral Biology 41,(2): 175–189.
280. Menezes, H., Naves, M., Costa, H. et al., Effect of Surgical Installation of Dental Implants on Surface Topography and Its Influence on Osteoblast Proliferation, (2018). Int J Dent 2018
281. Soltanzadeh, P., Ghassemi, A., Ishijima, M. et al., Success rate and strength of osseointegration of immediately loaded UV-photofunctionalized implants in a rat model, (2017). J Prosthet Dent 118,(3): 357–362.
282. Canullo, L., Genova, T., Tallarico, M. et al., Plasma of Argon Affects the Earliest Biological Response of Different Implant Surfaces: An In Vitro Comparative Study, (2016). Journal of Dental Research 95,(5): 566–573.
283. Watanabe, H., Saito, K., Kokubun, K. et al., Change in surface properties of zirconia and initial attachment of osteoblastlike cells with hydrophilic treatment, (2012). Dental Materials Journal 31,(5): 806–814.
284. Kletschkus, K., Emission von ultravioletter Strahlung von 168 nm bis 275 nm (UVC) und Bildung von Stickoxiden bei der Verwendung eines Gerätes zur Erzeugung kalten physikalischen Plasmas. Dissertation, Universitätsmedizin der Universität Greifswald, Greifswald, (2020).
285. Henningsen, A., Smeets, R., Heuberger, R. et al., Changes in surface characteristics of titanium and zirconia after surface treatment with ultraviolet light or non-thermal plasma, (2018). European journal of oral sciences 126,(2): 126–134.
286. Choi, S.-H., Jeong, W.-S., Cha, J.-Y. et al., Effect of the ultraviolet light treatment and storage methods on the biological activity of a titanium implant surface, (2017). Dental Materials 33,(12): 1426–1435.
287. Rapp, C., Atmosphärische Plasmabeschichtung von orthopädischen Implantaten. Dissertation, Technische Universität München, (2017).
288. Schakenraad, J., Busscher, H., Wildevuur, C. et al., Thermodynamic aspects of cell spreading on solid substrata, (1988). Cell biophysics 13,(1): 75–91.
289. Liefeith, K., Säuberlich, S., Frant, M. et al., Charakterisierung der Eigenschaften unterschiedlich modifizierter Titanoberflächen für die zahnärztliche Implantologie-Teil 1: Oberflächenanalytische Verfahren-Characterization of the Properties of Variously Modified Titanium Surfaces for Dental Implants-Part 1: Methods of Surface Analysis, (1998). Biomedizinische Technik/Biomedical Engineering 43,(11): 330–335.

290. Säuberlich, S., Liefeith, K., Frant, M. et al., Charakterisierung der Eigenschaften unterschiedlich modifizierter Titanoberflächen für die zahnärztliche Implantologie-Teil 2: In-vitro-Biokompatibilitätsuntersuchungen-Characterization of the Properties of Various Modified Titanium Surfaces for Dental Implantology-Part 2: In Vitro Biocompatibility Tests, (1998). Biomedizinische Technik/Biomedical Engineering 43,(12): 360–366.
291. Pegueroles, M., Aparicio, C., Bosio, M. et al., Spatial organization of osteoblast fibronectin matrix on titanium surfaces: effects of roughness, chemical heterogeneity and surface energy, (2010). Acta Biomaterialia 6,(1): 291–301.
292. Linez-Bataillon, P., Monchau, F., Bigerelle, M. et al., In vitro MC3T3 osteoblast adhesion with respect to surface roughness of Ti_6Al_4V substrates, (2002). Biomolecular engineering 19,(2-6): 133–141.
293. Lankford, J., Page, R., Rabenberg, L., Deformation mechanisms in yttria-stabilized zirconia, (1988). J Mater Sci 23,(11): 4144–4156.
294. Edalati, K., Toh, S., Ikoma, Y. et al., Plastic deformation and allotropic phase transformations in zirconia ceramics during high-pressure torsion, (2011). Scripta Materialia 65,(11): 974–977.
295. Moon, W.-J., Ito, T., Uchimura, S. et al., Toughening of ceramics by dislocation sub-boundaries, (2004). Materials Science and Engineering: A 387-389: 837–839.
296. Chemie.de, Max-Planck-Forscher gelingt plastische Verformung bruchempfindlicher Keramik: Konsequenzen für technische Anwendung von Keramiken. http://www.chemie.de/news/4188/. Accessed 08 Aug 2019.
297. Brunner, D., Taeri-Baghbadrani, S., Sigle, W. et al., Surprising results of a study on the plasticity in strontium titanate, (2001). J American Ceramic Society 84,(5): 1161–1163.
298. Swain, M., Hannink, R., Metastability of the martensitic transformation in a 12 mol% ceria-zirconia alloy: II, grinding studies, (1989). J American Ceramic Society 72,(8): 1358–1364.
299. Nakayama, K., Yagasaki, F., The temperature of triboplasma, (2018). Tribology Letters 66,(1): 10.
300. Nakayama, K., Triboplasma generation and triboluminescence in the inside and the front outside of the sliding contact, (2016). Tribology Letters 63,(1): 12.
301. Nakayama, K., Nevshupa, R., Characteristics and Pattern of Plasma Generated at Sliding Contact, (2003). Journal of Tribology 125,(4): 780–787.
302. Yan, J., Okuuchi, T., Chip morphology and surface integrity in ultraprecision cutting of yttria-stabilized tetragonal zirconia polycrystal, (2019). CIRP Annals 68,(1): 53–56.
303. Kim, T.-H., Ryu, B.-H., Lee, I.-J., Proton-Beam Induced Modifications in the Structural and Optical Properties of YSZ, (2011). Bulletin of the Korean Chemical Society 32,(11): 4121–4124.

304. Halder, R., Sengupta, P., Sudarsan, V. et al., Photoluminescence study on irradiated yttria stabilized zirconia, (2015). Journal of Nuclear Materials 456: 359–368.
305. Costantini, J.-M., Beuneu, F., Gourier, D. et al., Colour centre production in yttria-stabilized zirconia by swift charged particle irradiations, (2004). J. Phys.: Condens. Matter 16,(23): 3957.
306. Rupert, T., Gianola, D., Gan, Y. et al., Experimental observations of stress-driven grain boundary migration, (2009). Science 326,(5960): 1686–1690.
307. Seydel, J., Nanokristallines Zirkondioxid für Hochtemperatur-Brennstoffzellen. Dissertation, Technische Universität, Darmstadt, (2003).
308. Paje, S., Llopis, J., Luminescence of polycrystalline cubic and tetragonal yttria-stabilized zirconia, (1994). Journal of Physics and Chemistry of Solids 55,(8): 671–676.
309. Matsui, M., Soma, T., Oda, I., Stress-Induced Transformation and Plastic Deformation for Y_2O_3-Containing Tetragonal Zirconia Polycrystals, (1986). J American Ceramic Society 69,(3): 198–202.
310. Garcia-Barriocanal, J., Rivera-Calzada, A., Varela, M. et al., Colossal ionic conductivity at interfaces of epitaxial ZrO2:Y2O3/SrTiO3 heterostructures, (2008). Science 321,(5889): 676–680.
311. Kushima, A., Yildiz, B., Role of lattice strain and defect chemistry on the oxygen vacancy migration at the (8.3% Y2O3-ZrO2)/SrTiO3 hetero-interface: A first principles study, (2009). ECS Transactions 25,(2): 1599.
312. Krishnamurthy, R., Yoon, Y.-G., Srolovitz, D. et al., Oxygen diffusion in yttria-stabilized zirconia: a new simulation model, (2004). J American Ceramic Society 87,(10): 1821–1830.
313. Otsuka, K., Matsunaga, K., Nakamura, A. et al., Effects of Dislocations on the Oxygen Ionic Conduction in Yttria Stabilized Zirconia, (2004). Mater. Trans. 45,(7): 2042–2047.
314. Gütlich, E., Abbildungseigenschaften von Szintillatoren für Schwerionenstrahlen und diesbezügliche Modellrechnungen. Dissertation, Technische Universität, (2011).
315. Marrocchelli, D., Madden, P., Norberg, S. et al., Structural Disorder in Doped Zirconias, Part II: Vacancy Ordering Effects and the Conductivity Maximum, (2011). Chem. Mater. 23,(6): 1365–1373.
316. Thajudheen, T., Dixon, A., Gardonio, S. et al., Oxygen Vacancy-Related Cathodoluminescence Quenching and Polarons in CeO_2, (2020). J Phys Chem C Nanomater Interfaces 124,(37): 19929–19936.
317. Grabowski, G., Lach, R., Pędzich, Z. et al., Anisotropy of thermal expansion of 3Y-TZP, α-Al_2O_3 and composites from 3Y-TZP/α-Al_2O_3 system, (2018). Archives of Civil and Mechanical Engineering 18,(1): 188–197.
318. Kleinehakenkamp, K., Erschließung neuer Funktionalitäten nanokristalliner Oxidkeramiken. Dissertation, Karlsruher Institut für Technologie, Karlsruhe, (2012).

319. Shukla, S., Seal, S., Vij, R. et al., Reduced Activation Energy for Grain Growth in Nanocrystalline Yttria-Stabilized Zirconia, (2003). Nano Lett. 3,(3): 397–401.
320. Kilner, J., Ionic conductors: feel the strain, (2008). Nat Mater 7,(11): 838–839.
321. Harrington, G., Cavallaro, A., McComb, D. et al., The effects of lattice strain, dislocations, and microstructure on the transport properties of YSZ films, (2017). Phys Chem Chem Phys 19,(22): 14319–14336.
322. Inokoshi, M., Shimizu, H., Nozaki, K. et al., Crystallographic and morphological analysis of sandblasted highly translucent dental zirconia, (2018). Dental Materials 34,(3): 508–518.
323. Lung, C., Liu, D., Matinlinna, J., Silica coating of zirconia by silicon nitride hydrolysis on adhesion promotion of resin to zirconia, (2015). Materials Science and Engineering: C 46: 103–110.
324. Kypraiou, V., Pelekanos, S., Eliades, G., Identification of monoclinic phase in CAD/CAM zirconia FPD frameworks, (2012). Eur J Esthet Dent 7,(4): 418–429.
325. Inoue, H., Taki, M., Inakazu, N., Texture formation in the surfaces of ground tetragonal zirconia polycrystals, (1991). Texture, Stress, and Microstructure 14: 409–414.
326. Strickstrock M, Liefeith K, Rädlein E et al., (2017), Verfahren zur Oberflächenmodifizierung eines aus einer Zirkoniumdioxid-Keramik bestehenden dentalen Implantatkörpers: Patent,(DE 10 2017 108 815 A1).
327. Kim, J., Koh, H., Lee, W. et al., Quasi-dynamic visualization of crack propagation and wake evolution in Y-TZP ceramic by mechano-luminescence, (2008). Metals and Materials International 14,(2): 165–169.

Anhang

A. Abkürzungen und Symbole

Abkürzungen

AK	Antikörper
Al_2O_3	Aluminiumoxid
ALP	Alkalische Phosphatase
Ar	Argon
as-fired	aus dem Ofen – unbearbeitete Oberfläche
BIC	Bone-Implant-Contact
c	kubisch
cip	cold isostatic pressing – kaltisostatisches Pressen
CLSM	konfokale Laserscanning Mikroskopie
CNC	Computerized Numerical Control – abgedrehte Prüfkörperoberfläche
DOMe	Dreidimensionale Oberflächenmodelle
ECM	extrazelluläre Matrix
EHT	Beschleunigungsspannung
FDS	ferroelastic domain switch – ferroelastische Domänenumkehr
FSZ	fully stabilized zirconia
FWHM	Full Width at Half Maximum – Halbwertsbreite
GI	Grazing Incidence
HDMS	Hexamethyldislizan
HIP/ hip	Heißisostatisches Pressen / heißisostatisch gepresst
HLS	Buckel der linken Schulter – hump of the left shoulder, Hump of the left shoulder – linksseitige Reflexaufweitung der tetragonalen Reflexe im Beugungsdiagramm
h_{Rt}	Nettohöhe des entsprechenden Reflexes
HT	Hochtemperatur
Hump	Aufweitung der linken Flanke der tetragonalen Beugungsreflexe
HV	Vickershärte
Im	integrale Intensität des entsprechenden monoklinen Reflexes
iso	isostatisches Pressen
Iprobe	Sondenstrom
K	Korrelationskoeffizient
LTD	Low temperature degradation – Niedertemperaturdegradation – hydrothermale Alterung
MK	mittlere Korngröße – mittlerer Korndurchmesser

NaCl	Natriumchlorid
N/A	nicht angegeben
NIR	near infrared - Nahinfrarot
Occ	Besetzungsfaktor
OF	Oberfläche
OK	Oberkiefer
PBS	Phosphat buffered saline
PDF file	powder diffraction file
PFA	Paraformaldehyd
PMMA	Polymethylmethacrylat
PSZ	partially stabilized zirconia
RE	Rückstreuelektronenkontrast Materialkontrast
reg	regeneriert / getempert
REM	Rasterelektronenmikroskop
RIU	Reflex-Intensitätsumkehr
rpm	rounds per minutes - Rotationsgeschwindigkeit
RT	Raumtemperatur
SD	Standardabweichung
SE	Sekundärelektronenkontrast bzw. Topographiekontrast
SFE	Surface Free Energy - Oberflächenenergie
SLA	sandblasted large grit acid etched
SP	Shot Peening – Festigkeitsstrahlen
TCPS	Tissue Culture Polystyrol
t	tetragonal
t'	tetragonale Phase mit höherem Y_2O_3 - Anteil
t''	tetragonale Phase mit höherem Y_2O_3 - Anteil pseudokubisch
t→m	tetragonal zu monoklin
t→r	tetragonal zu rhomboedrisch
TEM	Transmissionselektronenmikroskop
Ti	Titan
T_{HIP}	Temperatur während des „HIP“ Vorgangs
T_S	Sintertemperatur
TTC	Transformation Toughened Ceramics - schlagzähigkeitsverstärkte Keramiken
T_{VS}	Vorsintertemperatur /Entbinderungstemperatur
uni	uniaxiales Pressen
UV	Ultraviolettstrahlung
Vis	visible - sichtbar
V_m	Volumenanteil der monoklinen Phase
WBF	Weibullfestigkeit
WBM	Weibullmodul

WD	Working Distance – Arbeitsabstand
XRD	X-Ray Diffraction – Röntgenbeugung
Y_2O_3	Yttriumoxid
YSZ	Yttria stabilised Zirconia – Yttriumoxid stabilisiertes ZrO_2
Y-TZP	tetragonal zirconia polycrystals – polykristallines, tetragonales ZrO_2
ZrO_2	Zirkoniumdioxid

Lateinische Symbole

a,b,c	Gitterkonstanten
a_f	kritische Fehlergröße
b	Prüfkörperdicke Festigkeitsprüfung
d	Netzebenenabstand
d_0	Netzebenenabstand unbelastet
E	E-Modul
E_A	Aktivierungsenergie
F	Versagenslast
Fm	mittlere Versagenslast (N)
$FWHM_A$	Halbwertsbreite des t(101), gemessen an einer as-fired OF
$FWHM_{max}$	maximale Halbwertsbreite des t(101) innerhalb des Versuchs
$FWHM_{min}$	minimale Halbwertbreite des t(101) innerhalb des Versuchs
$FWHM_{MP}$	Halbwertsbreite des t(101) zum Messzeitpunkt
I_t	integrale Intensität des entsprechenden tetragonalen Reflexes
K_{IC}	kritische Risszähigkeit
l	Mittenabstand zwischen den äußeren Auflagerrollen (mm) - Vierpunktbiegung
m	Steigung ermittelt aus der linearen Regression
M	Biegemoment [Nmm]
m_s	Masse Strahlmittelkorn
N	Anzahl der Prüfkörper je Serie/Prüfung
O_O^X	O^{2-} auf eigenem Gitterplatz
P	die beim Bruch gemessene Maximalkraft (N)
p	Signifikanzwert
r_1	Unterstützungskreis bei der biaxialen Biegeprüfung

r_2	Radius des Stempels bei der biaxialen Biegeprüfung
r_3	Prüfkörperradius bei der biaxialen Biegeprüfung
R_a	arithmetische Mittelwert der Rauheit
R_{max}	maximale Rautiefe
R_z	gemittelte Rautiefe
s_1	röntgenographische Elastizitätskonstante
S_{10z}	zehn-Punkte-Höhe
$1/2\ s_2$	röntgenographische Elastizitätskonstante
S_a	arithmetische Mittelwert der Höhe der Oberfläche
S_{dr}-Wert	Flächenmehrwert
v	Geschwindigkeit
V_o^{**}	Leerstelle im O^{2-} Gitter
w	Breite des Prüfkörpers
Y'^{Zr}	Y^{3+}-Ion auf einem Zr^{4+} Platz
X_m	Intensitätsverhältnis / monokliner Anteil
ΔG	Änderung der freien Enthalpie
ΔG_C	Änderung der chemischen freien Enthalpie
$\Delta G_{t\rightarrow m}$	Änderung der freien Enthalpie der t→m Umwandlung
ΔU_S	Energieänderung durch Grenzflächenbildung
ΔU_{SE}	Energieänderung durch mechanische Spannung

Griechische Symbole

ν	Poisson-Zahl
α	Signifikanzniveau
β	Winkel in der monoklinen Zelle
$K-\alpha$	charakteristische Röntgenstrahlung L→K
σ_L	Oberflächenspannung
σ_L^d	Oberflächenspannung disperser Anteil
σ_L^p	Oberflächenspannung polarer Anteil
ε	Gitterdehnung
θ	allgemein Beugungswinkel Röntgenstrahlung
θ_C	Kontaktwinkel

θ_{CB}	Kontaktwinkel nach Cassie Baxter
λc	Grenzwellenlänge
σ_{11}	Normalspannung
σ_{22}	Normalspannung
σ_{B}	Biegefestigkeit
σ_{f}	Bruchspannung
σ_{LG}	Grenzflächenenergie Flüssigkeit-Gas
σ_{SG}	Grenzflächenenergie Festkörper-Gas
σ_{SL}	Grenzflächenenergie Festkörper-Flüssigkeit
σ_{Z}	biaxiale Festigkeit
φ	Azimutwinkel, Rotationswinkel
φ_{ff}	Kontaktfläche zwischen fest und flüssig
Ψ	Polwinkel, Kippwinkel

B. Übersicht der Prüfserien

Bezeichnung	Variation	Seite	Zweck	Untersuchungen
Modifizierung der Material und Verfahrensparameter				
MS5 MS7	Werkzeuge zur Formgebung	- 78 -	Prüfung Werkzeugeinfluss	Festigkeitsprüfung, Profilometrie, REM
TZ-3YSB-E TZ-3YB-E (MS13)	Granulat	- 78 -	Materialeinfluss	Festigkeitsprüfung, Dichtemessung, Gefügeanalyse
1.295 °C 1.315 °C 1.335 °C 1.355 °C 1.375 °C (MS24)	T_s zu HIP T	- 79 -	Sinteroptimierung am neuen Material	Festigkeitsprüfung, Gefügeanalyse, Dichtebestimmung
MS1 MS25	T_s, Granulat und Prozess	- 80 -	Erfolg der Optimierung Materialverhalten von Ausgangs- und Endzustand im Vergleich	Festigkeitsprüfung, Bruchflächenanalyse Gefügeanalyse
Oberflächenmodifizierung - Feinstrahlung zur Oberflächenaufrauung				
MS7 MS8 MS9	Variation des Stahlmaterials	- 81 -	Parameteroptimierung Abrasive Oberflächenstrahlung im Weißzustand	Festigkeitsprüfung, Profilometrie
Oberflächenmodifizierung - Abrasive Korundstrahlung				
MS-U C-ISO	Proben aus uniaxialer und kaltisostatischer Verdichtung bei 1.450 °C und 1.530 °C gesintert	- 82 -	Erarbeitung von Grenzparametern und Materialverhalten unter abrasiver Korundstrahlung im gesinterten Zustand	Festigkeitsprüfung, Profilometrie, Gefügeanalyse, Diffraktometrie
Oberflächenmodifizierung – Festigkeitsstrahlung (SP)				
poliert, 3bar, 5bar 1-SB-E 2-SB-E 1-B-E 2-B-E 3-B-E	Granulat, Verdichtung, T_s Oberfläche und Strahleinstellungen	- 84 -	Erarbeitung von Grenzparametern und Materialverhalten zum „Festigkeitsstrahlen"	Festigkeitsprüfung, Profilometrie, Diffraktometrie
Oberflächenmodifizierung – Physikochemische Behandlung				
UV UV-Ozon Ar-Plasma	Benennung entsprechend der Behandlung	- 72 -	Erarbeitung der physikochemischen Behandlung und Auswirkung auf unterschiedliche Oberflächen	Kontaktwinkelmessungen, Lagerungsversuche

Oberflächenmodifizierung – Hydrothermale Alterung				
MS-U MS3 MS16 MS25 C-ISO	Verschiedene Entwicklungszustände Granulat, Verdichtung, T_s Oberfläche	- 87 -	Charakterisierung des Alterungsverhaltens verschiedener Materialien und Oberflächenzustände	Gefügeanalyse, Diffraktometrie, Rasterelektronenmikrokopie, Festigkeitsanalyse
Produktprüfungen – Dynamische Prüfung am Endprodukt				
MSI_1a MSI_1b MSI_3a MSI_3b MSI_4a MSI_4b	Granulat, Implantattyp, Prüfdesign, Oberfläche	- 90 -	Evaluation der dynamischen Festigkeit unterschiedlicher Implantattypen auch nach SP und variiertem Prüfaufbau	Dynamische Implantatprüfung im Worst-Case Fall und unter Kippwinkelvariation
Produktprüfungen – Zellbiologie				
ZM1– ZrO_2 rau ZM2– ZrO_2 rau+SP ZM3– ZrO_2 rau + Plasma ZM4 – ZrO_2 poliert ZM5 - Ti SLA	Oberflächenmodifizierungen mechanisch und physikochemisch	- 91 -	Prüfung der Auswirkung der Materialoptimierung und Oberflächenmodifizierung im zellbiologischen Versuch	Zytotoxizität, Initialadhäsion, Proliferation, Morphologie
Produktprüfungen – vertiefende Untersuchungen zur Oberflächencharakterisierung				
MS1 MS-U MS25 C-ISO	Phasenanalyse an Material mit unterschiedlicher T_s	s.o.	Ursache von unterschiedlichem Umwandlungsverhalten	Diffraktometrie, Rietveldanalyse
HT3_7, 8 HT3_g HT3_a HT3_ga	Optimiertes Material SP und LTD	- 93 -	Charakterisierung der SP-Oberflächenschicht	HT-XRD GI-XRD REM (OF)
poliert SP SP&Reg	Optimiertes Material SP Und regeneriert	- 94 -	Charakterisierung der SP-Oberflächenschicht	UV-Vis Spektroskopie

C. Weitere Abbildungen und Tabellen

a) Startmodelle für die Rietveldverfeinerung:

Tabelle 34: Übersicht über die Parameter für die Startmodelle für die Rietveldverfeinerung

	t P42/nmcS	t'	m P121/c1	c Fm-3m
		Gitterparameter		
a [Å]	3,605	3,624	5,15	5,138
min	3,585	3,620	5,13	5,120
max	3,625	3,625	5,17	5,150
b [Å]			5,20	
min			5,15	
max			5,22	
c [Å]	5,17	5,153	5,32	
min	5,00	5,150	5,30	
max	5,35	5,160	5,35	
ß [°]			98,9	
min			98,8	
max			99,4	
		Besetzungsfaktor (Occ)		
Occ Zr4+	0,94	=t	1	0,8
Occ Y3+	0,06	=t		0,2
Occ O2-	0,97	=t	1	0,95

Tabelle 35: Übersicht über die Parameter für die Startmodelle für die Rietveldverfeinerung. Für die Nachbildung des „Humps" wird eine modifizierte tetragonale, kubische und rhomboedrische Phase verwendet

	„t-Hump" P42/nmcS	„c-Hump" Fm-3m	„r-Hump" R-3r
		Gitterparameter	
a [Å]	3,658	5,1768	3,6802
c [Å]	5,188		
a [°]			59,472
		Besetzungsfaktor (Occ)	
Occ Zr^{4+}	0,86	0,8	1,00
Occ Y^{3+}	0,14	0,2	
Occ O^{2-}	0,93	0,95	1,00

b) Sinterprozesseinfluss: Gefügeanalyse Kapitel 5.1.3

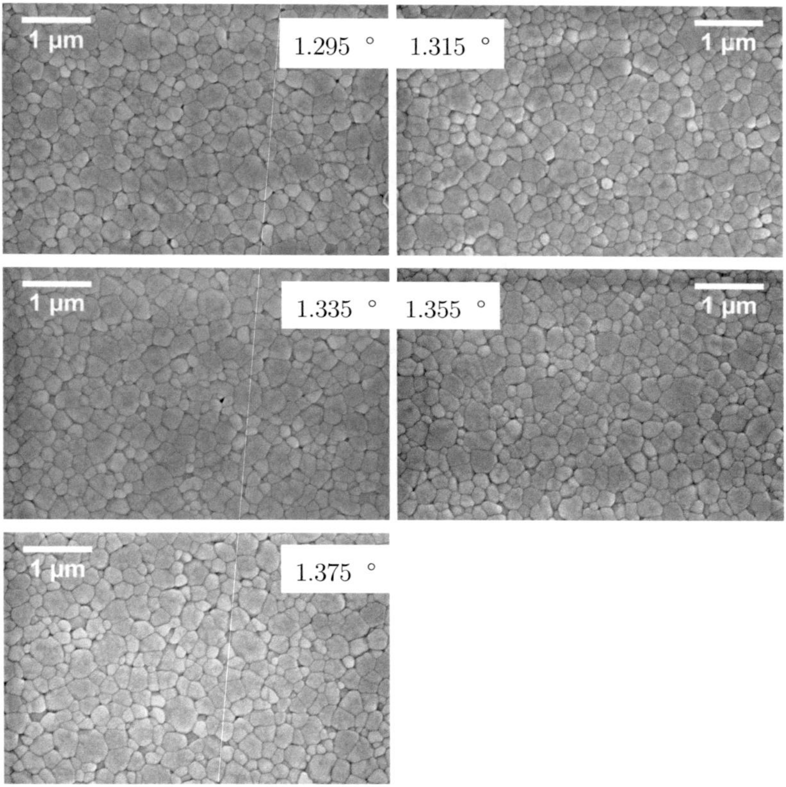

Abb. 114: Übersicht der rastelektronenmikroskopischen Gefüge-Aufnahmen, die bei unterschiedlichen Temperaturen gesintert und gehipt wurden. Aufnahme bei 20.000 x Vergrößerung. (Gerät: Auriga)

c) Topographische Charakterisierung: 5.3.2.1

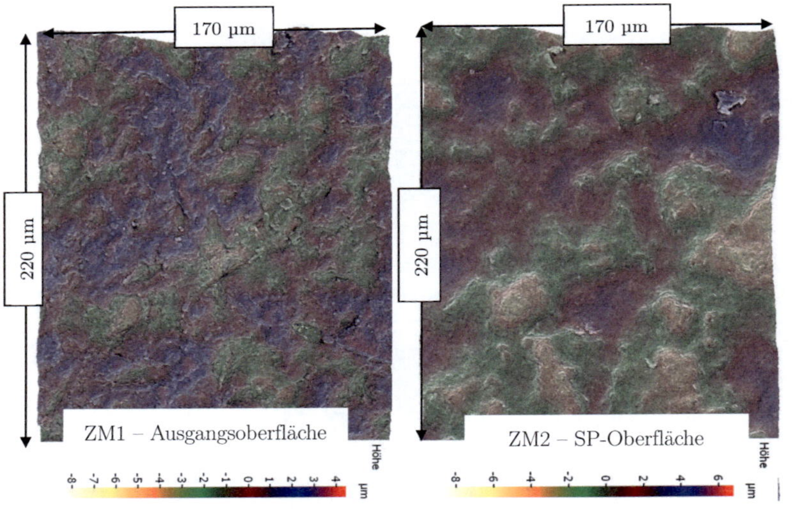

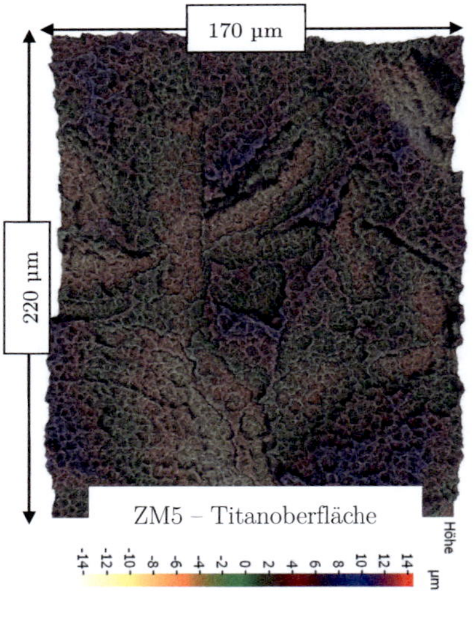

Vergrößerung: 500x

Laterales Messfeld: 229x172 µm²

Auflösung: 223 nm/ Pixel

Abb. 115: Gegenüberstellung einer exemplarischen Auswahl für DOMe der verschiedenen Oberflächen für die Zellbiologie, Vergrößerung: 500x

Vergrößerung: 250x

Laterales Messfeld: 458x344 µm²

Auflösung: 448 nm/ Pixel

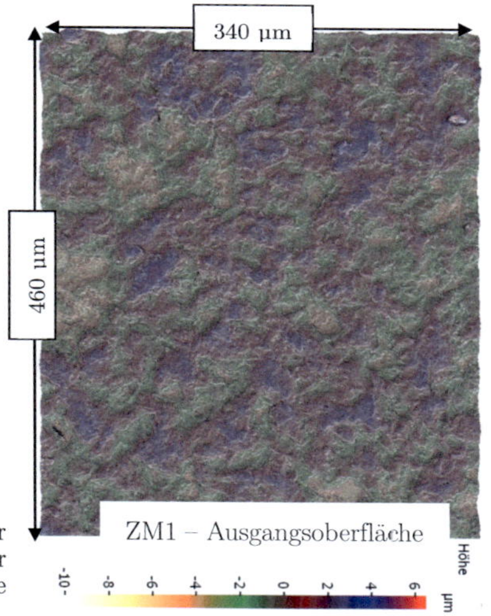

Abb. 116: Gegenüberstellung einer exemplarischen Auswahl für DOMe der verschiedenen Oberflächen für die Zellbiologie, Vergrößerung: 250x

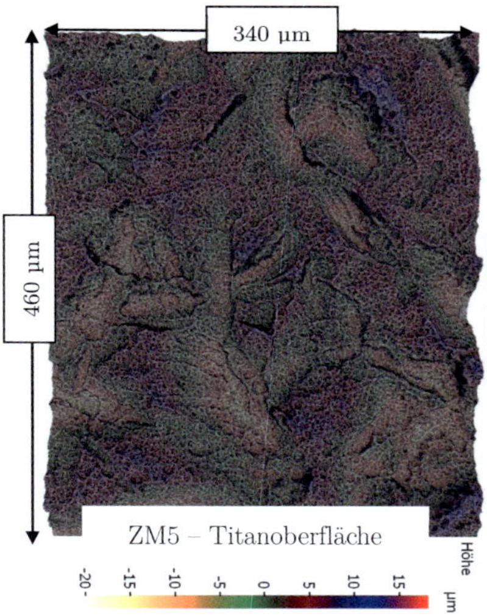

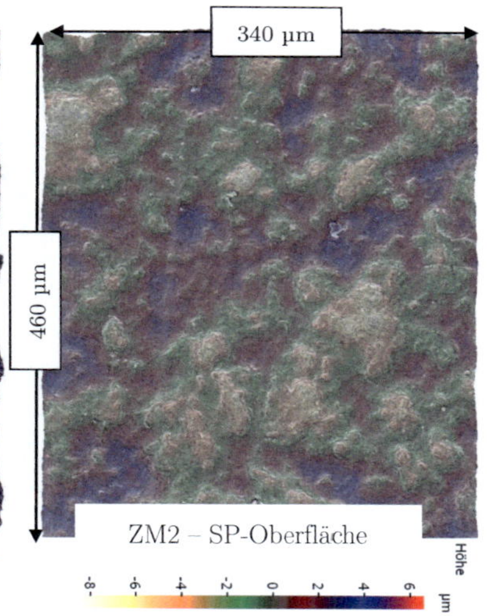

d) Grenzflächen und zellbiologische Charakterisierung: 5.3.2.3

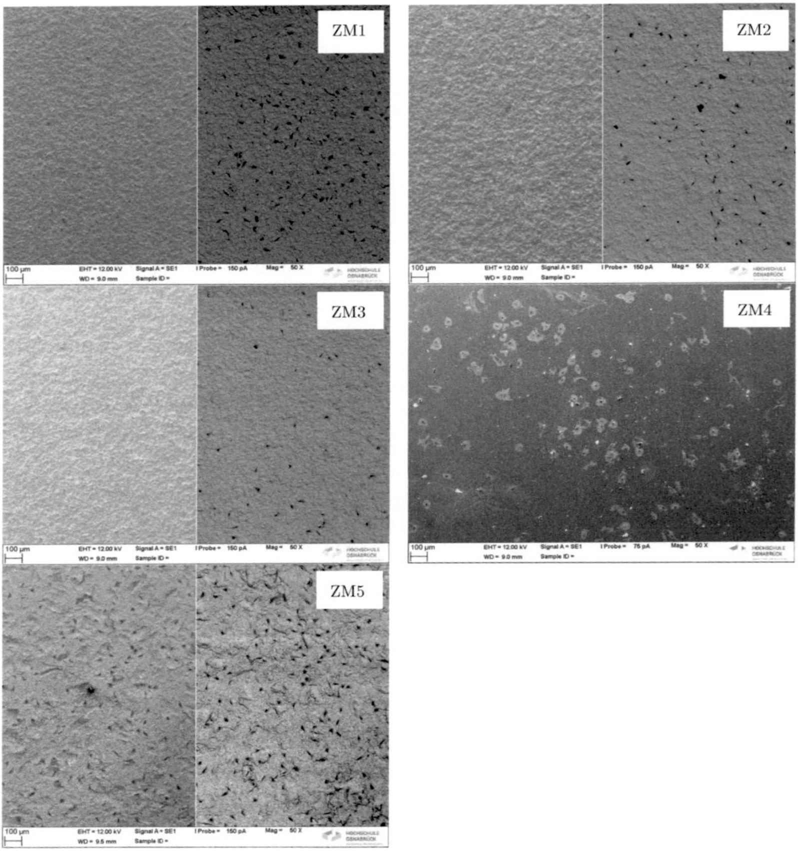

Abb. 117: Übersicht der rasterelektronenmikroskopischen Übersichts-Aufnahmen (Teilbilder je Probe links SE-Kontrast: rechts RE-Kontrast, Zellen sind schwarz) der Oberflächen unterschiedlicher Topographie nach 20 min Inkubationszeit. Maßstabsbalken 100 µm

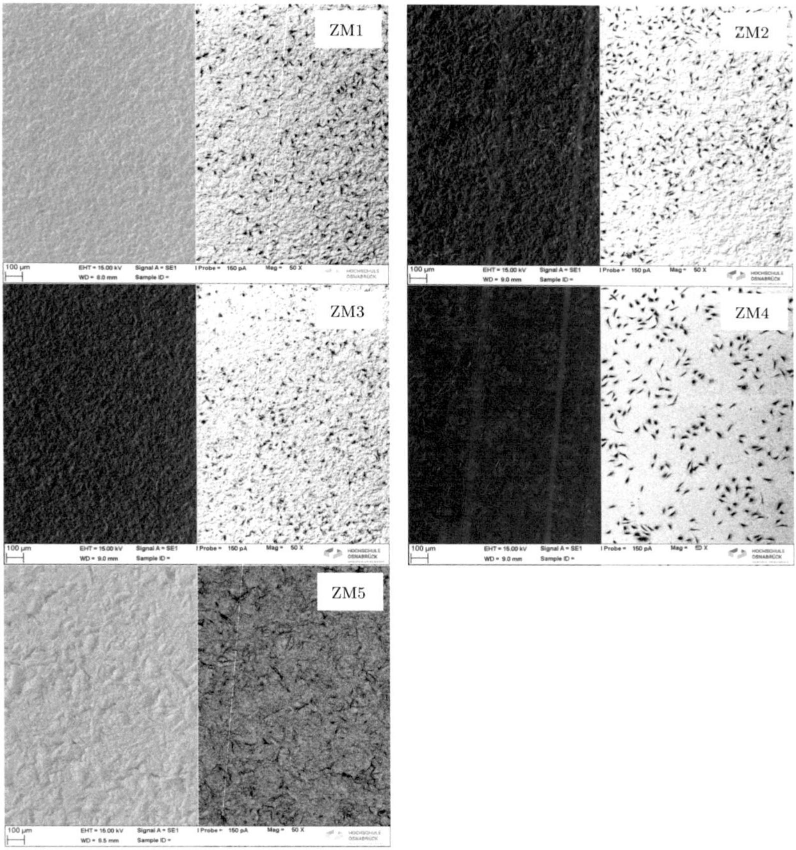

Abb. 118: Übersicht der rasterelektronenmikroskopischen Übersichts-Aufnahmen (Teilbilder je Probe links SE-Kontrast: rechts RE-Kontrast, Zellen sind schwarz) der Oberflächen unterschiedlicher Topographie nach 180 min Inkubationszeit. Maßstabsbalken 100 µm

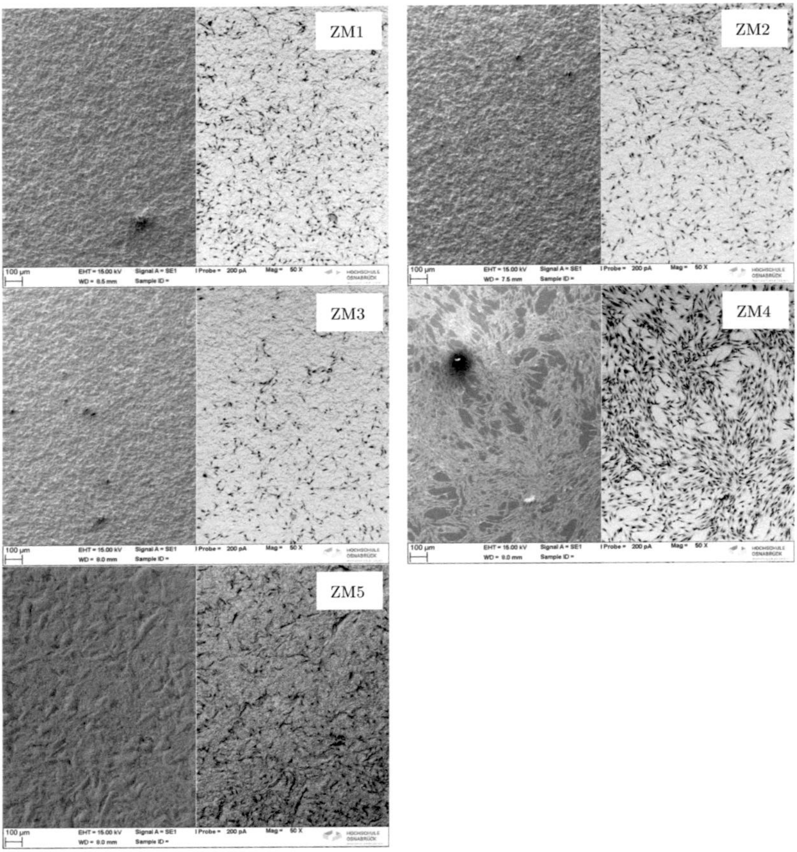

Abb. 119: Übersicht der rasterelektronenmikroskopischen Übersichts-Aufnahmen (Teilbilder je Probe links SE-Kontrast: rechts RE-Kontrast, Zellen sind schwarz) der Oberflächen unterschiedlicher Topographie nach 3 Tagen Inkubationszeit. Maßstabsbalken 100 µm

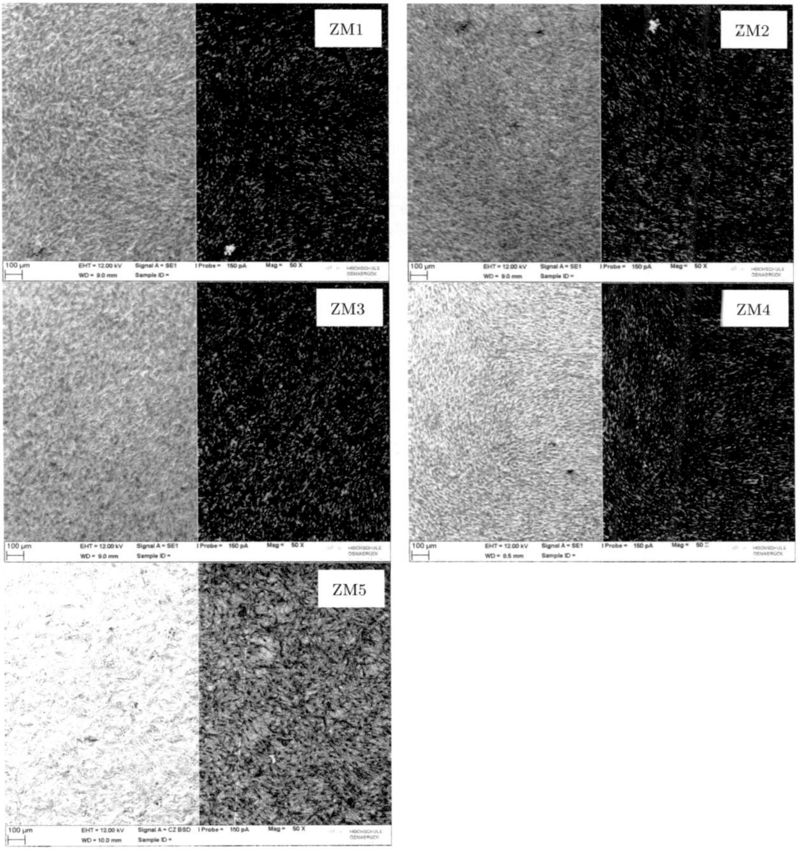

Abb. 120: Übersicht der rasterelektronenmikroskopischen Übersichts-Aufnahmen (Teilbilder je Probe links SE-Kontrast: rechts RE-Kontrast, Zellen sind schwarz) der Oberflächen unterschiedlicher Topographie nach 7 Tagen Inkubationszeit. Maßstabsbalken 100 µm

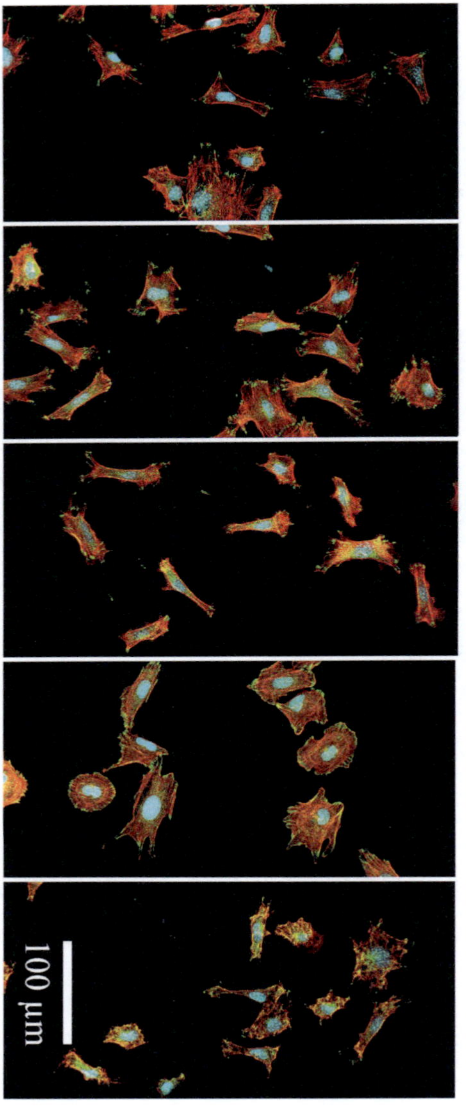

Abb. 121: CLSM Aufnahmen der Initialadhäsion nach 20 min;

rot-Aktin, cyan-Vinculin und grün-Paxillin,

Maßstabsbalken 100 µm.

Von oben nach unten:

ZM1 – rau,

ZM2 – rau+SP,

ZM3 – rau+Plasma,

ZM4 – poliert,

ZM5 – Titan rau.

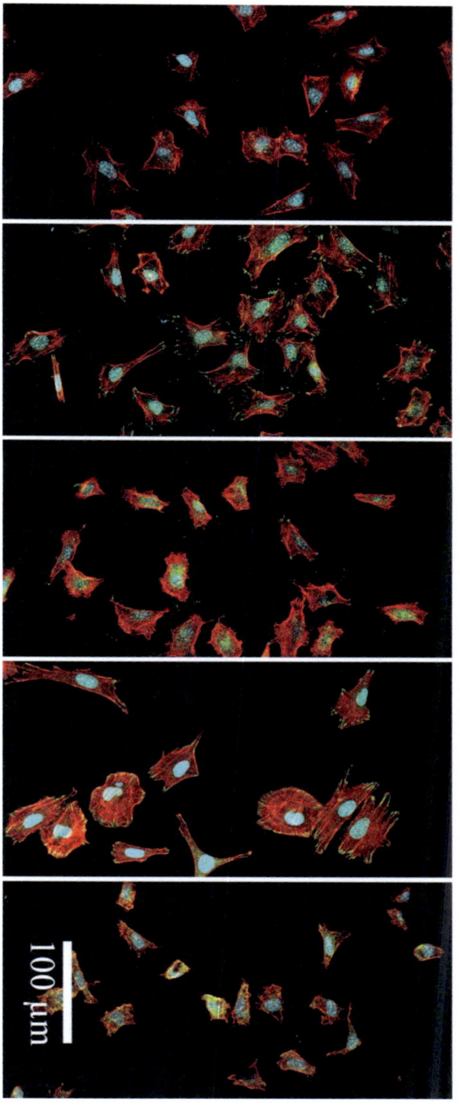

Abb. 122: CLSM Aufnahmen der Initialadhäsion nach 60 min;

rot-Aktin, cyan-Vinculin und grün-Paxillin,

Maßstabsbalken 100 µm.

Von oben nach unten:

ZM1 – rau,

ZM2 – rau+SP,

ZM3 – rau+Plasma,

ZM4 – poliert,

ZM5 – Titan rau.

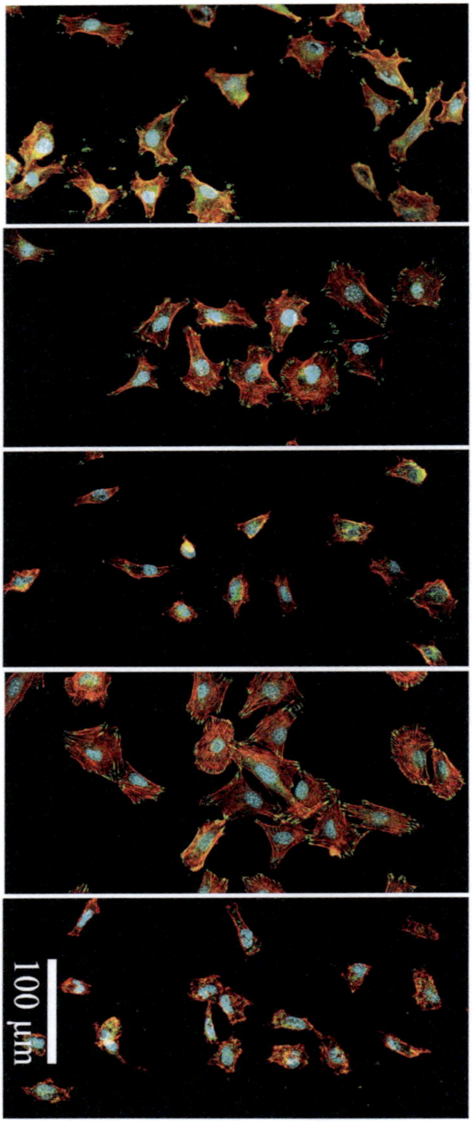

Abb. 123: CLSM Aufnahmen der Initialadhäsion nach 180 min; rot-Aktin, cyan-Vinculin und grün-Paxillin,

Maßstabsbalken 100 µm.

Von oben nach unten:

ZM1 – rau,

ZM2 – rau+SP,

ZM3 – rau+Plasma,

ZM4 – poliert,

ZM5 – Titan rau.

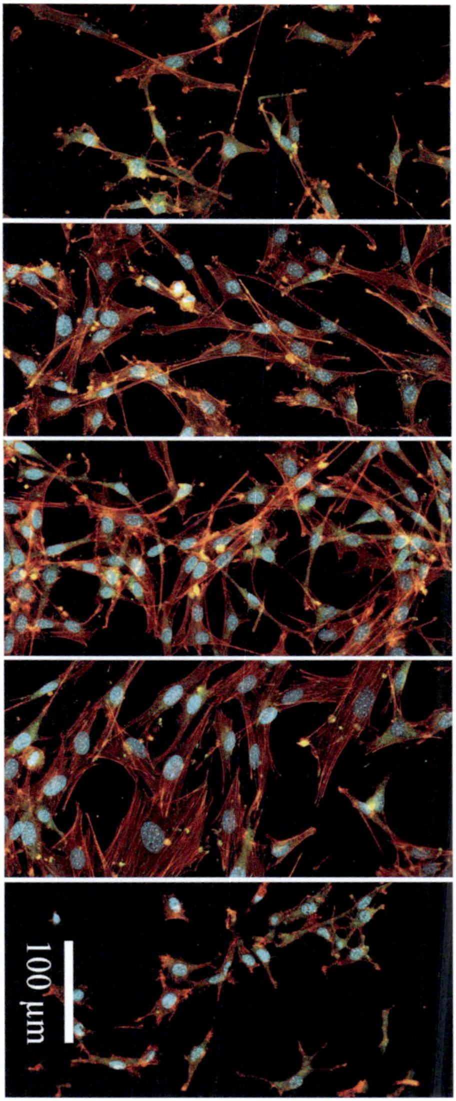

Abb. 124: CLSM Aufnahmen des Zellwachstums nach 3 Tagen; rot-Aktin, cyan-Vinculin und grün-Paxillin, Maßstabsbalken 100 µm. Von oben nach unten:
ZM1 – rau,
ZM2 – rau+SP,
ZM3 – rau+Plasma,
ZM4 – poliert,
ZM5 – Titan rau.

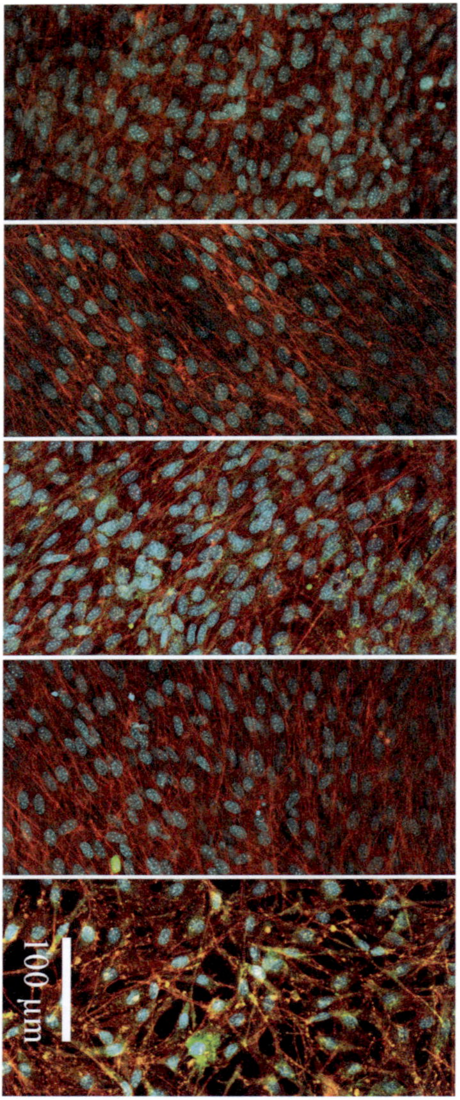

Abb. 125: CLSM Aufnahmen des Zellwachstums nach 7 Tagen; rot-Aktin, cyan-Vinculin und grün-Paxillin, Maßstabsbalken 100 µm. Von oben nach unten:
ZM1 – rau,
ZM2 – rau+SP,
ZM3 – rau+Plasma,
ZM4 – poliert,
ZM5 – Titan rau.

D. Abbildungsverzeichnis

E. Tabellenverzeichnis